Marken erfolgreich gestalten

EBOOK INSIDE

Die Zugangsinformationen zum eBook inside finden Sie
am Ende des Buchs.

David Aaker • Florian Stahl • Felix Stöckle

Marken erfolgreich gestalten

Die 20 wichtigsten Grundsätze der Markenführung

Prof. Dr. David Aaker
Haas School of Business
University of California at Berkeley
Berkeley
California
USA

Felix Stöckle
Prophet Berlin
Berlin
Deutschland

Prof. Dr. Florian Stahl
Mannheim Business School
Universität Mannheim
Mannheim
Deutschland

Englische Originalausgabe erschienen unter dem Titel David Aaker „Aaker on Branding. 20 Principles that drive success" bei Morgan James Publishing, New York, N.Y., USA, 2014

ISBN 978-3-658-06385-6   ISBN 978-3-658-06386-3 (eBook)
DOI 10.1007/978-3-658-06386-3

Die Deutsche Nationalbibliothek verzeichnet diese Publikation in der Deutschen Nationalbibliografie; detaillierte bibliografische Daten sind im Internet über http://dnb.d-nb.de abrufbar.

Springer Gabler
© Springer Fachmedien Wiesbaden 2015

Lektorat: Barbara Roscher

Gedruckt auf säurefreiem und chlorfrei gebleichtem Papier

Springer Fachmedien Wiesbaden ist Teil der Fachverlagsgruppe Springer Science+Business Media
(www.springer.com)

Vorwort

Eine Marke ist viel mehr als ein Name oder ein Logo. Sie ist das Versprechen eines Unternehmens an seine Kunden, das zu liefern, wofür die Marke steht bzw. stehen möchte – auf funktionaler, emotionaler und sozialer Ebene.

Zwischen einem Kunden und einer Marke besteht eine sich fortlaufend weiterentwickelnde Beziehung, die auf der Wahrnehmung und den Erfahrungen beruht, die Kunden sammeln, wann immer sie mit der Marke in Kontakt kommen.

Marken besitzen Kraft. Sie fungieren als Zentrum der Beziehung zum Kunden, sie bieten Unternehmen eine Plattform für die Realisierung strategischer Optionen und sie beeinflussen deren finanziellen Erfolg und Aktienkurs. Denken Sie an die stärksten Marken und deren „Markenkern": Google wird mit Kompetenz und Dominanz im Suchmaschinenmarkt (und noch viel mehr) verbunden, Harley-Davidson mit emotionalem Nutzen und Selbstdarstellung, IBM mit kompetenten und ergebnisorientierten Computer-Dienstleistungen, Singapore Airlines mit besonders gutem Service. Mercedes wird als eine Marke gesehen, die diejenigen kaufen, die das Beste schätzen, American Express wird mit außerordentlicher Kundenzufriedenheit und der Fähigkeit, auch in digitalen Kanälen zu überzeugen, verbunden, und eine Marke wie Patagonia mit Nachhaltigkeit. Die Stärke dieser Marken führt zu Kundenloyalität, Geschäftserfolg, Widerstandsfähigkeit in Zeiten von Produktproblemen und als Grundlage für die Eroberung neuer Geschäftsfelder oder Märkte.

Aber es ist auch spannend und interessant, sich mit Marken und Markenstrategien zu beschäftigen. Schon häufig ist es vorgekommen, dass sich ein Chief Executive Officer (CEO) nur eine halbe Stunde für die Diskussion einer Markenstrategie freigehalten hat, am Ende jedoch stundenlang geblieben ist und beim Verlassen des Raumes bestätigt hat, dass dies eines der wertvollsten Meetings seit Monaten gewesen sei. Es ist faszinierend zu verstehen, welche Markenpositionierungen erfolgreich sind, welche markenbildenden Programme ihr Ziel erreichen und welche Strategie einer Marke zum Durchbruch in einem neuen Markt verholfen hat. Die Kreativität und Unterschiedlichkeit von Markenstrategien kann Grundlage für stundenlange Konversationen sein.

Ein Ziel dieses Buches ist es daher, 20 elementare Grundsätze der Markenführung vorzustellen und einen kompakten Überblick über die nützlichsten markenbildenden Konzepte und Methoden zu geben. Dieser Überblick über die wichtigsten Markengrundsätze ist sowohl für diejenigen gedacht, die ihre Kenntnisse auffrischen wollen, als auch für jene, die in kompakter Form die wesentlichen Prinzipien lernen und anwenden wollen.

Ein zweites Ziel des Buches ist es, einen „Fahrplan" für die Gestaltung, die Aktivierung, die kontinuierliche Stärkung und die sukzessive Erweiterung von starken Marken anzubieten. Wie kann man eine starke Marke etablieren? Welche Vorgehensweisen existieren? Mit welcher Strategie kann man eine Marke oder Markenfamilie auf ein höheres Niveau heben, um aus einer Marke oder Markenfamilie eine Kraftquelle für das Unternehmen und keine Strategiebremse zu machen? Ganz gleich, in welchem Markt man sich befindet, es ist unabdingbar zu verstehen, wie man eine Markenvision (auch Markenidentität) aufbaut, diese Vision umsetzt, die Marke gegenüber aggressiven Konkurrenten und in dynamischen Märkten kontinuierlich stärkt, die daraus resultierende Kraft der Marke sinnvoll nutzt und das Markenportfolio in seiner Gesamtheit effektiv managt, um Synergien und Nutzen für die angebotenen Produkte oder Dienstleistungen oder das Unternehmen zu schaffen.

Markenführung ist ein komplexer und sehr spezifischer Prozess, der in Abhängigkeit vom jeweiligen Kontext betrachtet und vorgenommen werden muss. Das bedeutet, dass nicht jeder der 20 Grundsätze in jeder spezifischen Situation nutzbar sein wird. In ihrer Gesamtheit bilden sie aber eine Art Checkliste sinnvoller Strategien, Perspektiven, Werkzeuge und Konzepte der Markenführung. Basierend auf dem aktuellen Wissensstand über Marken zeigen die 20 Grundsätze die verschiedenen Möglichkeiten auf, die Manager bei der Markengestaltung und -führung haben. Die Orientierung an diesen Grundsätzen wird Ihnen beim Aufbau, bei der Etablierung und der kontinuierlichen Weiterentwicklung starker Marken und mit diesen verbundenen Markenfamilien hoffentlich große Dienste leisten und Ihnen helfen, Ihre Unternehmensstrategie entsprechend voranzubringen.

Die 20 Grundsätze beschreiben Konzepte und Methoden, die zum Teil aus den letzten acht Büchern von David Aaker stammen. In sechs dieser Bücher geht es um Markengestaltung – *Managing Brand Equity*, *Building Strong Brands*, *Brand Leadership* (mit Erich Joachimsthaler), *Brand Portfolio Strategy*, *Brand Relevance: Making Competitors Irrelevant* und *Three Threats to Brand Relevance*. Die anderen beiden Bücher, *Spanning Silos* und *Strategic Market Management* (10. Auflage), behandeln damit verwandte Themen.

Weitere Quellen, auf denen die 20 Grundsätze basieren, sind der wöchentlich aktualisierte davidaaker.com-Blog, den es seit 2010 gibt, die Blog-Artikel von David Aaker auf HBR.org, dem Wissensportal der Harvard Business School, seine Kolumnen in *AMA's Marketing News* (Zeitschrift der American Marketing Association) und wissenschaftliche Artikel in den Zeitschriften *California Management Review*, *Harvard Business Review*, *Journal of Brand Strategy* und *Market Leader*.

Dieses Buch wurde geschrieben, um die breite Literatur im Bereich Markengestaltung zusammenzuführen und um die besten Methoden effizient zu vermitteln und so das Lernen zu vereinfachen. Mit insgesamt mehr als 2300 Seiten sind die acht Bücher von

David Aaker sehr umfassend. Wenn man hierzu noch die dutzenden anderen verfügbaren Bücher zum Thema und die zahlreichen wissenschaftlichen Artikel in Zeitschriften, die sich mit der Markengestaltung und Markenführung beschäftigen, hinzuzählt, ist diese Informationsflut kaum noch zu verarbeiten. Es ist schwer zu entscheiden, was man lesen und welche Konzepte man in der Unternehmenspraxis anwenden soll. Es gibt viele gute Ideen, die mit anderen konkurrieren, die unterlegen sind, überarbeitet werden müssen oder falsch interpretiert und angewendet werden. Es gibt außerdem Ideen, die, obwohl sie plausibel erscheinen, schlicht falsch sind (wenn nicht sogar schädlich für den unternehmerischen Erfolg), insbesondere, wenn man sie wörtlich nimmt.

Die Kapitel dieses Buches müssen nicht in chronologischer Reihenfolge gelesen werden. Lediglich die ersten beiden Kapitel sollten zuerst gelesen werden, da sie die Grundlagen der strategischen Markenführung behandeln. Nach der Lektüre der ersten zwei Kapitel können Sie auch einfach durch die restlichen Kapitel blättern und diejenigen genauer studieren, in denen für Sie interessante Strategien, Perspektiven, Werkzeuge und Konzepte der Markenführung angesprochen werden. Oder Sie suchen nach Kapiteln, die Sie neugierig machen oder provozieren und möglicherweise eine Quelle für neue Inspiration und Perspektiven darstellen.

Das Buch ist thematisch wie folgt gegliedert:

Teil 1: Erkennen Sie, dass Marken Vermögensgegenstände von strategischer Bedeutung und mit strategischem Wert sind. Die bahnbrechende Idee, dass Marken strategische Vermögensgegenstände sind, hat das Marketing vor mehr als zwei Jahrzehnten grundlegend verändert. Marken sind der Grundstein für zukünftigen Erfolg und generieren kontinuierlich Wert für Unternehmen. Deswegen sind der Markenaufbau und die Markenführung eine strategische Herausforderung, die sich grundlegend von allen taktischen Maßnahmen zur kurzfristigen Steigerung des Umsatzes unterscheidet.

Teil 2: Entwickeln Sie eine Markenvision, die Sie bei der strategischen Ausrichtung unterstützt und bei der Beantwortung zentraler Fragen des Marketings leiten und inspirieren kann. Eine Markenvision sollte über den funktionalen Nutzen der angebotenen Produkte und Dienstleistungen hinausgehen und die kulturellen Werte des Unternehmens, ein höheres Ziel, die Persönlichkeit der Marke sowie den emotionalen, sozialen und selbstdarstellenden Nutzen der angebotenen Produkte und Dienstleistungen miteinbeziehen. Suchen Sie nach Möglichkeiten, diejenigen Innovationen zu entwickeln, ohne die Kunden zukünftig nicht mehr leben wollen, und schaffen Sie damit ganz neue Produktkategorien, Unterkategorien und Märkte.

Teil 3: Erwecken Sie die Markenvision zum Leben. Gestalten Sie alle Maßnahmen und Programme des Markenaufbaus so, dass sie wirklich auf die Marke einzahlen und diese unterstützen. Suchen Sie nach den optimalen Anknüpfungspunkten mit den Kunden, nach Bereichen, für die sich Kunden interessieren oder für die Ihre Kunden Begeisterung zeigen, und entwickeln Sie Marketingmaßnahmen um diese herum, mit der Marke als Partner. Berücksichtigen Sie digitale Medien beim Markenaufbau und der Markenführung und weiten Sie deren Einsatz aus. Versuchen Sie, Konsistenz zwischen der Markenvision und deren Umsetzung herzustellen. Verankern Sie die Markenführung auch intern, im Einklang mit den Unternehmenswerten und der Unternehmenskultur, und greifen Sie dabei auch auf Storytelling zurück.

Teil 4: Erhalten und bewahren Sie die Relevanz Ihrer Marke. Erkennen und reagieren Sie auf die drei hauptsächlichen Risiken, die die Relevanz Ihrer Marke bedrohen und analysieren Sie, wie Sie die Marke stärken können.

Teil 5: Betrachten Sie Ihr Markenportfolio als Ökosystem und nutzen Sie es zu Ihrem Vorteil. Entwickeln Sie eine Strategie, die die Rolle der Marke definiert (z. B. strategische Marke versus Empfehlungsmarke), entwickeln Sie die Marke in neue Produktkategorien weiter, analysieren Sie die Risiken und Optionen einer vertikalen Markenerweiterung und überbrücken Sie die internen Silos, in denen die Marke produkt- und länderübergreifend eingesetzt wird.

Die Übersetzung in den lokalen Kontext.

Die deutsche Ausgabe des Buches *Aaker on Branding* ist mehr als eine Übersetzung. Die Strategien, Perspektiven, Werkzeuge und Konzepte der Markengestaltung und Markenführung werden dem Leser in Deutschland, Österreich und der Schweiz anhand von Marken und Fallbeispielen aus dem deutschsprachigen Raum erläutert und präsentiert, um sie so besser verständlich zu machen. Bei der Übersetzung wurde besonders Wert darauf gelegt, auch die meisten Fachbegriffe zu übersetzen (sofern dies möglich war), um dadurch die Inhalte des Buches auch dem Leser, der über keine oder nur wenig Englischkenntnisse verfügt, leichter zugänglich zu machen.

Das Fazit

Eine Marke profitiert davon, wenn sie einem höheren Ziel dient. Dieses Buch verfolgt, wie viele andere Bücher über Marken, ebenfalls ein höheres Ziel. Es soll sowohl die Theorie der Markenbildung vermitteln und ein Ratgeber für deren Umsetzung in der Unternehmenspraxis sein als auch Einfluss auf die übergeordnete Unternehmensführung und Ausgestaltung von Organisationen nehmen. Ziel ist es, die Rolle der Marketingstrategen in Unternehmen zu stärken und ein Gegengewicht zur heute in vielen Unternehmen vorherrschenden Haltung, die Unternehmensführung rein an kurzfristigen finanziellen Zielen auszurichten, zu schaffen. Stattdessen sollte es das erklärte Ziel jeder Unternehmensführung sein, strategische Markenwerte zu schaffen und damit die Grundlage für den zukünftigen Unternehmenserfolg zu schaffen. Dieses Buch wird Ihnen hoffentlich dabei helfen, diese Herausforderung erfolgreich zu meistern.

Berkeley, Mannheim und Berlin   David Aaker
                                                                                    Florian Stahl
                                                                                    Felix Stöckle

Danksagungen

Die Autoren danken zunächst Barbara Roscher, Birgit Borstelmann und ihren Kollegen vom Springer Gabler Verlag für ihre unermüdliche Unterstützung, ihre unendliche Geduld und dafür, dass sie die deutsche Version dieses Buches überhaupt erst möglich gemacht haben.

Florian Stahl und Felix Stöckle danken darüber hinaus David Aaker, für das Vertrauen, dass er ihn sie mit der Co-Autorenschaft gesetzt hat und den Reichtum an Ideen und Gedanken, mit denen er das Marketing und die Markenführung sein Leben lang bereichert hat, und die das Sprungbrett für dieses Buch waren. Diese Lebensleistung wurde im Jahr 2015 mit der Aufnahme in die AMA Hall of Fame gewürdigt, was in etwa einem Nobelpreis für Marketing und Markenführung gleich kommt. Herzlichen Glückwunsch, Dave!

Florian Stahl dankt allen Mitarbeitern am Lehrstuhl für Quantitatives Marketing und Konsumentenforschung an der Universität Mannheim und Mannheim Business School und insbesondere Frau Laura Heuser und Frau Diana Klukas für die tatkräftige Unterstützung bei der inhaltlichen und stilistischen Überarbeitung des Buches. Ein ganz besonderer Dank geht an Frau Laura Döring ohne deren enormen Einsatz dieses Buchprojekt nicht möglich gewesen wäre.

Felix Stöckle dankt zunächst all seinen Kollegen und Kunden bei Prophet für den kontinuierlichen intellektuellen Austausch auf höchstem Niveau über das, was Marketing und Markenführung heute ausmacht. In einer Zeit weitreichender Veränderungen sind wir jeden Tag angehalten, das, was wir über Marketing und Marken zu wissen glauben, immer wieder zu hinterfragen und ständig neu zu denken. Aufregende Zeiten!

Weiterhin dankt er Mary-Fran Gilbert für die wichtigen Ratschläge zur Übersetzung des Originaltextes von David Aaker. Vor allem dankt er aber seiner Frau Juliane, für die Unterstützung, die Geduld und das stillschweigende Ertragen all der Stunden, die eigentlich ihr gehören sollten, die aber an vielen Wochenenden und Abenden in dieses Buch geflossen sind, sowie seinen Töchtern Emma und Jule, für den kontinuierlichen Fluss an Gedanken und Inspiration, die ihn nie still stehen lassen. Danke, dass es Euch in meinem Leben gibt.

„Das umfassende Werk zum Thema Branding! Leicht verständlich, von höchster prakti-scher Relevanz und wissenschaftlich fundiert."
— Prof. Dr. Torsten Tomczak, Markenexperte und Professor für Marketing an der Uni-versität St. Gallen (HSG)

„Provokativ, reich an Inhalten und Substanz, ein Leitfaden für moderne Marketingfach-leute!"
— Dr. Steven Althaus, Direktor für Markenführung BMW und Marketing Services BMW Group

Inhaltsverzeichnis

Teil I   Marken als Vermögenswerte verstehen

1   Marken haben eine direkte Verbindung zur Unternehmensstrategie   3
   Der Paradigmenwechsel vom taktischen Vorgehen zur
   strategischen Aufgabe   5
   Die Stärkung des Marketings als strategische Funktion   5
   Der Fokus auf den Markenwert   6
   Die Entwicklung von Marken zu Markenfamilien   7
   Die strategische Möglichkeit der Markenerweiterung   8
   Die Notwendigkeit zur Überbrückung organisatorischen Silo-Denkens   8
   Der Markenmanager als Dirigent aller Aktivitäten   8
   Die Herausforderung eines echten Paradigmenwechsels   9
   Das Fazit   10

2   Marken stellen monetäre Vermögenswerte dar   11
   Die Nutzung von Fallstudien für den Beweis des ökonomischen
   Wertes von Marken   12
   Der finanzielle Vermögenswert einer Marke   13
   Die Amortisierung von markenbildenden Programmen   14
   Die Entwicklung eines konzeptionellen Modells für die
   Unternehmensstrategie   16
   Das Fazit   18
   Die Bestimmung und Verteilung des Budgets für den Markenaufbau   17
   Literatur   18

Teil II   Eine überzeugende Markenvision entwickeln

3   Marken brauchen eine klare Vision   21
   Der Prozess der Entwicklung einer Markenvision   23
   Die Anpassung der Markenvision an unterschiedliche Rahmenbedingungen . . .   26

Die unterschiedlichen Facetten der Markenvision hervorheben   27
Die Markenvision in den lokalen Kontext übersetzen   27
Die Markenvision mit zusätzlichen Elementen erweitern   28
Die Notwendigkeit zur Einlösung der Markenvision auf allen Ebenen   29
Das Fazit   30
Literatur   30

4   Marken brauchen eine Persönlichkeit, die alle Maßnahmen verbindet   . . .   31
Die Notwendigkeit eine Markenpersönlichkeit zu entwickeln   32
Den funktionalen Nutzen zum Ausdruck bringen   32
Der Marke Kraft und Energie verleihen   33
Die Beziehung der Marke zu ihren Kunden definieren   33
Den Maßnahmen zum Markenaufbau eine klare Richtung geben   34
Den Mitarbeitern helfen, den Kunden besser zu verstehen   35
Die Suche und Identifikation der „richtigen" Markenpersönlichkeit   35
Die Notwendigkeit eine authentische Markenpersönlichkeit zu kreieren   38
Das Fazit   38
Literatur   38

5   Marken müssen in der Unternehmenskultur verankert sein und
sollten einem höheren Zweck dienen   39
Die Bedeutung und Funktionsweise von Unternehmenswerten   40
Das Leistungsversprechen der Marke unterstützen   41
Die Glaubwürdigkeit untermauern   41
Der Beziehung zu den Kunden einen höheren Sinn geben   42
Die unterschiedlichen Ausprägungen von Unternehmenswerten   43
Die Qualitätswahrnehmung untermauern   43
Die Innovationskraft zum Ausdruck bringen   44
Die Orientierung an den Kundenbedürfnissen vermitteln   44
Die Größe und den Erfolg des Unternehmens nutzen   44
Den lokalen Bezug in einen Vorteil verwandeln   45
Der ökologischen Verantwortung gerecht werden   45
Die soziale Verantwortung in den Fokus stellen   46
Das zielführende Management der Unternehmensmarke   47
Das Fazit   48
Literatur   48

6   Marken müssen mehr als einen funktionalen Nutzen besitzen   49
Der emotionale Nutzen von Marken   51
Der selbstdarstellende Nutzen von Marken   52
Der soziale Nutzen von Marken   53
Die Kombination unterschiedlicher Nutzenarten   54

Die unterschiedlichen Wege zur Identifizierung des „„richtigen" Nutzens' 54

Das Fazit 55

Literatur 55

7 Marken müssen zu einem „Must-have" werden, um Wettbewerber
   irrelevant zu machen 57
   Der konkrete Nutzen eines „Must-haves" 59
   Die Identifizierung und Bewertung potenzieller „Must-haves" 60
      Die Relevanz und Kraft potentieller „Must-haves" verstehen 61
      Die Idee des „Must-haves" auf ihre Umsetzbarkeit prüfen 61
   Das Potential von „Must-haves" zur Verdrängung des Wettbewerbs 62
   Das Fazit 64
   Literatur 64

8 Marken spielen für die Vermarktung von Innovationen eine
   entscheidende Rolle 65
   Die Ausprägungsformen markengeschützter Innovationen 66
      Ein Merkmal des Produktes schützen 67
      Einen Bestandteil des Produktes schützen 67
      Eine Technologie schützen 68
      Eine Dienstleistung schützen 68
      Ein Marketingprogramm schützen 69
   Der Wert eines Markenschutzes von Innovationen 69
   Die Notwendigkeit einer Beschränkung auf wesentliche Innovationen 70
   Das Fazit 71
   Literatur 71

9 Marken brauchen eine klare Positionierung und sollten neue
   Unterkategorien kreieren, die es bisher aus Sicht des
   Kunden noch nicht gab 73
   Die schrittweise Erschließung einer neuen Unterkategorie für die Marke 75
   Der Aufbau der Marke zum Gattungsbegriff der neuen Unterkategorie 77
   Die Sicherstellung des Erfolgs der neuen Subkategorie 78
   Das Fazit 79
   Literatur 80

Teil III Die Marke zum Leben erwecken

10 Marken müssen sich sämtlicher Hebel für den Markenaufbau
   bedienen und ein konsistentes Kundenerlebnis zum Ziel haben 83
   Die Bedeutung externer Vorbilder und Best Practices 84
   Die Kontaktpunkte des Kunden mit der Marke 85

Das Kundenerlebnis als gemeinsame Reise gestalten   86
Die Motivationen der Kunden und ihre unbefriedigten Bedürfnisse   87
Die Notwendigkeit opportunistischen Verhaltens   88
Die wirksame Nutzung des Markenguthabens   89
Die direkte Verbindung mit den Interessen und Leidenschaften der Kunden . . .   89
Einige weitere Ideen   89
Das Fazit   91
Literatur   91

11 Marken sollten die Interessen und Leidenschaften der
    Kunden für sich nutzbar machen   93
    Die Vorteile einer direkten Verbindung der Marke mit den
    Interessen der Kunden   96
        Die Kraft der Marke steigern und Interesse für die Marke wecken   96
        Die Sympathie und Glaubwürdigkeit der Marke erhöhen   97
        Die Marke als Freund, Kollegen oder Mentor aufbauen   97
        Die Marke als Zentrum einer Gemeinschaft Gleichgesinnter etablieren   98
        Den Weg zum Ziel machen   98
    Die Identifizierung eines geteilten Interesses, das die
    Zielgruppe zum Mitmachen bewegt   99
        Das eigene Angebot zu einem integralen Bestandteil des geteilten
        Interesses machen 100
        Das eigene Angebot auf einer glaubwürdigen Verbindung aufbauen 100
        Das eigene Angebot nur mittelbar über Sponsoring mit dem
        Interesse der Zielgruppe verbinden 100
    Die Herausforderungen der Etablierung eines eigenen Programmes 101
    Die Nutzung existierender externer Programme 102
    Das Fazit 103
    Literatur 103

12 Marken sollten die Digitalisierung gezielt für den
    Markenaufbau nutzen 105
    Die digitale Erweiterung und Verbesserung des eigenen Angebots 107
    Die Unterstützung des bestehenden Angebots 107
        Das Angebot besser kommunizieren und damit stärken 107
        Dem Angebot Glaubwürdigkeit verleihen 108
        Den Kaufprozess einfacher gestalten 108
        Die Entwicklung neuer Anwendungsmöglichkeiten inspirieren 109
        Den Kunden in die Produktentwicklung miteinbeziehen 109
    Die Etablierung einer Plattform für den Markenaufbau 110
        Den Einsatz viraler Online-Videos in Betracht ziehen 110

Die sozialen Medien für Verkaufs- und Werbeaktionen nutzen   111
Die digitale Verstärkung von Programmen zum Markenaufbau   111
   Das Sponsoring unterstützen und aufwerten   111
Die ganzheitliche Nutzung der digitalen Medien und Möglichkeiten   112
   Die umfassenden Chancen der Digitalisierung verstehen   112
   Die Integration der digitalen Kanäle in das Marketing vorantreiben   112
   Die digitalen Möglichkeiten sowohl strategisch, als auch taktisch nutzen . . .   113
   Die Digitalisierung zum aktiven Experimentieren nutzen   113
   Dem Kunden über Social Media zuhören   113
   Die Reaktionsgeschwindigkeit erhöhen   114
   Die Inhalte in den Mittelpunkt stellen   114
   Die formulierten Ziele (nach Möglichkeit) messbar machen   114
   Das Fazit   115
   Literatur.   115

**13 Marken sollten auf Konsistenz und Nachhaltigkeit bei der
     Markenbildung setzen**   117
Die fünf wichtigsten Gründe für die Änderung einer bestehenden
Markenstrategie   117
Die Vorteile einer nachhaltigen Markenstrategie   119
Der notwendige Widerstand gegen die zwanghafte Suche nach Veränderung . . .   121
Das Fazit   122
Literatur   122

14 Marken brauchen eine starke interne Verankerung   123
Die interne Kommunikation der Marke   125
Die Kraft von Geschichten zur Etablierung interner Mythen   128
Die Verbindung der internen und externen Perspektive   130
Das Fazit   130
Literatur   131

Teil IV   Die Relevanz der Marke erhalten und bewahren

15 Marken laufen ständig Gefahr an Kundenrelevanz zu verlieren   135
Die abnehmende Relevanz der Produktkategorie aus Sicht des Kunden   135
Die Chancengleichheit mit dem Wettbewerb wiederherstellen   136
Den Wettbewerb rechts überholen und einen
Innovationszyklus überspringen   137
Die Marke repositionieren   137
Die eigene Strategie und deren Umsetzung optimieren   138
Die Produktkategorie verkaufen oder aufgeben   138
Die richtige Reaktion auswählen   139

Der Reputationsschaden als Grund für einbrechende Absätze   139
Die wahrgenommenen Markenschwächen widerlegen   140
Die Diskussion auf eine andere Ebene verlagern   140
Die Möglichkeit einer defensiven Reaktion nicht von
vornherein ausschließen   142
Der schleichende Kraftverlust der Marke   142
Das Fazit   142
Literatur   143

16 Marken müssen ständig neu aufgeladen werden, um ihre
     Relevanz zu erhalten   145
     Die Revitalisierung der Marke durch ein neues Angebot   146
     Die Aufladung der Marke durch neue, innovative Marketingmaßnahmen   147
     Die Identifizierung einer geeigneten internen oder externen Energiequelle   148
     Die Entwicklung einer eigenen Energiequelle initiieren   148
     Die Möglichkeit einer Kooperation mit anderen Marken nutzen   149
     Die Erfolgsfaktoren für die Auswahl der geeigneten
     Energiequelle verstehen   150
     Das Fazit   151
     Literatur   151

Teil V   Das Markenportfolio als Ökosystem betrachten und managen

17 Marken brauchen eine Portfoliostrategie   155
     Die Bandbreite der Markenbeziehungen zur Etablierung
     eines neuen Angebots   156
     Den Einfluss auf die Kaufentscheidung verstehen   157
     Die Bandbreite der Markenbeziehungen gezielt nutzen   157
     Die richtige Auswahl treffen   160
     Die Priorisierung der einzelnen Marken innerhalb des Portfolios   160
     Das Markenportfolio bewerten und konsolidieren   162
     Das Fazit   164
     Literatur   164

18 Marken können gedehnt und in neue Produktkategorien und
     Marktsegmente entwickelt werden   165
     Die Unterstützung der Angebotsausweitung durch die Marke   166
        Die Bekanntheit der Marke für die neue Produktkategorie nutzen   166
        Die Markenassoziationen auf das neue Angebot übertragen   166
     Die Steigerung des Markenwertes durch die Angebotsausweitung   167
     Die Behinderung der Angebotsausweitung durch eine bestehende Marke   168
     Die Beschädigung der Marke durch die Angebotsausweitung   169

Das Risiko, bestehende Markenassoziationen zu verwässern 169
Die Gefahr, unerwünschte Merkmalsassoziationen zu kreieren 170
Die Herausforderung, das neue Leistungsversprechen einzulösen 170
Die Identifizierung potenzieller Kandidaten für Markenerweiterungen 170
Die Markendehnung als langfristige Aufgabe verstehen 171
Die Risiken von Markenerweiterungen minimieren 172
Das Fazit 172

19 Marken können zur Eroberung neuer Preissegmente genutzt werden 175
Das Vorstoßen in eine preisgünstigeres Segment 176
Den Eintritt in den preisgünstigen Markt gestalten 176
Die Kraft von Submarken oder Empfehlungsmarken nutzen 178
Das Aufwerten von Marken zum Einstieg in höherwertige Preissegmente 179
Den Einstieg in höherpreisige oder exklusive
Marktsegmente vorbereiten 179
Die Bedeutung von Submarken oder Empfehlungsmarken
richtig einschätzen 180
Das Fazit 181

**20 Marken können helfen, bestehende Silos in
Unternehmen zu überbrücken** 183
Der Weg zu mehr Kooperation und Kommunikation
innerhalb des Unternehmens 185
Die Chance nachhaltigen Wandel zu initiieren, ohne das
Machtgefüge im Unternehmen zu verschieben 185
Die Notwendigkeit interdisziplinäre Teams und Netzwerke zu etablieren ... 186
Die Vorteile eines unternehmensweiten Marketing-Planungsprozesses
und entsprechender Informationssysteme nutzen 186
Die Anpassung an den jeweiligen Kontext einzelner
Unternehmensbereiche sicherstellen 187
Die Unterschiedlichkeit der Unternehmensbereiche zu einer
Bereicherung machen 187
Die Unterstützung durch den CEO und das Unternehmen sicherstellen 187
Die Herausforderungen eines 360° Grad Marketing bzw. Customer
Experience Managements 188
Das Fazit 191
Literatur 191

Epilog 193

Teil I
Marken als Vermögenswerte verstehen

Marken haben eine direkte Verbindung zur Unternehmensstrategie

Eine Marke ist das Gesicht der Unternehmensstrategie.
– Prophet Maxime

Ende der 1980er-Jahre tauchte die Idee auf, dass Marken Vermögenswerte sind, die dem Eigenkapital von Unternehmen zuzuordnen sind, und somit die Unternehmensstrategie und das Unternehmensergebnis direkt beeinflussen.

Die Erkenntnis, dass Marken einen Vermögenswert darstellen, führte zu einem Paradigmenwechsel und zahlreichen weitreichenden Veränderungen. Es änderten sich nicht nur die Wahrnehmung des Marketings und des Markenmanagements und die Art, wie Marken gemanagt und bewertet werden, sondern auch die Rolle von Führungskräften im Marketing. Für diejenigen Unternehmen, die diese neue Sichtweise erfolgreich implementierten, entwickelte sich die Markenbildung von einer taktischen Aufgabe (die mit ruhigem Gewissen an ein Kommunikationsteam übergeben werden konnte) zu einem echten Treiber für die Unternehmensstrategie und den Unternehmenswert.

Es handelte sich also um eine Idee, deren Zeit gekommen war. Viele Führungskräfte in Unternehmen waren der Ansicht, dass wichtige Marken in ihrem Portfolio nicht stark genug waren und nicht die nötige Vision besaßen, um die Unternehmensstrategie aktiv voranzutreiben. Gleichzeitig suchten sie aber auch nicht mehr in der Optimierung ihrer Kommunikationsmaßnahmen nach der Lösung.

Sie verstanden vielmehr, dass ihre Unternehmensstrategie an sich zum Scheitern verurteilt war, wenn ihre Marken diese nicht unterstützten und bei den Kunden entsprechenden Anklang fanden. Insbesondere Führungskräfte, die sich mit einem Strategiewechsel für ihr Unternehmen auseinandersetzten, verstanden diese Notwendigkeit. Immer mehr Führungskräfte realisierten, dass taktisches Markenmanagement ungeeignet war, ihre Ziele zu erreichen und dass stattdessen dringend eine strategiegeleitete Markenvision, begleitet

© Springer Fachmedien Wiesbaden 2015
D. Aaker et al., *Marken erfolgreich gestalten,* DOI 10.1007/978-3-658-06386-3_1

von organisatorischen Prozessen und Fähigkeiten zur Implementierung der Vision, benötigt wurde.

Die Akzeptanz der Marke als Vermögenswert wurde durch die Tatsache unterstützt, dass die bis dato primäre Aufgabe des Marketings, den Absatz von Marken zu fördern, in vielen Bereichen nicht wirklich erreicht wurde. Im Bereich der Verbrauchsgüter gab es Anfang der 1980er-Jahre ein für das Marketing einschneidendes Ereignis: In Einkaufsmärkten konnten durch die Einführung von Scannerkassen zum ersten Mal Echtzeitdaten erhoben werden. Diese Daten ermöglichten Experimente, die klar zeigten, dass Preissonderangebote (z. B. 20 % Rabatt oder 2-für-1-Angebote) überaus effektiv zusätzliche Verkäufe generierten. Die natürliche Folge war die Ausweitung aller möglichen Arten von Preisprogrammen. Dies führte jedoch dazu, dass Konsumenten lernten, auf das nächste preisgünstigere Angebot zu warten und Käufe zu regulären Preisen zu vermeiden. So wurde der Preis zum wichtigsten Kaufargument, während die Differenzierungskraft von Marken an Gewicht verlor. Marken wie Kraft brauchten Jahre, um sich davon zu erholen und die Loyalität ihrer Kunden zurückzugewinnen.

Führungskräfte erkannten zudem, dass die Höhe des Markenwerts einen direkten Einfluss auf die Generierung nachhaltigen Wachstums hat. Eine entsprechende Markenführung wurde damit zur strategischen Notwendigkeit, da die Wirkung und der Erfolg von Kostensenkungsprogrammen sich ihrem Grenznutzen näherten, und so keinen unmittelbaren Einfluss auf die Steigerung der Profitabilität mehr entwickeln konnten. Für den effektivsten Weg, neues Wachstum zu kreieren, nämlich durch ein innovatives neues Angebot, wurde die Fähigkeit benötigt, eine neue Marke zu entwickeln oder existierende Marken so zu adaptieren, dass sie das neue Angebot unterstützen konnten. Darüber hinaus lassen sich Markenerweiterungsstrategien, nämlich die Nutzung einer existierenden Dachmarke für neue Produktsegmente oder deren Nutzung in hochwertigeren oder sogar Premium-Segmenten, nur realisieren, wenn entsprechende Markenwerte mit einer möglichen Weiterentwicklung im Hinterkopf entwickelt und strategisch gemanagt wurden.

Das „Marke als Vermögenswert"-Konzept wurde sowohl durch das Verhalten der Kunden als auch quantitativ belegt und bestätigt: Kunden (insbesondere im Dienstleistungs- und B2B-Bereich) trafen ihre Kaufentscheidungen basierend auf Markenelementen, die sich deutlich von solchen wie Preis und funktionalen Eigenschaften unterschieden. Quantitative Unterstützung erhielt das Konzept durch datenbasierte Untersuchungen, die zeigten, dass Marken tatsächlich einen substanziellen Vermögenswert darstellen. Dadurch wurde das neue Modell auch von den Chief Financial Officers (CFOs) und Chief Executive Officers (CEOs) der Welt akzeptiert.

Auch die akademische Welt trug entscheidend dazu bei, dass Marken zum Teil der Unternehmensstrategie wurden. Insbesondere die Markenkonferenz des Marketing Science Institute (MSI), eines Unternehmenskonsortiums, das wissenschaftliche Forschungsprojekte finanziert und lenkt, hatte im Jahr 1988 einen entscheidenden Einfluss. Die Konferenz war eine Plattform für führende Markenverantwortliche, die die Notwendigkeit aufzeigten, die Marke zum Gegenstand und Objekt der Unternehmensstrategie zu machen.

Nach dieser Konferenz erhielt die Forschung zur monetären Bewertung von Marken höchste Priorität. Die akademische Forschung zu zahlreichen Themen, wie der Entscheidung über Markenerweiterungen, der Quantifizierung des Einflusses von Marken auf die Finanzkennzahlen eines Unternehmens sowie der Weiterentwicklung der Instrumente zur Messung der Markenpersönlichkeit, wurde erheblich beschleunigt.

Allerdings erfassten das Interesse und der organisatorische Wandel nicht sofort alle Unternehmen und Industrien. Viele Unternehmen, insbesondere diejenigen, bei denen Marketing von geringer Bedeutung war und/oder die sehr dezentralisiert arbeiteten, setzten die Änderungen nur langsam um. Nicht nur der Wandel, sondern auch die Implementierung einer neuen Form des Markenmanagements stellte für viele Unternehmen eine große Barriere dar. Die Bereitschaft der Unternehmen, die Marke als Vermögenswert zu verstehen, und – genauso wichtig – die Fähigkeit der Unternehmen, diese neue Perspektive zu implementieren, haben jedoch im Laufe der Zeit stetig zugenommen, und es zeigte sich, dass es sich bei diesem Konzept nicht nur um eine Modeerscheinung handelte.

Im Ergebnis haben sich Markenführung und Marketing fundamental verändert.

Der Paradigmenwechsel vom taktischen Vorgehen zur strategischen Aufgabe

Ein einst dominantes Paradigma postulierte Markenmanagement als taktische Aufgabe. Diese Sichtweise führte dazu, dass Markenmanagement teilweise an einen Werbemanager oder eine Werbeagentur delegiert wurde, da es hauptsächlich um Aufgaben wie Imagemanagement, Kreation von Werbekampagnen, Management von Vertriebsstrategien, Entwicklung von Verkaufsförderungsprogrammen, Unterstützung des Außendienstes oder die Entwicklung der richtigen Verpackung geht.

Mit der Einsicht, Marken als Vermögenswerte zu verstehen, veränderte sich die Rolle des Markenmanagements in der Folge radikal: von taktisch und reaktiv hin zu strategisch und visionär. Eine strategische Markenvision, die mit der gegenwärtigen und der zukünftigen Unternehmensstrategie verbunden und ein Wegweiser für zukünftige Angebote und Marketingprogramme ist, wird unverzichtbar. Der Bereich, den das Markenmanagement umfasst, vergrößert sich damit nachhaltig und umfasst folglich plötzlich ganz andere Themen wie strategische Marktkenntnisse, die Initiierung wegweisender Innovationen, Wachstumsstrategien, Markenportfoliostrategien und globale Markenstrategien.

Die Stärkung des Marketings als strategische Funktion

Soll die Marke strategisch gemanagt werden, muss sie auch entsprechend in der Organisation, bei Marketing-Managern mit entsprechender Kompetenz, aufgehängt sein. Oft ist das der oberste Marketingmanager, in Zusammenarbeit mit seinen leitenden Kollegen. In marketingfokussierten Unternehmen wird die Verankerung auf Vorstandsebene erfolgen, gegebenenfalls sogar beim CEO.

Wenn die Marke die Organisation repräsentiert (häufig in Dienstleistungs- oder B2B-Unternehmen), ist der CEO meist direkt involviert, wenn es darum geht, die Marke zum Leben zu erwecken, da die Marke in diesem Fall mit der Unternehmenskultur, den Unternehmenswerten und der Unternehmensstrategie eng verflochten ist.

Als Resultat dieses Paradigmenwechsel erhält das Marketing eine Stimme, wenn es um die Gestaltung und Umsetzung der Unternehmensstrategie geht. Die Aufwertung von Marken und Markenbildung zu einem Treiber der Unternehmensstrategie bietet damit die Chance für das Marketingteam, eine neue Rolle im obersten Führungszirkel eines Unternehmens einzunehmen. Einmal Teil davon, hat das Marketing für die Entwicklung der Unternehmensstrategie eine Menge zu bieten: Beginnend mit einem tiefen Verständnis der Kundenbedürfnisse, das hilft, Wachstumsinitiativen und eine gezielte Mittelallokation zu ermöglichen. Ferner ist das Herzstück einer jeden Unternehmensstrategie die Marktsegmentierung, die Positionierung des Unternehmens im Markt und das Leistungsversprechen gegenüber den Kunden. Hier kann das Marketingteam einen wesentlichen Beitrag leisten.

Der Fokus auf den Markenwert

Die Verlagerung des Schwerpunkts von taktischen Erfolgsindikatoren, wie z. B. kurzfristigen Vertragsabschlüssen oder Verkaufszahlen, hin zu strategischen Indikatoren, wie Markenwert, und dem langfristigem finanziellen Erfolg, stellte einen fundamentalen Umbruch dar. Der Leitgedanke dabei ist, dass starke Marken die Grundlage eines Wettbewerbsvorteils und damit nachhaltiger Rentabilität bilden können. Ein primäres Markenbildungsziel sollte es daher sein, Markenwert zu schaffen, ihn kontinuierlich zu steigern und auch wirksam einzusetzen. Die Hauptdimensionen des Markenwerts sind die Markenbekanntheit, die mit ihr verbundenen Markenassoziationen und im Resultat die Markenloyalität der Kunden.

- **Markenbekanntheit** ist ein oft unterschätzter Wert, der die Wahrnehmung, die Attraktivität und auch das Verhalten der Kunden beeinflusst. Menschen mögen Vertrautes und schreiben Gegenständen, die ihnen vertraut sind, (positive) Eigenschaften zu. Ferner kann Markenbekanntheit ein Signal für Erfolg, Verbindlichkeit und Substanz sein, alles Eigenschaften, die sowohl für industrielle Großkunden als auch für die Nutzer von Gebrauchsgütern relevant sind. Die Logik dahinter ist simpel: Es muss einen Grund dafür geben, dass eine Marke bekannt ist. Letztlich entscheidet die Markenbekanntheit darüber, ob eine Marke zur entscheidenden Zeit im Kaufprozess ins Gedächtnis gerufen wird und somit zu den Marken gehört, die der Kunde berücksichtigt.
- **Markenassoziationen** umfassen Produkteigenschaften (Dr. Best, Volvo), Design (Calvin Klein, Apple), soziale Programme (Hipp, Pampers), Qualität der angebotenen Produkte (Mercedes, Lufthansa), Eigenschaften der Produktnutzer (IKEA, Nike), Produktbreite (Amazon, Volkswagen), Globalität (VISA, Ford), Innovation (Toyota, Tes-

la), Systemlösungen (IBM, SAP), Markenpersönlichkeit (INGDiBa, Schwäbisch Hall, Singapore Airlines) und Symbole (türkisfarbene Box von Tiffany, goldene Bögen von McDonald's) usw., also alles, was der Kunde mit einer Marke verbindet. Markenassoziationen können die Grundlage für Kundenbeziehungen, Kaufentscheidungen, Kundenerlebnisse und Markenloyalität sein. Wichtig für das Management des Markenwerts ist die Entscheidung, welche Assoziationen hervorgerufen werden sollen, wie diese Assoziationen durch ein Marketingprogramm unterstützt und aufgeladen werden können und wie man sie mit der Marke verbindet.

- **Markenloyalität** bildet das Herzstück des Wertes einer jeden Marke, da Loyalität grundsätzlich erst einmal anhält, sobald sie erlangt wurde. Kundenträgheit kommt derjenigen Marke zugute, die Loyalität erworben hat. Einen loyalen Kunden abzuwerben ist schwierig und teuer für einen Konkurrenten. Somit ist es ein Markenbildungsziel, die Loyalität der Kunden in all ihren unterschiedlichen Facetten zu stärken. Dabei gilt es, sich selber treu zu bleiben und eine vielfältige, tiefe und sinnstiftende Beziehung zu den Kunden aufzubauen und aufrecht zu erhalten.

Die Entwicklung von Marken zu Markenfamilien

Historisch gesehen war das Markenmanagement immer auf eine einzelne Marke und ein Land fokussiert, so als ob die Marke isoliert im Unternehmen und auf dem Weltmarkt agieren würde. Dieses Vorgehen geht zurück auf das klassische Markenmanagementsystem von Procter & Gamble (P&G), das bis zu einem Memorandum aus dem Jahre 1931 zurückverfolgt werden kann. Dieses Memorandum enthielt eine Stellenbeschreibung für einen „Marken-Mann" und wurde geschrieben von Neil McElroy, damals ein Procter & Gamble Junior Marketingmanager, der später CEO und dann Verteidigungsminister der Vereinigten Staaten wurde. Zu jener Zeit bemühte er sich darum, die Markenseife Camay zu managen, die durch die Markenseife Ivory überflügelt wurde. Die Quintessenz des Memorandums ist, dass jede Marke autonom ist und ein eigenes Markenprogramm benötigt. Diese Sichtweise ist heute jedoch strategisch nicht mehr valide und anwendbar.

Immer mehr Unternehmen realisieren, dass das strategische Markenmanagement eher einem „Familien-Gedanken" folgen muss, und Marken als Portfolio gemanagt werden müssen. Der Kern der Markenportfoliostrategie ist es, sicherzustellen, dass die Marken des Unternehmens, inklusive aller Submarken, Empfehlungsmarken und mit Marken verbundenen Innovationen, harmonisch zusammenspielen, um Mitarbeitern und Kunden Orientierung zu geben und Synergien zu schaffen. Es geht also um Kooperieren statt Konkurrieren. Jede Marke braucht eine klar abgegrenzte Rolle, die auch eine unterstützende für andere Marken sein kann.

Sowohl diese Rollen als auch die Produktpalette, die horizontal und vertikal ausgeweitet werden kann, können sich im Laufe der Zeit verändern. Unternehmen müssen daher Wege finden, um vorhandene Ressourcen über Marken und Märkte hinweg effizient zuzuteilen, sodass der zukünftige Erfolg aufstrebender Marken beschützt wird und sichergestellt ist, dass für jede Marke ausreichende Ressourcen allokiert werden, um ihrer gegenwärtigen und zukünftigen Rolle gerecht werden zu können.

Die strategische Möglichkeit der Markenerweiterung

Wenn Marken als Wert für das Unternehmen betrachtet werden, ergibt sich die Möglichkeit, diesen Wert zum eigenen Vorteil zu nutzen und damit Wachstum zu generieren, was dem Ziel der meisten Unternehmen entspricht. Eine Marke kann als Dachmarke oder Empfehlungsmarke genutzt werden, um einen strategischen Markteintritt in eine andere Produktkategorie zu erleichtern, indem die Bekanntheit und positive Assoziationen (z. B. wahrgenommene Qualität) der Marke genutzt und auf andere Produktkategorien übertragen werden. Eine Marke kann auch für eine vertikale Expansion wirksam eingesetzt werden, um z. B. ein höherwertiges oder auch niedrig-preisigeres Angebot zu unterstützen. Bei der Betrachtung des Wertes einer Marke ist das Ziel aber nicht nur, eine erfolgreiche Markenerweiterung zu gestalten, sondern auch, die Marke und das gesamte Markenportfolio aufzuwerten. Das gibt Marken eine neue strategische Perspektive.

Die Notwendigkeit zur Überbrückung organisatorischen Silo-Denkens

Fast alle Marken überspannen ganze Unternehmen und damit verschiedene Silos in diesen Organisationen, die durch Produkte, Märkte oder Länder definiert werden. Bei manchen Unternehmen (z. B. General Electric, Siemens oder Toshiba) besitzt die Marke die Möglichkeit, Kundenbeziehungen in Tausenden von Produktmärkten zu beeinflussen. Wenn Marken taktisch betrachtet werden, scheint Siloautonomie zu funktionieren, weil sie den kundennahen organisatorischen Einheiten erlaubt, die Marke den unterschiedlichen Kundenbedürfnissen anzupassen.

Allerdings kann der Verlust der Kontrolle über diese Form der „Silo-Markenbildung" zu Ineffizienz, verlorenen Chancen und einem echten Wertverlust der Marke führen. Wenn es erlaubt ist, die Marke in verschiedenen Unternehmenseinheiten in unterschiedliche Richtungen zu führen, wird die Marke schwammig und damit schwach. Darüber hinaus baut eine effektive und effiziente Markenbildung auf Größenvorteilen auf, die es notwendig macht, dass sich Markenteams über die besten Wege zum Ziel intensiv austauschen. Eine zentralisierte, länder- und produktübergreifende Koordination aller Maßnahmen ist also notwendig, um die Marke und das Unternehmen als Ganzes voranzubringen.

Der Markenmanager als Dirigent aller Aktivitäten

Früher, als nur eine limitierte Anzahl an Medienkanälen zur Verfügung stand und es die einzige Aufgabe war, Umsatz zu generieren, fungierte der Markenmanager oft nur als Koordinator und Planer taktischer Kommunikationsmaßnahmen.

Markenmanager sehen sich heute aber einer ganz anderen Welt gegenüber. Einer Welt mit zahlreichen, komplexen und dynamischen Kommunikationskanälen. Die Erarbeitung und das Management eines integrierten Kommunikationsprogramms ist also heute viel schwieriger. Außerdem hat die Kommunikation heute eine Aufgabe, die weit über die Generierung von Umsatz hinausgeht: den Markenwert nachhaltig zu steigern, geleitet durch eine klare Vision für die Marke und mit dem Ziel, die intendierten Markenassoziationen sowie die Kundenbeziehungen zu stärken. Das ist nicht einfach. Und die Aufgabe wird noch komplizierter, wenn sich eine Dachmarke zusehends über verschiedene Produkte und Länder ausdehnt, da dies die Budgetallokation deutlich komplexer macht.

Eine am Markenwert orientierte Kommunikation erfordert deshalb auch das Verständnis und „Buy-in" aller Bezugsgruppen im Unternehmen. Eine Marke kann ihr Markenversprechen nur einlösen, wenn die Mitarbeiter an die Marke glauben und das Versprechen in jedem Kundenkontakt durch ihr Handeln zum Leben erwecken. Es ist also erforderlich, die Marke sowohl intern als auch extern aufzubauen.

Die Herausforderung eines echten Paradigmenwechsels

Warum wurde ein so überzeugendes Konzept aber nur so langsam angenommen? Und warum wird es nur langsam in Unternehmen umgesetzt, wenn es bereits angenommen wurde? Dafür gibt es drei Gründe:

Erstens ist die Macht kurzfristiger Finanzkennzahlen sehr stark. Manager schauen sich diese Kennzahlen zur Bewertung und Überprüfung ihrer Aktivitäten und Maßnahmen an. Des Weiteren hat die Finanztheorie „bewiesen", dass es die Aufgabe des Unternehmens ist, die Aktienrendite zu maximieren. Und tatsächlich reagieren die Aktienerträge auf kurzfristige Ergebnisveränderungen, weil alternative Kennzahlen entweder nicht verfügbar oder unzuverlässig sind. Infolgedessen lernen Manager, dass sie ihre Karrieren nur erfolgreich vorantreiben können, wenn sie kurzfristige Kennzahlen verbessern.

Zweitens ist das Aufbauen von Markenwerten kein Kinderspiel. Die richtige Markenvision zu wählen und dann bahnbrechende Ideen zu finden, um sie mit Leben zu füllen, ist schwierig. Wenn sich der Erfolg dann ggf. erst in drei bis fünf Jahren einstellt, ist es umso schwieriger, Führungskräfte davon zu überzeugen, dass sich die Bemühungen trotzdem lohnen. Insbesondere, wenn kurzfristige Kennzahlen stagnieren oder zurückgehen, und überzeugende Ersatzkennzahlen für die langfristige Entwicklung nur schwer zu ermitteln sind. Infolgedessen kann es auch für Unternehmen, die an ihre Marke glauben, schwer sein, entsprechende Ergebnisse zu erzielen.

Drittens bringen manche Unternehmen nicht die nötigen Voraussetzungen mit, da ihnen die geeigneten Personen, Methoden oder die Kultur fehlen. Sie werden daher das Konzept und Verständnis für die Marken als Unternehmenswert nur langsam annehmen. Dies trifft häufig auf B2B- und Technologieunternehmen oder auch auf Firmen aus Entwicklungsländern zu, die unter der Protektion ihrer Regierungen gearbeitet haben und mehr auf Produktion und Distribution als auf Marken fokussiert sind. Führungskräfte verinnerlichen die strategische Bedeutung von Marken in einer solchen Umgebung nur langsam und allokieren daher kaum Mittel hierfür.

Das Fazit

Die Bedeutung des Markenwerts kann nicht häufig genug betont werden. In der Geschichte des Marketings gab es nur wenige Konzepte, die die Praxis des Marketings so grundlegend verändert haben. Massenmarketing und Marktsegmentierung zählen dazu. Die „Marke als Vermögenswert" und die Markenbildung gehören mit Sicherheit ebenfalls auf die Liste, auch wenn dieser Blickwinkel nicht immer einfach im Unternehmen zu verankern ist.

Marken stellen monetäre Vermögenswerte dar

2

> *Markenwert lässt sich am besten mit einer Zwiebel vergleichen. Sie hat viele Schichten und ein Herz. Das Herz ist der Kunde, der bis zum Ende bei Dir bleiben wird.*
> *– Edwin Artzt, ehemaliger Chief Executive Officer, Procter & Gamble*

Marken besitzen nicht nur ideellen Wert für Kunden, sondern auch finanziellen Wert für Unternehmen. Diese Betonung ist im Hinblick auf all ihre Konsequenzen für die Unternehmensstrategie, das Marketingprogramm, die Mittelbeschaffung und das Management der Markenbildung wichtig. Denn wenn die Markengestaltung Teil der Unternehmensführung sein soll, werden die Chief Executive Officers (CEOs) und Chief Financial Officers (CFOs) dieser Welt, so sie mit dem Markenwertkonzept sympathisieren, letztendlich einen Beweis erwarten, dass dieser Wert tatsächlich existiert. Ein konzeptionelles Modell kann seinen Teil zur Überzeugungsarbeit beitragen, aber es werden auch empirische Beweise für die Existenz dieses Wertes benötigt.

Zu Zeiten des klassischen Markenmanagement-Paradigmas, das den Fokus auf kurzfristige Umsätze legte, waren Investitionen in die Marke einfach zu rechtfertigen. Markenprogramme steigerten entweder unmittelbar die Verkaufszahlen und Gewinne oder eben nicht. Zum Aufbau eines Markenwertes bedarf es jedoch einer stetigen und konsequenten Stärkung der Marke über Jahre hinweg. Dabei wird sich immer nur ein kleiner Teil des Markenwertes umgehend in Form höherer Verkaufszahlen und Gewinne auszahlen. Es kann sogar sein, dass der Markenaufbau den Gewinn kurzfristig negativ beeinflusst.

Um Investitionen zur Steigerung des Markenwerts gegenüber CEOs und CFOs rechtfertigen und die Steigerung des Markenwertes belegen zu können, ist es also nötig, die langfristige Bedeutung und Wirkung von Marken und entsprechende Kennzahlen zu messen.

© Springer Fachmedien Wiesbaden 2015
D. Aaker et al., *Marken erfolgreich gestalten*, DOI 10.1007/978-3-658-06386-3_2

Es gibt eine Vielzahl von Möglichkeiten, den Wert einer Marke nachzuweisen, unter anderem durch Fallstudien, die Bewertung von Marken, quantitative Studien zum Einfluss des Markenwertes auf andere finanzielle Kennzahlen oder die Untersuchung der Rolle von Marken in konzeptionellen Modellen der Unternehmensstrategie.

Die Nutzung von Fallstudien für den Beweis des ökonomischen Wertes von Marken

Fallstudien stellen eine lebendige, überzeugende und anschauliche Form dar, den Wert von Marken nachzuweisen. Zum Beispiel anhand von Marken, die unbestreitbar zu enormer Wertschöpfung in einem Unternehmen beigetragen haben. Die Marke Apple ist mit ihrer kreativen und unabhängigen Persönlichkeit und mit ihrer Reputation, ein führender Innovator zu sein, der Erfolgsfaktor für eines der weltweit wertvollsten Unternehmen. BMW ist in den USA vor allem deshalb erfolgreich, weil die Marke rund um den Slogan „The ultimate driving machine" und den damit verbundenen selbstverwirklichenden Nutzen für den Fahrer aufgebaut wurde. Alnatura dominiert eine Unterkategorie des Lebensmittelhandels mit einer Marke, die klare Wertvorstellungen und einen Lebensstil vermittelt, der sowohl selbstdarstellenden als auch sozialen Nutzen stiftet.

Bedenken Sie auch, welchen Wert eine Marke hat, die aufgrund ihrer Stärke hilft, Fehler im Unternehmen und die Nichteinlösung des Markenversprechens abzufedern bzw. zu lindern. Solche Marken können ein Comeback einleiten, das bei anderen Marken nicht möglich wäre. Bevor Steve Jobs 1997 zu Apple zurückkehrte, hatte Apple eine Periode des Stillstands in der Produkt- und der Geschäftsentwicklung hinter sich. Es war die starke Marke, die ein Comeback von Apple ermöglichte, nachdem die Produktprobleme beseitigt wurden und die Innovationskraft wiederhergestellt wurde. Dasselbe konnte man bei der Marke Harley-Davidson beobachten, die eine Periode voller Qualitätsprobleme erlebte und dank ihrer Markenstärke neu durchstarten konnte, sobald die Produktprobleme beseitigt waren. Die Deutsche Telekom war mehr als 20 Jahre lang die führende Marke im Kommunikationssektor und obwohl sie sich durch einen Preiskampf und viele Serviceprobleme kämpfen musste, ist sie heute immer noch eine der stärksten Marken ihrer Kategorie. Diese Beispiele zeigen die Nachhaltigkeit und den Wert einer starken Marke.

Zur Vollständigkeit gilt es, auch Marken zu erwähnen, die durch schlechtes Management tatsächlich scheiterten und enormen Unternehmenswert verspielten. Ein besonders prägnantes Beispiel ist der Niedergang von Schlecker im Jahre 2012. Bis zum Insolvenzantrag zu Beginn dieses Jahres hatte niemand eine mögliche Pleite des Unternehmens in Erwägung gezogen. Die desolate Situation des Unternehmens, die nach und nach zutage kam, war Folge jahrelanger Fehlentscheidungen der Familie Schlecker, die als Management des Unternehmens fungierte. Schlecker besaß zwar im Vergleich mit seinen Hauptkonkurrenten dm und Rossmann die meisten Filialen in Deutschland, die Umsätze dieser blieben aber zumeist weit hinter denen der Konkurrenz zurück.

Schlecker hatte es versäumt, auf sich verändernde Kundenbedürfnisse zu reagieren und Filialen in umsatzstärkeren Gebieten zu etablieren sowie die Gestaltung der Filialen zu modernisieren. Die Kunden verlangten nach großzügig und interessant gestalteten Verkaufsräumen, Schlecker-Filialen waren jedoch zumeist beengt und lieblos gestaltet. Das Unternehmen hielt jedoch zwanghaft an seinem Billig-Image fest. Dreistellige Millionenverluste führten dann letztendlich zum Insolvenzantrag. Für das heruntergekommene Filialnetz ließ sich kein neuer Investor finden, woraufhin das deutsche Kerngeschäft abgewickelt werden musste und tausende Mitarbeiter ihre Jobs verloren. Dieses Beispiel zeigt, dass auch starke Marken verwundbar sind, wenn Entscheidungen getroffen werden, die nicht im Einklang mit dem Markenversprechen und den Erwartungen und Bedürfnissen der Kunden stehen.

Der finanzielle Vermögenswert einer Marke

Eine andere Methode, um den Markenwert zu bestimmen, ist eine direkte Berechnung ihres finanziellen Vermögenswertes. Dafür gibt es entsprechende Ansätze, die eine näherungsweise Berechnung des Markenwertes ermöglichen. Dies kann nützlich sein, wenn man nachweisen möchte, dass Marken echte Vermögenswerte darstellen und welche Produktkategorien und Absatzmärkte des Unternehmens diesen Markenwert schaffen.

Der erste Schritt ist die Schätzung des Wertes der Geschäftseinheiten und der einzelnen Produktkategorien, in denen die Marke genutzt wird. Die Marke Ford Focus in Deutschland würde zum Beispiel bewertet werden, indem man die zukünftigen erwarteten Erträge durch dieses Fahrzeugmodel abzinst. Der Wert der Sachanlagen (Buch- oder Marktwert) wird abgezogen. Die Differenz zwischen den erwarteten Erträgen und dem Wert der Sachanlagen ergibt sich durch immaterielle Vermögenswerte wie Kenntnisse der Produktion, Mitarbeiter, Fähigkeiten in Forschung und Entwicklung und eben die Marke. Diese immateriellen Vermögenswerte werden anschließend der Marke und den anderen Vermögenswerten zugeordnet. Die entscheidende Kennzahl ist der prozentuale Anteil der Markenstärke an den immateriellen Vermögenswerten (Role of Brand). Dieser Schätzwert kann von einer Gruppe sachkundiger Mitarbeiter oder entsprechender externer Dienstleister ermittelt werden. Hierbei werden das Geschäftsmodell und jegliche Information über die Marke wie Markenbekanntheit, Markenassoziationen und Kundenloyalität berücksichtigt. Es wird Fälle geben, in denen man trotz entsprechender Marktforschung uneins darüber ist, ob der Anteil und die Bedeutung der Marke am Unternehmenswert 20 oder 30 % einnimmt, aber es wird nur selten Diskussionen darüber geben, ob es 10 oder 50 % sind.

Der Wert der Marke wird daraufhin über alle Länder hinweg aggregiert, um einen weltweiten Wert der Marke Ford Focus zu bestimmen. Abschließend wird über alle Ford-Produkte hinweg aggregiert, um den Gesamtwert der Marke Ford zu ermitteln. Dieser Wert kann zur Gegenprobe mit der Marktkapitalisierung der Ford-Aktien und mit dem prozentualen Anteil der Ford-Unternehmensumsätze, die durch die Marke Ford erreicht werden, verglichen werden.

Der Wert weltweiter Marken wird seit über einem Jahrzehnt jährlich von Interbrand, Millward Brown, Prophet und anderen Unternehmen ermittelt. 2013 schätzte Interbrand den Wert von sieben Marken auf jeweils über 40 Mrd. US-Dollar (Apple, Google, Coca-

Cola, IBM, Microsoft, General Electric und McDonald's). Der Wert der weltweit wert-vollsten Marke wurde auf mehr als 80 Mrd. US-Dollar geschätzt.

Auch wenn der geschätzte Wert einer Marke, also der prozentuale Anteil am Wert der mit ihr verbundenen Unternehmenseinheiten, nicht von den Unternehmen veröffentlicht wird, implizieren die Interbrand-Daten von 2013, dass der prozentuale Anteil von 10 bis 25 % (für Marken wie General Electric, Allianz, Accenture, Caterpillar, Hyundai und Chevrolet) über 40 bis 50 % (für Marken wie Google, Nike, und Disney) bis hin zu 60 % (für Marken wie Jack Daniel's, Coca-Cola und Burberry) variiert.[1] Wenn der Markenwert 15 % des Unternehmenswertes ausmacht, ist dies ein Vermögenswert, den es aufzubauen und zu schützen lohnt. Wenn der Wert höher ist, wird die Notwendigkeit eines Budgets zum Markenaufbau noch größer. Der finanzielle Wert einer Marke gibt einen guten Ein-druck darüber, inwiefern es einem Unternehmen gelungen ist, immateriellen Markenwert aufzubauen.

Es ist verführerisch, den finanziellen Markenwert zum Aufbau und Management von Marken zu nutzen. In der Realität ist diese Kennzahl jedoch zu ungenau und zu wenig operationabel, um eine solche Rolle und Bedeutung einnehmen zu können. Der Wert wird getrieben durch den Aktienmarkt, Innovationen von Wettbewerbern, die Unternehmens-strategie, die Produktperformance und die Marktdynamik. All diese Faktoren haben je-doch wenig mit der Markenstärke zu tun und basieren auf mehreren, teils subjektiven Schätzungen von Unternehmenskennzahlen, die durch Unsicherheiten und individuelle Sichtweisen beeinflusst werden.

Schätzungen des Markenwertes können jedoch als Referenzgröße hilfreich sein, um markenbildende Programme und Budgets zu definieren. Wenn eine Marke geschätzt 500 Mio. US-Dollar wert ist, ist ein Budget von 5 Mio. US-Dollar zum Markenauf-bau zu niedrig. Oder wenn 400 Mio. US-Dollar des Markenwertes in Europa und nur 100 Mio. US-Dollar in den USA erzielt werden, ist es ggf. keine gute Entscheidung, das Budget zum Markenaufbau 50:50 aufzuteilen. Die Betrachtung des finanziellen Marken-werts kann aber in jedem Fall einen Mehrwert schaffen, wenn sie das Markenmanage-mentteam dazu anregt, genau zu durchdenken, wie die Marke die Unternehmensstrategie unterstützt und was die relevanten Hebel sind. Die gewonnenen Einblicke können helfen, die Unternehmens- und Markenstrategie und die dazugehörigen markenbildenden Bemü-hungen enger zu verzahnen und damit insgesamt voranzubringen.

Die Amortisierung von markenbildenden Programmen

Ein weiterer Ansatz, um den Wert von Marken zu veranschaulichen, ist die Messung des Einflusses von Marken auf die Aktienrendite, dem Maß der langfristigen Kapitalrendite. In zwei Studien, die David Aaker mit Robert Jacobson von der University of Washington

---

[1] Persönliche Mitteilung durch Interbrand. Die Markenwerte von 2013 werden auf Interbrand.com veröffentlicht.

durchgeführt hat, haben sie diese Beziehung anhand von Zeitreihendaten, denen buchhalterische Informationen zu Gewinnen und Kapitalrentabilitäten (ROI) zugrunde lagen, und entsprechender Modelle, die die Kausalzusammenhänge offenlegten, untersucht (Aaker und Jacobsen 1994, 2001). Die erste dafür genutzte Datenbank von EquiTrend enthielt 33 Marken, die US-börsennotierte Unternehmen wie z. B. American Express, Chrysler und Pepsi repräsentierten. Die zweite Datenbank von Techtel enthielt neun Technologieunternehmen, z. B. Apple, HP und IBM.

Forschungen im Bereich der Finanzmärkte haben einen starken Zusammenhang zwischen Kapitalrentabilität und Aktienpreisen nachgewiesen: Im Mittel steigt der Preis einer Aktie, wenn die Kapitalrentabilität ansteigt. In beiden Studien konnte nachgewiesen werden, dass der Einfluss des Markenwertes auf die Aktienrendite mit 70 % fast genauso groß ist wie der Einfluss der Kapitalrentabilität. Abbildung 2.1 zeigt das Ergebnis der Equi-Trend-Studie. Die Abbildung zeigt anschaulich, dass die Aktienrendite auf sinkende oder steigende Markenwerte nahezu ebenso stark reagiert wie auf Veränderungen der Kapitalrentabilität. Im Vergleich hatte Werbung, deren Wirkung in der Studie ebenfalls getestet

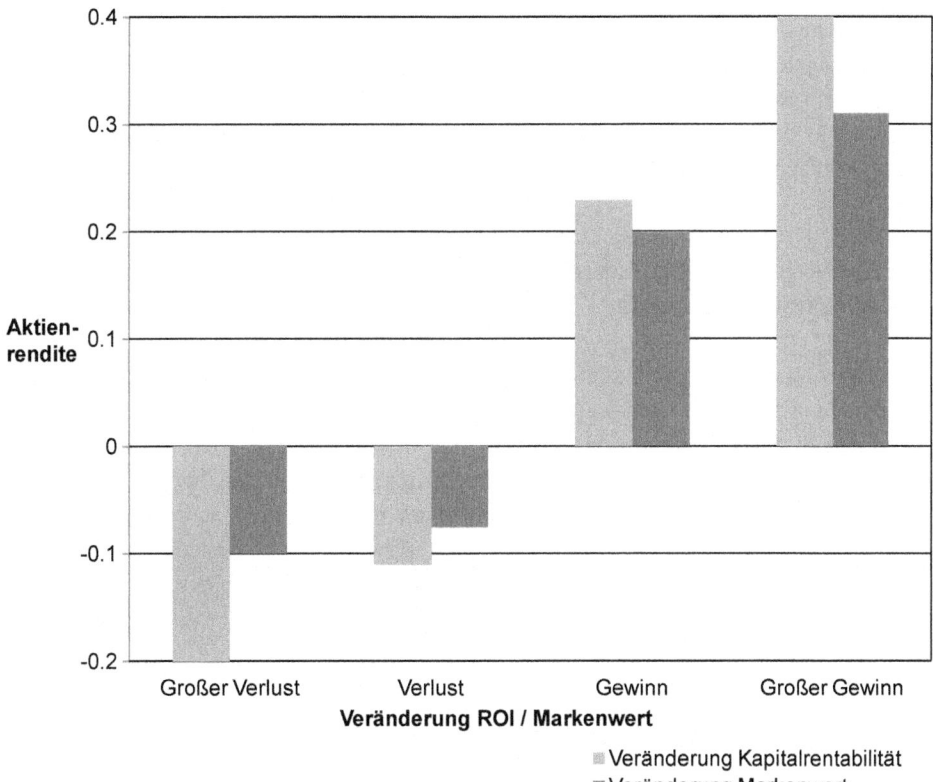

Abb. 2.1 Die EquiTrend Studie: Reaktionen des Aktienmarkts auf Veränderungen des Markenwertes und der Kapitalrentabilität

wurde, keinen Einfluss auf die Aktienrendite – abgesehen von jenem Effekt, der bereits durch den Markenwert erfasst wurde.

Der Einfluss des Markenwerts auf die Aktienrendite dürfte teilweise darin begründet liegen, dass eine starke Marke einen Preisaufschlag ermöglicht, der die Profitabilität steigert. Eine Analyse der EquiTrend-Daten hat gezeigt, dass ein hoher Markenwert mit einem Preispremium assoziiert wird. Hochpreisige Marken wie Mercedes, Levi's und Guhl besitzen beachtliche Markenwertvorteile gegenüber Wettbewerbern wie Fiat, Lee Jeans und Schauma.

Im Rahmen der Studie wurde außerdem untersucht, was zu größeren Veränderungen in den allgemein sehr stabilen Markenwerten führt. Einige der Veränderungen können mit bedeutenden Produktinnovationen (im Gegensatz zu inkrementellen Produktinnovationen) in Verbindung gebracht werden. Andere Veränderungen konnten offensichtlichen Produktproblemen, Veränderungen in der Unternehmensführung, dem Ausgang wichtiger Gerichtsverfahren und den Maßnahmen von Wettbewerbern, die erfolgreich oder erfolglos waren, zugeschrieben werden. Letzteres befindet sich natürlich außerhalb der Kontrolle eines Unternehmens.

Diese Studien zeigen, dass eine Veränderung des Markenwertes (welche sehr unwahrscheinlichen nur durch Werbung hervorgerufen wird) auch wesentliche und messbare Auswirkungen auf die Aktienrendite hat.

Solch ein Ergebnis ist ein überzeugender Beweis dafür, dass Markenwerte den finanziellen Wert des Unternehmens beeinflussen und dass die Annahme, dass Marken auch einen finanziellen Vermögenswert darstellen, gültig ist.

Die Entwicklung eines konzeptionellen Modells für die Unternehmensstrategie

Die Herausforderung, Investitionen in Marken zu rechtfertigen, ist vergleichbar mit der Entscheidung für oder gegen jegliche Art von Investments in immaterielle Vermögenswerte. Die drei wichtigsten Vermögenswerte der meisten Unternehmen sind Mitarbeiter, IT und Marken. Alle sind immateriell und in der Bilanz nicht unmittelbar abbildbar. Aber alle kreieren einen Mehrwert für das Unternehmen, der nur schwer zu quantifizieren ist. Eine Investition in einen solchen immateriellen Vermögenswert muss deshalb teilweise mit einem konzeptionellen Modell des Unternehmens gerechtfertigt werden, das darlegt, dass diese immateriellen Vermögenswerte Schlüsselfaktoren für den Erfolg der Unternehmensstrategie sind.

Eine konzeptionelle Grundlage für die Investition in Marken könnte deshalb z. B. der Vergleich mit der strategischen Alternative sein, sich rein über den Preis zu differenzieren. Diese ist jedoch in den meisten Fällen keine gute Alternative.

Manager, die z. B. für die dritt- oder vierterfolgreichste Marke in einem Produkt- oder Marktsegment verantwortlich sind, reagieren auf Überkapazitäten id. R., indem sie die Preise senken. Wettbewerber folgen diesem Beispiel und senken ebenfalls die Preise.

Kunden beginnen entsprechend, sich mehr auf den Preis als auf die Qualität und andere differenzierende Leistungsmerkmale zu konzentrieren. Marken fangen in diesem Fall an, Massenartikeln zu gleichen, und die Unternehmen beginnen, sie als solche zu behandeln. Diese sogenannte Kommodisierung führt unausweichlich zu einer Gewinnerosion.

Man hat also die Wahl, eine Marke aufzubauen oder Massenartikel zu managen. Man muss kein strategischer Visionär sein, um zu sehen, dass alles, was Massenartikelstatus bedeutet, vermieden werden sollte. Meist ist dieser Status auch nicht notwendig. Betrachten Sie das Preispremium, das für Evian-Wasser oder Fleur de Sel (Wasser und Salz können durchaus als Massenartikel bezeichnet werden), einen Audi A3 oder einen Flug mit Lufthansa verlangt werden kann. In jedem dieser Fälle ist es aufgrund einer starken Marke möglich, dem Druck zu widerstehen, sich auf den Preis zu fokussieren. Der Management-Guru Tom Peters hat dies gut beschrieben: „In einem zunehmend überfüllten Markt werden nur Narren über den Preis konkurrieren. Gewinner werden Wege finden, einen bleibenden Wert im Bewusstsein der Kunden zu schaffen" (Aaker 1991).

Aber wie lässt sich der Markenaufbau messen, wenn sich entsprechende Marketing-maßnahmen erst nach Jahren bezahlt machen und unterschiedlichste Erfolgsfaktoren existieren? Die Antwort lautet: durch das Nutzen der wichtigsten Kennzahlen für den Markenwert, nämlich die Markenbekanntheit, die wesentlichen Markenassoziationen und die Markenloyalität der Kunden. Die Relevanz dieser Kennzahlen macht eine stringente, konzeptionelle Unternehmensstrategie erforderlich, der zugrunde liegt, dass der Aufbau von Markenwert entscheidend ist und zu einem Wettbewerbsvorteil führt, der sich in der Zukunft finanziell bezahlt macht.

Die Bestimmung und Verteilung des Budgets für den Markenaufbau

Das Budget für das Investment in einen immateriellen Vermögenswert zu definieren, entsprechend aufzuteilen und auch intern zu verteidigen, ist schwierig. Einige Tipps zur Vorgehensweise lassen sich jedoch aus der Praxis ableiten.

Erstens bestimmt die Bedeutung der Marke für die Unternehmensstrategie auch die Vorgehensweise bei der Budgetierung. Wie sieht die Rolle der Marke aus und wie wichtig ist die Marke für die Strategie und den Erfolg des Unternehmens? Was sind die Stärken und Schwächen der Marke und wohin soll die Marke entwickelt werden? Ist es die Priorität, die Markenbekanntheit zu steigern, deren Wahrnehmung zu ändern oder die Kundenloyalität zu erhöhen? Wie unterscheiden sich spezifische Kundensegmente? Welches Budget ist mindestens notwendig, um die Aufgabenstellungen zu erfüllen oder der Strategie wenigstens eine Chance zu geben, erfolgreich zu sein?

Zweitens ist die Qualität der Marketingmaßnahmen viel wichtiger als das Budget. Eine vielbeachtete Studie belegt, dass die Qualität der Werbung (gemessen durch die Pre- und Post-Bewertung von TV-Werbung) die Varianz in den Marktauswirkungen gemessen am Umsatzwachstum um ein Vielfaches besser erklären kann, als eine Veränderung des Werbebudgets (Buzzell 1964).

Dies bedeutet, dass mehr Mittel für die kreative Entwicklung von Maßnahmen ausgegeben werden sollte, um grandiose Ideen zu entdecken. Es ist möglich oder sogar wahrscheinlich, dass eine brillante Idee mit einem 5-Millionen-Dollar-Budget erfolgreicher ist als eine mittelmäßige Idee mit einem 20 Mio.-Dollar-Budget.

Drittens kann auch das Experimentieren mit entsprechender Erfolgsmessung bei der Budgetplanung helfen. Das Experimentieren mit verschiedenen markenbildenden Ideen und Budgetrahmen trägt dazu bei, die Budgetierung langfristig besser planen zu können. Nehmen Sie sich jedoch davor in Acht, kurzfristige Umsätze zur Bewertung heranzuziehen (auch wenn nicht vorhandene kurzfristige Umsatzeffekte manchmal einen schwachen langfristigen Effekt signalisieren können). Werden kurzfristige Umsätze als Beurteilungsmaßstab herangezogen, kann dies zu einer Überbetonung von Sonderangeboten und sonstigen Promotionen führen, die der Marke und der langfristigen Strategie schaden. Wenn es nicht sinnvoll ist, ein Experiment über einen längeren Zeitraum laufen zu lassen, können Kennzahlen des Markenwertes als Ersatzmaß für den langfristigen Markteinfluss genutzt werden.

Das Fazit

Marken sind Vermögenswerte von strategischem Wert. Diese Aussage ändert alles. Sie muss aber auch in einer überzeugenden Art und Weise kommuniziert werden, um Unternehmen zu motivieren, in Markenbildung zu investieren und Markenwerte zu schützen. Fallstudien, Berechnungen des Markenwertes und quantitative Studien, die Markenwerte und Aktienrenditen miteinander in Verbindung bringen, zeigen zwar den generellen Wert des Investments in Marken, aber jeder Einzelfall muss in seinem spezifischen Kontext betrachtet werden. Deshalb gilt es, entsprechend konzeptionelle Modelle für die Unternehmensstrategie zu entwickeln und über Tests und Experimente ständig dazuzulernen.

Literatur

Aaker, D. (1991). *Managing brand equity*. New York: The Free Press.

Aaker, D., & Jacobson, B. (1994). The financial information content of perceived quality. *Journal of Marketing Research, 31,* 191–201.

Aaker, D., & Jacobson, B. (2001). Technology markets. *Journal of Marketing Research, 38*(4), 485–493.

Buzzell, R. D. (1964). Predicting short-term changes in market share as a function of advertising strategy. *Journal of Marketing Research, 1,* 27–31.

Teil II
Eine überzeugende Markenvision entwickeln

Marken brauchen eine klare Vision

3

Kunden müssen erkennen können, dass du für etwas stehst.
– Howard Schultz, Starbucks

Yogi Berra, dem legendenumwobenen Yankee-Baseballspieler und Manager, wird folgende Äußerung zugeschrieben: „Wenn du nicht weißt, wohin du gehst, wirst du irgendwo anders landen." Das trifft auch auf Marken zu. Deshalb ist es Aufgabe jedes Markenmanagers, das Ziel zu definieren, zu dem die Marke hingeführt werden soll.

Eine Marke braucht also eine Markenvision: eine artikulierte Beschreibung eines intendierten Bildes für die Marke, für das sie in den Augen der Kunden und anderer relevanter Gruppen, wie Mitarbeiter und Geschäftspartner, stehen soll. Die Markenvision (manchmal auch mit Begriffen wie Markenidentität, Markenwert oder Markenpfeiler beschrieben) wird damit letztendlich zum Fundament der Markenbildung und jedes Marketingprogramms – und beeinflusst so auch die Performance des Unternehmens. Entsprechend sollte die Markenvision ein Kernstück des strategischen Planungsprozesses sein.

Anmerkung In früheren Büchern hat David Aaker stellvertretend den Begriff Markenidentität verwendet. Markenvision erfasst aber die strategischen, richtungsweisenden Eigenschaften des Konzeptes besser und führt nicht zu Irritationen, da im angelsächsischen Raum unter dem Begriff Markenidentität oft die grafische Gestaltung einer Marke verstanden wird.

Eine richtig verstandene Markenvision, die jeder sofort versteht, spiegelt die Unternehmensstrategie wider und hilft, sich von den relevanten Wettbewerbern abzuheben. Eine Markenvision, die ins Schwarze trifft, findet Anklang bei den Kunden, motiviert und inspiriert Mitarbeiter und Geschäftspartner und generiert eine Vielzahl an Ideen für das Marketingprogramm. Eine fehlende oder oberflächliche Markenvision wird hingegen dazu führen, dass die Marke ziellos dahintreibt und Marketingprogramme inkonsistent und ineffektiv bleiben.

© Springer Fachmedien Wiesbaden 2015
D. Aaker et al., *Marken erfolgreich gestalten*, DOI 10.1007/978-3-658-06386-3_3

Das Markenvisions-Modell bietet einen strukturellen Rahmen zur Entwicklung einer Markenvision, der sich durch seinen Ansatz von anderen Modellen unterscheidet.[1]

Erstens, eine Marke ist mehr als ein Satz aus drei Worten: Sie basiert womöglich viel mehr auf Elementen. Denn die meisten Marken können nicht mit einem einzigen Gedanken oder Satz definiert werden. Deshalb endet die Suche nach dem magischen Satz oft fruchtlos oder führt, noch schlimmer, dazu, dass eine nur unvollständige Markenvision erarbeitet wird, der wichtige Elemente fehlen. Die Visionselemente werden nach Wichtigkeit in zwei Gruppen aufgeteilt: Die wichtigsten und am stärksten differenzierenden Aspekte wollen wir als „zentrale Kernelemente der Vision" bezeichnen, alle anderen als „erweiterte Elemente der Vision". Die zentralen Kernelemente spiegeln das künftige Leistungsversprechen wider und sind Basis aller markenbildenden Programme und Initiativen.

Zweitens, die zusätzlichen Aspekte einer Vision spielen eine nützliche Rolle. Sie sorgen oft für Konsistenz und ermöglichen eine Beurteilung, ob eine Marketingmaßnahme zur Marke passt. Die erweiterte Vision bietet ein Zuhause für wichtige Aspekte der Marke, wie zum Beispiel die Markenpersönlichkeit, die es vielleicht nicht verdient, ein zentrales Element der Vision zu sein, oder für Elemente, wie beispielsweise hohe Produktqualität, die entscheidend für den Erfolg sind, aber keine Grundlage für Differenzierung bilden. Solche Aspekte können und sollen das Markenprogramm beeinflussen, aber bei der Entwicklung einer Markenvision werden oft angestrebte Markenassoziationen abgelehnt, die womöglich kein Kernelement der Marke werden können. Wenn solch ein Aspekt aber in der erweiterten Vision genutzt wird, beeinflusst er trotzdem in wichtigem Maße die Umsetzung. Ein erweitertes Element kann manchmal auch im Laufe der Zeit zu einem zentralen Element der Markenvision werden.

Drittens, das Modell der Markenvision ist kein Universalkonzept, das einem Setzkasten mit bestimmten zu füllenden Fächern gleicht und in dem jede beliebige Marke nur noch die fehlenden Lücken ausfüllen muss, ganz gleich, ob der entsprechende Aspekt für sie relevant ist oder nicht. Darüber hinaus ist es natürlich erlaubt, neue Dimensionen hinzuzufügen. Es geht also vielmehr darum, diejenigen Dimensionen zu identifizieren, die für die jeweilige Marke relevant sind. Und das kann natürlich variieren. Unternehmenswerte sind meist für Dienstleistungs- und B2B-Unternehmen von großer Bedeutung, weniger aber für die Produzenten von Konsumgütern.

Innovation ist meist für Hochtechnologiemarken wichtig, aber nicht für jede Verbrauchsgütermarke. Persönlichkeit ist oft wichtiger für Gebrauchsgüter als für Konzernmarken. Die genutzten Aspekte sollten also ein Abbild des Marktes, der Strategie, des Wettbewerbs, der Kunden, des Unternehmens und der Marke sein.

Viertens, die Markenvision sollte zukunftsorientiert sein und kann vom gegenwärtigen Image abweichen. Sie beschreibt die Assoziationen, die gebraucht werden, um die Marke im Rahmen der gegenwärtigen und zukünftigen Unternehmensstrategie voranzubringen.

---

[1] Das Markenvisions-Modell, welches damals Markenidentitäts-Modell oder manchmal auch Aaker-Modell genannt wurde, wurde zum ersten Mal in Aaker (1996) erläutert. Es wurde durch Hinzufügen der Markenessenz in Aaker und Joachimsthaler (2000) verfeinert.

Markenmanager fühlen sich oft eingeschränkt und unwohl damit, über die momentanen Grenzen der Marke hinauszugehen. Allerdings müssen sie Marken in einigen Dimensionen verbessern und andere neue Dimensionen hinzufügen, um erfolgreich im Wettbewerb zu bestehen und ein Fundament für zukünftiges Wachstum zu legen. Eine Marke, die eine Erweiterung in eine neue Kategorie plant, wird also über das gegenwärtige Image hinausgehen müssen.

Fünftens, die Essenz oder Kernaussage der Marke repräsentiert das zentrale Thema der Markenvision. Wenn die richtige Kernaussage für eine Marke gefunden wurde, kann sie im Bereich der internen Kommunikation, der Inspiration von Mitarbeitern und Geschäftspartnern und der Ausrichtung von Marketingprogrammen Wunder wirken. Man könnte sich also vorstellen, dass die Markenessenz der London Business School lauten könnte „Transforming Futures", die von Panasonic „Ideas for Life" oder die von Disney „Family Magic". In jedem Beispiel drückt die Kernaussage alles aus, das die Marke anstrebt zu sein. Entsprechend sollte immer nach einer Kernaussage gesucht werden. Allerdings gibt es auch Fälle, in denen sie im Weg stehen kann und besser gemieden werden sollte. Mobil (jetzt ExxonMobil), die B2B-Marke eines US-amerikanischen Mineralölkonzerns, hatte Führung, Partnerschaft und Vertrauen als zentrale Markenelemente. Dieser Marke eine Kernaussage aufzuzwingen wäre schwierig. Wenn die Kernaussage nicht passt oder nicht überzeugend ist, wird sie die gesamte restliche Energie der Marke absorbieren. In diesem Fall sind die zentralen Elemente der Vision bessere Leuchttürme für die Marke.

Sechstens, im Gegensatz zur Markenvision ist die Markenpositionierung oft eher ein kurzfristiger Wegweiser für die Kommunikation, die beschreibt, welche Botschaften welcher Zielgruppe vermittelt werden sollen. Die gegenwärtige Positionierung betont oft die Elemente der Markenvision, die zum jeweiligen Zeitpunkt attraktiv, glaubwürdig und verfügbar sind. Wenn sich die organisatorischen Fähigkeiten, Produkte oder Märkte verändern, verändert sich die Positionierung entsprechend mit. Das Kernelement einer Positionierung ist oft ein Slogan, der nach außen kommuniziert wird. Dieser muss nicht (und tut dies für gewöhnlich auch nicht) mit der Kernaussage übereinstimmen, denn diese ist ein intern kommuniziertes Konzept.

Der Prozess der Entwicklung einer Markenvision

Der Prozess der Entwicklung einer Markenvision beginnt i. d. R. mit der Analyse des Umfeldes und der Strategie. Eine ausführliche Analyse der Kundensegmente, Wettbewerber, Markttrends, Umwelteinflüsse, der gegenwärtigen Markenstärken und -schwächen sowie der zukünftigen Unternehmensstrategie sollte als Basis vorhanden sein. Die Unternehmensstrategie, inklusive der Investitionsplanung für Produkte und Märkte, die zentralen Leistungsversprechen sowie die unterstützenden Ressourcen und Fähigkeiten, wird benötigt, da die Markenstrategie von der Unternehmensstrategie abhängt und gleichzeitig Impulsgeber für diese ist. Wenn die Unternehmensstrategie ungenau ist oder überhaupt keine Strategie existiert, muss sie im Rahmen der Entwicklung einer Markenvision ebenfalls ausgestaltet und artikuliert werden.

Der zweite Schritt ist die Identifikation der angestrebten Assoziationen. In einem ersten Brainstorming kommen da schnell 50 bis 100 Begriffe zusammen, die es in der Folge zu filtern, zu gruppieren und zu verdichten gilt. Dieser Prozess ist wichtig für die interne Meinungsbildung, aber oft nicht einfach. Es kann Wochen dauern, um die richtigen Attribute für die Markenvision zu finden.

Assoziationen können viele Formen annehmen: Sie können Qualitätsmerkmale, funktionale Vorteile, Charakterisierungen durch Kunden, die Markenpersönlichkeit, organisatorische Programme und Werte oder auch selbstdarstellende, emotionale oder soziale Nutzen umfassen. Als Markenassoziationen sollten sie für Kunden attraktiv sein und eine echte Bedeutung für diese haben und gleichzeitig die zukünftige Unternehmensstrategie widerspiegeln und unterstützen.

Assoziationen sollten auch der Differenzierung dienen und das Leistungsversprechen der Marke unterstützen oder zumindest ein Paritätsmerkmal darstellen. Auch wenn Differenzierung (hoffentlich durch einige „Must-haves") wichtig ist, kann es für die Relevanz der Marke und den Markterfolg entscheidend sein, in wichtigen Dimensionen, in denen ein Wettbewerber einen bedeutsamen Vorteil genießt, Parität zu erreichen. Ziel der Parität ist es, als gut genug empfunden zu werden, sodass Kunden die Marke nicht bei der Produktauswahl ausschließen. In Kap. 15 wird gezeigt, dass Parität zu erreichen genügt, um zu geringer Markenrelevanz aufgrund mangelhafter Leistungen in einer Dimension entgegenzuwirken.

Eine Markenvision sollte darüber hinaus Mitarbeiter und Geschäftspartner inspirieren. Sie sollte sie „berühren" und eine Verbindung zur Marke herstellen. In Kap. 5 wird im Kontext von Unternehmenswerten gezeigt, wie ein höheres Unternehmensziel die Markenvision inspirieren kann, und in Kap. 14 wird im Kontext der internen Markenführung diskutiert, wie das Kreieren von Geschichten im Sinne eines „Story-Telling" ein höheres Unternehmensziel zum Leben erwecken kann. Eine außergewöhnliche Markenvision sollte auch Ideen zur Markenbildung fördern. Im Grunde sollte man sich bei einer kreativen Markenvision vor neuen Ideen kaum retten können. Entsprechend sollte eine Markenvision, die Marketingmaßnahmen zur Markenbildung nicht inspiriert, wahrscheinlich überarbeitet werden.

Ajax zum Beispiel ist ein globales Dienstleistungsunternehmen, das aus einem halben Dutzend Übernahmen entstanden ist, wobei alle Firmen in gewisser Weise unabhängig weitergeführt wurden. Es wurde jedoch schnell klar, dass Kunden ein geeintes Unternehmen mit einem breiteren Leistungsspektrum bevorzugen würden. Die Weiterentwicklung der Ajax-Strategie hatte deshalb ganzheitliche Kundenlösungen und die nahtlose Zusammenarbeit aller Unternehmensbereiche zum Ziel. Diese Strategie repräsentierte einen signifikanten Wandel in der Unternehmenskultur und im operativen Geschäft. In der Markenvision wurden die Elemente „Ein Partner für Kunden", „Maßgeschneiderte Lösungen", „Gemeinschaftlich" und „Nah am Kunden" im Begriff „Team-Lösungen" zusammengefasst, der eines der acht Visionselemente aus Abb. 3.1 darstellt. Ziel war es, mit der neuen Markenvision für die Kunden ein Erscheinungsbild zu schaffen, das diese neue Strategie widerspiegelt.

Im dritten Schritt geht es dann darum, die Elemente der Markenvision zu priorisieren. Die zentralen Elemente der Vision sind die wichtigsten und deshalb einflussreichsten Elemente, die gleichzeitig die primären Eckpfeiler des Markenbildungsprogramms sind. Bei Ajax beinhaltete die zentrale Vision die Elemente „Geist der Exzellenz", „Technologie, die passt" und „Team-Lösungen". Die weiteren fünf Visionselemente stellen die erweiterte Vision dar.

Die Markenvision von BMW

BMW verwendet den Slogan „Freude am Fahren" bereits seit 1965 in der Außenkommunikation der Marke. Dieser Ausdruck stellt jedoch viel mehr dar als „nur" eine Marketingkampagne. „Freude" bildet gleichzeitig den Markenkern von BMW.

Um den Markenkern „Freude" gruppieren sich drei Kernwerte, die das gesamte Wirken von BMW prägen:

Dynamisch. BMW spezifiziert diesen Kernwert als sportlich, geistig beweglich und jung. „Sportlich" können Autos im eigentlichen Sinne nur schwer sein, hierunter fallen aber Kompetenzen wie kompetitiv, kämpferisch und gleichzeitig fair zu agieren. „Geistig beweglich" meint, offen für Neues zu sein. Als Marke will BMW im gewissen Sinne ein „ewiger Jungbrunnen" für seine Kunden sein.

Herausfordernd. Auch dieser Kernwert wird wiederum durch drei spezifizierende Begriffe erläutert. BMW wird als innovativ, kreativ und zielstrebig charakterisiert. „Innovativ" bedeutet, stets nach neuen Lösungen zu suchen, die auch das Potenzial haben, den momentanen Stand der Technik zu verändern. „Kreativität" impliziert, Herausforderungen mit Ideen zu begegnen, sie so zu lösen und sich bietende Chancen zu nutzen. „Zielstrebig" bedeutet, sich immer wieder ehrgeizige Ziele zu setzen und diese konsequent zu verfolgen.

Kultiviert. Kultiviert zu sein, bedeutet für BMW als exklusiv, ästhetisch und integer wahrgenommen zu werden. „Exklusiv" schließt das Konzept einer Premiummarke ein, die ihren Kunden einen echten Mehrwert bietet. Insbesondere in der strategischen Zielformulierung der BMW Group kommt dieser Aspekt zum Tragen („Wir wollen der führende Anbieter von Premiumprodukten und Premiumdienstleistungen für individuelle Mobilität sein"). „Ästhetisch" betont das einzigartige, zeitlose und stets stilsichere BMW-Design. „Integer" fügt der Vision eine professionelle und transparente Arbeitsweise hinzu.

Die Markenvision soll das gesamte Unternehmen in allen Bereichen von Einkauf und Produktion bis hin zum Vertrieb durchdringen. Besonders in der Fahrzeugentwicklung bilden die Kernwerte einen wertvollen Leitfaden: Ist das neue Produkt dynamisch, herausfordernd und kultiviert? Beruht das Produkt auf relevanten Innovationen? Entspricht das Produkt der typischen ästhetischen Wahrnehmung von BMW?

Die letztendliche Freude am Fahren entsteht also aus vielen kleinen Einzelbausteinen und ist Ziel der Markenvision von BMW.

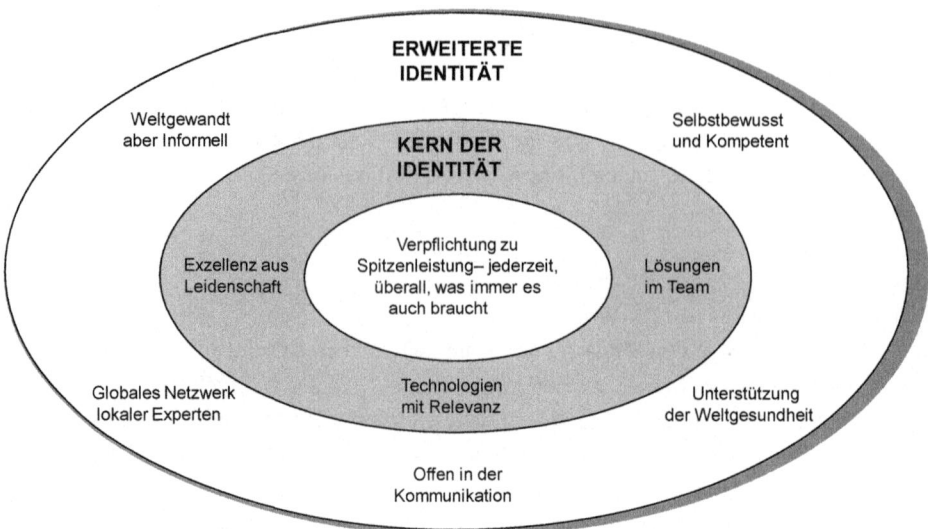

Abb. 3.1 Die Ajax Markenvision

Der vierte Schritt ist die Bildung und Gestaltung der Kernaussage einer Marke, eines einzelnen Gedankens, der den Kern der Markenvision widerspiegelt. Für Ajax war „Verpflichtung zu Spitzenleistung – jederzeit, überall, was immer es auch braucht" eine Kernaussage, die die Identität der Marke definierte (siehe Abb. 3.1).

Der letzte Schritt ist die Markenpositionierung. Die Markenpositionierung für Ajax beinhaltete eine schwere Entscheidung bezüglich der angestrebten Assoziationen. Soll sich Ajax im Bereich Team-Lösungen positionieren, obwohl das Unternehmen dies noch gar nicht leisten kann? Dem voraus zu sein, was wirklich geleistet wird, kann Mitarbeiter motivieren, weil es signalisiert, dass die zukünftige Unternehmensstrategie von der Fähigkeit abhängt, das angestrebte Versprechen zu erfüllen. Die eher konservative Option ist hingegen, eine angestrebte Assoziation als Teil des Positionierungsbemühens aufzuschieben, bis sie glaubwürdig ist und das Unternehmen die Fähigkeiten entwickelt hat, um dem Versprechen gerecht zu werden. Es ist viel sicherer, anstatt der kritischen Assoziation, die anderen zentralen Elemente der Vision hervorzuheben (Abb. 3.1).

Die Anpassung der Markenvision an unterschiedliche Rahmenbedingungen

Sich in allen Situationen immer wieder auf dieselbe Markenvision beziehen zu können, hat enorme Vorteile. Insbesondere, wenn es um die Koordination von Marketingprogrammen über Produktkategorien und -märkte hinweg, das Skalieren von Markenbildungsprogrammen oder die interne Vermittlung einer klaren Ausrichtung geht. Das Ziel muss jedoch lauten, überall eine *starke* Marke zu haben und nicht überall die *gleiche*, was eine

Anpassung der Markenvision an den lokalen Kontext sinnvoll erscheinen lässt und oft sogar notwendig macht.

Marken überspannen oft verschiedene Produkte und Märkte, die sich möglicherweise stark unterscheiden, wie zum Beispiel durch den relativen Marktanteil einer Marke (VW ist dominant im deutschen Markt, aber nicht in Großbritannien), das Markenimage (manche Marken sind Premiummarken für ein Produkt oder einen Markt und haben gleichzeitig ein preisgünstigeres Image für andere Produkte oder Märkte), die Kundenmotivation (Oil of Olaz von Procter & Gamble fand heraus, dass Menschen aus Indien eher hellere Haut als jünger aussehende Haut wollten), die Vertriebskanäle (Eiscreme wird in einigen Ländern nicht in großen Packungen, sondern nur am Stiel oder einzeln verkauft) und die Positionierung im Wettbewerb (eine erstrebenswerte Position, wie zum Beispiel die Schokolade zu sein, die ein Glas Milch enthält, ist möglicherweise schon besetzt). Wenn es die Unterschiede der Produkte oder Märkte erfordern, muss die Markenvision und/oder -positionierung also entsprechend angepasst werden.

Die Herausforderung ist es, eine Übersetzung der zentralen Dimensionen in den lokalen Kontext zuzulassen, ohne daraus Anarchie, Inkonsistenz und unkoordinierte Marketingprogramme entstehen zu lassen. Das Modell der Markenvision eignet sich jedoch aufgrund seiner Vielfalt und Flexibilität gut für verschiedene Anpassungsstrategien. Die zentralen Elemente der Marke können selektiv hervorgehoben, anders interpretiert oder erweitert werden.

Die unterschiedlichen Facetten der Markenvision hervorheben

Eine Marke, die eine Vision mit zwei bis fünf Elementen hat, kann selektiv aus diesen auswählen, um ihren Einfluss in den einzelnen Märkten zu maximieren. Ein großer Finanzdienstleister entwickelte ein Kreditprogramm, was letztendlich in vielen Ländern, in denen das Unternehmen tätig war, eingesetzt werden sollte. Die Markenvision beinhaltete „Leicht zu bedienen", „Tendenz zum Ja", „Flexibilität" und „Geschwindigkeit". Qualitative Forschung, gefolgt von einem quantitativen Konzepttest in drei repräsentativen Ländern, zeigte, dass die Kunden sehr unterschiedliche Präferenzen hatten. In den USA hatten die Elemente „Leicht zu bedienen" und „Tendenz zum Ja" die größte Anziehungskraft. In einem osteuropäischen Land hatten „Leicht zu bedienen" und „Geschwindigkeit" den größten Effekt, während in einem stärker entwickelten asiatischen Land „Flexibilität", „Leicht zu bedienen" und „Geschwindigkeit" die Gewinner waren.

Demzufolge nutzen unterschiedliche Länder eine Betonung verschiedener Elemente der Vision, obwohl die Vision dieselbe ist.

Die Markenvision in den lokalen Kontext übersetzen

Dieselbe Markenvision kann über organisatorische Unternehmenseinheiten hinweg angewendet werden, aber Elemente der Vision können in unterschiedlichen Märkten unterschiedlich interpretiert werden. Der freundliche, interaktive Stil eines Hotels mag in verschiedenen Ländern ganz unterschiedlich wahrgenommen werden. Gesellschaftliche Verantwortung könnte in einem Land Wassereinsparung, in einem anderen dagegen die Arbeitsbedingungen betreffen. Innovationen eines Haushaltgeräteherstellers könnten sich in sich entwickelnden Märkten auf bezahlbare, kompakte Geräte und in entwickelten Märkten auf computergestützte Funktionen fokussieren.

Chevron, ein weltweit operierender Öl- und Energiekonzern, hat eine zentrale Markenvision, die auf vier Werten beruht – sauber, sicher, zuverlässig, hohe Qualität. Die regionalen Märkte und die Leiter der Produktgruppen passen die Markenvision an ihre Bedürfnisse an. Eine Möglichkeit ist die Interpretation der zentralen Elemente der Vision in Bezug auf den jeweiligen Markt. Was bedeutet z. B. Qualität im Kontext eines Convenience Stores an einer Tankstelle? Oder alternativ im Geschäft mit Schmierstoffen? Folglich erhalten die Unternehmenseinheiten das notwendige Maß an Flexibilität, innerhalb der Grenzen der übergreifenden Markenstrategie.

Die Markenvision mit zusätzlichen Elementen erweitern

Eine weitere Möglichkeit, die Markenvision anzupassen, ist die Erweiterung der Vision der Dachmarke um ein Element, das zur Unternehmenseinheit passt und das relevant und überzeugend, jedoch nicht inkonsistent mit der Dachmarke ist.

Chevron gewährt – neben der Möglichkeit, die Elemente der Markenvision zu interpretieren – den Länder- oder Produkteinheiten auch das Hinzufügen eines weiteren Attributes zu den vier Grundelementen, die schon in der zentralen Vision verankert sind. So könnte der Bereich Schmierstoffe „Leistungsfähigkeit" oder die asiatische Unternehmenseinheit „Respektvolle Hilfsbereitschaft" hinzufügen. Das Ergebnis ist jeweils die Relevanz für die Kunden der jeweiligen Unternehmenseinheit zu erhöhen. Da Ergänzungen im Rahmen der Markenstrategieworkshops gemacht werden, gibt es meist nur ein geringes Risiko, dass Elemente hinzugefügt werden, die inkonsistent mit der übergeordneten Markenvision sind.

Die hinzugefügte Assoziation sollte von der spezifischen Unternehmenseinheit, nicht aber vom Rest der Welt als wichtig empfunden werden. Ein Energieunternehmen besaß eine klar definierte Marke mit weltweiter Relevanz. In einem südamerikanischen Staat jedoch waren die Kunden es gewöhnt, an der Zapfsäule betrogen zu werden und weniger zu bekommen als sie bezahlten.

Eine „ehrliche" Zapfsäule war ein glaubwürdiges und relevantes Differenzierungsmerkmal. Die Elemente, die in diesem Land dem Markenversprechen hinzugefügt wurden, waren in keiner Art und Weise inkonsistent mit dem globalen Markenversprechen, sondern bekräftigten erneut Teilaspekte, wie zum Beispiel Vertrauen.

Wenn ein Land verschiedene Unternehmenseinheiten oder Produktkategorien überspannt, kann der Marke also ein lokaler oder länderspezifischer „Geschmack" hinzufügt werden, indem man sie mit Assoziationen verbindet, die an der Kultur oder Tradition eines Landes anknüpfen. Eine Marke im französischen Markt könnte zum Beispiel eine lokale Schirmherrschaft für ein Kunstprogramm übernehmen, um sich mit der französischen Kultur zu verbinden. Natürlich kann der Anspruch, lokal und gleichzeitig global zu agieren, auch zu Spannungen führen, diese lassen sich aber i. d. R. leicht auflösen. Sony hatte lange das Ziel, drei Dinge gleichzeitig in jedem Markt zu sein: global, japanisch und lokal – das Beste aus drei Welten.

Die Notwendigkeit zur Einlösung der Markenvision auf allen Ebenen

Die Markenvision beinhaltet ein Versprechen an die Kunden und damit gleichzeitig eine Verpflichtung des Unternehmens. Sie kann also kein Wunschdenken sein, sondern muss auf echter Substanz aufbauen. Jedes Element der Markenvision sollte letztendlich mit Beweisen, Fähigkeiten und Maßnahmen unterlegt sein, die das Unternehmen befähigen, das Versprechen jedes einzelnen Aspektes der Markenvision und das jeweils zugehörige Leistungsversprechen auch gegenüber den Kunden einzulösen und zu erfüllen. Diese Beweise können direkt sichtbar oder auch unsichtbar sein. Der sichtbare Beweis für den Anspruch von Marken wie Peek & Cloppenburg oder IKEA, exzellenten Service zu liefern, ist die Ausformung des Rückgaberechts und die Anzahl der hierfür eingesetzten Mitarbeiter. Die Vergütung der Mitarbeiter und das dahinter liegende Trainingsprogramm sind Beweise, die der Kunde nicht sehen kann.

Wenn die sichtbaren Beweise für die Einlösung der Markenvision schwach sind oder gar fehlen, gilt es, entsprechend die strategische Ausrichtung des Unternehmens zu überprüfen. Dazu zählen gezielte Investitionen in Fähigkeiten, Mitarbeiter oder Programme, die dem Unternehmen helfen, sein Leistungsversprechen tatsächlich einzulösen. Dies macht in manchen Fällen signifikante Investitionen oder auch eine Änderung der Unternehmenskultur notwendig.

Einer regionale Bank-Marke, die eine ganzheitliche Kundenbeziehung anstrebt, könnte die strategische Notwendigkeit sehen, alle Mitarbeiter mit direktem Kundenkontakt mit dem Zugriff auf alle Konten des Kunden auszustatten. Für eine Premium-Audiogeräte-Marke, die Technologieführer sein möchte, könnte eine strategische Notwendigkeit darin bestehen, ein erweitertes Forschungs- und Entwicklungsprogramm aufzusetzen oder eine verbesserte Fertigungsqualität anzustreben. Für eine preiswerte Submarke eines Haushaltsreinigers, die einen Preisvorteil anstrebt, könnte eine strategische Notwendigkeit die Entwicklung einer internen Kostenkultur sein.

Strategische Notwendigkeiten stellen also für Unternehmen immer auch eine Überprüfung der Realität dar, da sie zwingende und kritische Investitionen zu Tage fördern und gleichzeitig dazu anregen, die Umsetzbarkeit der Markenstrategie immer wieder neu zu beurteilen. Stehen die Mittel für die notwendigen Investitionen bereit? Ist eine (Selbst-) Verpflichtung des Unternehmens auf die Markenvision wirklich vorhanden? Ist das Unternehmen in der Lage, auf das strategische Gebot zu reagieren? Wenn die Antwort auf eine dieser Fragen „Nein" lautet, dann ist das Unternehmen nicht fähig oder tatsächlich gewillt, das Markenversprechen einzulösen. In diesem Fall wird die Markenvision zu einem leeren Werbeslogan, der im besten Fall Mittel verschwendet und im schlimmsten Fall den Wert der Marke in eine Verbindlichkeit verwandelt.

Wenn die regionale Bank zum Beispiel nicht gewillt ist, mehrere 10 Mio. US-Dollar in den Aufbau der nötigen Datenbank zu investieren, um eine angemessene Kundeninteraktion zu ermöglichen, so muss das neue Konzept der „Kundenbank" überdacht werden. Wenn das Audiogeräte-Unternehmen nicht gewillt ist, innovative Produkte herzustellen und die Qualität der Produkte zu steigern, so wird die Durchsetzung einer Premiumstrategie scheitern. Wenn der Hersteller von Haushaltsreinigern nicht gewillt oder unfähig ist, eine Unternehmenseinheit mit einer echten Kostenkultur zu schaffen, dann ist der Misserfolg der kostengünstigen Submarke vorprogrammiert.

Das Fazit

Eine Markenvision gibt die Richtung vor, inspiriert und beeinflusst in entscheidendem Maße den Aufwand des Markenaufbaus. Das Modell der Markenvision ist multidimensional, hat zentrale und erweiternde Elemente, beinhaltet eine mögliche Kernaussage, ist auf den Kontext der Marke zugeschnitten, ist zukunftsorientiert und kann an verschiedene Produktmärkte angepasst werden. Bei der Entwicklung einer Markenvision ist es entscheidend, die richtigen Attribute zu erarbeiten, die dann zu den richtungsweisenden Elementen des Markenaufbaus und -profils werden. Die Identifizierung von strategischen Notwendigkeiten kann den Unterschied zwischen Wunschdenken und realistischen Zielen deutlich machen. Die nächsten sechs Kapitel behandeln Konzepte, die genutzt werden können, um eine Markenvision zum Leben zu erwecken und mit Leben zu füllen.

Literatur

Aaker, D. (1996). *Building strong brands*. New York: The Free Press.
Aaker, D., & Joachimsthaler, E. (2000). *Brand leadership*. New York: The Free Press.

Marken brauchen eine Persönlichkeit, die alle Maßnahmen verbindet

4

Eine Marke, die Ihren Verstand erobert, verändert das Verhalten.
Eine Marke, die Ihr Herz erobert, führt zu echter Bindung.
– Scott Talgo, Markenstratege

Was ist das Schlimmste, was Sie über eine Person sagen können? Dass sie keine Persönlichkeit hat? Wer will schon Zeit mit einer Person verbringen, die so langweilig ist, dass sie als jemand beschrieben wird, der keine Persönlichkeit hat? Dann lieber ein Trottel sein. So wären Sie wenigstens interessant und einprägsam. Entsprechend ist es für eine Marke ebenfalls anstrebenswert und hilfreich, eine Persönlichkeit zu besitzen.

Unter Markenpersönlichkeit verstehen wir die menschlichen Charakterzüge, die mit einer Marke assoziiert werden. Psychologen und Konsumforscher haben gezeigt, dass Menschen Objekte behandeln als ob diese Menschen wären – egal, ob es sich um Haustiere, Pflanzen oder Marken handelt. Sie geben ihnen sogar Namen. Wenn Marken wie Menschen behandelt werden, beeinflusst dies die Wahrnehmung und das menschliche Verhalten. In einer Studie, in der Personen gebeten wurden, sich kreative Verwendungsmöglichkeiten für einen Ziegelstein auszudenken, hatten diejenigen, die unterbewusst mit einem Apple-Logo beeinflusst wurden, kreativere Ideen als jene, die mit einem IBM-Logo konfrontiert wurden. In derselben Studie verhielten sich Versuchspersonen ehrlicher, die mit einem Disney-Channel-Logo konfrontiert wurden als jene, denen ein E!-Channel-Logo (Everything Entertainment, ein TV-Kanal von NBC Universal, vergleichbar zu RTL oder Sat1) gezeigt wurde.

Der Unterschied im Verhalten der Versuchsteilnehmer wurde dem Einfluss von Markenpersönlichkeiten zugeschrieben (Fitzsimons et al. 2008). Allein die Präsentation eines Markenlogos brachte Individuen dazu, sich im Einklang mit der Markenpersönlichkeit zu verhalten.

© Springer Fachmedien Wiesbaden 2015
D. Aaker et al., *Marken erfolgreich gestalten*, DOI 10.1007/978-3-658-06386-3_4

Nicht alle Marken haben eine Persönlichkeit. Oder zumindest keine starke, unverwechselbare Persönlichkeit. Jedoch haben Marken mit Persönlichkeit einen signifikanten Vorteil, sie stechen aus der Masse der unzähligen anderen Marken eher hervor und vermitteln gleichzeitig auch immer eine implizite Botschaft. Persönlichkeit ist eine wichtige Dimension der Marke, da sie, wie die menschliche Persönlichkeit, differenzierend und fortwährend ist. Einmal aufgebaut, wird sie über einen langen Zeithorizont Mehrwert schaffen (oder Schaden anrichten). Die Etablierung einer Persönlichkeit sollte daher unbedingt Teil der Entwicklung einer Markenvision sein.

Die Notwendigkeit eine Markenpersönlichkeit zu entwickeln

Im Markenaufbau kann die Markenpersönlichkeit bei folgenden Aufgaben helfen:

Den funktionalen Nutzen zum Ausdruck bringen

Eine Markenpersönlichkeit bietet die Möglichkeit, funktionale Vorteile und Eigenschaften einer Marke zum Ausdruck zu bringen. Es ist einfacher, einen funktionalen Vorteil über eine Markenpersönlichkeit zu transportieren, als denselben Vorteil ohne diese Hilfe glaubhaft gegenüber den Kunden zu vermitteln. Außerdem ist es schwieriger, eine Persönlichkeit anzugreifen oder zu kopieren, als einen funktionalen Vorteil. Eine Persönlichkeit basiert auf vielen Elementen und wurde für gewöhnlich über einen langen Zeitraum aufgebaut. Eine Markenpersönlichkeit kann daher auch nicht einfach geändert werden. Die folgenden Beispiele machen dies deutlich:

- Schwäbisch-Hall, die Bausparkasse, entwickelte eine Markenpersönlichkeit mit Hilfe eines Fuchses, welche eine kluge und humorvolle Dimension zu einem Unternehmen hinzufügte, das sonst eher für bürokratisch, gewinnorientiert und unpersönlich gehalten würde. Die Persönlichkeit mildert diese Wahrnehmungen ab und unterstützt die angestrebten Dimensionen „Klugheit und Ansprechbarkeit".
- Die Persönlichkeit der Marke Hipp Babynahrung wird als aufrichtig, warmherzig, ungekünstelt, gesundheitsfördernd, zeitlos und kompetent wahrgenommen. Diese Markenpersönlichkeit spiegelt das Angebot von Hipp Babynahrung wider und wird durch den Unternehmensinhaber als Testimonial unterstützt.
- Die Marke Duracell stellt aufgrund ihres Namens und des Hasen-Symbols eine energiegeladene, fröhliche und unermüdliche Persönlichkeit dar, der nie die Energie ausgeht – und drückt damit aus, dass die Batterie länger hält als ihre Wettbewerber.
- Die Persönlichkeit der Marke Zara steht für Attribute wie frech, trendig, aufregend, geistvoll und einfallsreich und beeinflusst so die Wahrnehmung der Filialen und Produkte von Zara.

- Michelins starke und dynamische Markenpersönlichkeit, vertreten durch den Michelin-Mann, betont die Stärke und Agilität der Reifen.
- Marlboro, dargestellt durch den Cowboy, symbolisiert einen unabhängigen Mann, der die Lust nach Abenteuer ausstrahlt.

Der Marke Kraft und Energie verleihen

Starke Markenpersönlichkeiten, wie beispielsweise die von Mercedes, Porsche oder Jeep, können einer Marke Energie verleihen, weil sie in den Köpfen der Menschen mit einem klaren Bild ihrer Persönlichkeit verankert sind. Die Markenpersönlichkeit verstärkt in diesem Fall die Markenwahrnehmung und das Markenerlebnis. Die meisten Hotelketten leiden z. B. darunter, als undifferenziert und vollkommen austauschbar wahrgenommen zu werden. Im Gegensatz dazu konnte die Joie-de-Vivre-Hotelkette durch ihre persönlichkeitsorientierten Hotels, deren Konzepte auf Themen wie Neo-Art Deco, Rock'n'Roll, literarische Salons der 1930er, Theater oder französische Schlösser aufgebaut wurden, für sich eine ganz eigene Energie kreieren. Auch Fluggesellschaften scheinen oft wenig differenziert und ihre angebotenen Dienstleistungen austauschbar zu sein. Dies stimmt aber nicht in jedem Fall, wenn man z. B. die Energie betrachtet, die von Marken wie Singapore Airlines, Easyjet oder Virgin ausgeht. Oder denken Sie an die Energie, die von einer Markenpersönlichkeit wie AXE ausgeht – die als Person besessen ist von ihrer Wirkung auf attraktive Frauen.

Die Beziehung der Marke zu ihren Kunden definieren

Eine Markenpersönlichkeit definiert auch die Beziehung einer Marke zu ihren Kunden. Eine vertrauenswürdige, zuverlässige und konservative Markenpersönlichkeit mag langweilig sein, reflektiert jedoch die Charakterzüge, die an einem Finanzberater, Rasenmähservice oder Arzt geschätzt werden. Die Beziehung zwischen einer Marke und einer Person wie die Beziehung zwischen zwei Menschen zu betrachten, bietet daher einen interessanten Blickwinkel auf die Funktionsweise der Markenpersönlichkeit (Fournier 1998).

Weitere Beispiele hierfür sind folgende Beziehungsmetaphern:
- Eine altmodische Mutter – bodenständig, ehrlich, ungekünstelt, vertrauenswürdig und immer für dich da, so wie die Maggi Suppe oder Tempo.
- Ein beliebtes und respektiertes Familienmitglied – warmherzig, gefühlvoll und familienorientiert, in Verbindung gebracht mit dem Aufwachsen, so wie Haribo, Kinderschokolade, Volkswagen oder eine lokale Sparkasse.
- Eine Person, die Sie als Lehrer, Geistlichen oder Führungskraft respektieren – fähig, talentiert und kompetent, so wie IBM, McKinsey oder das Handelsblatt.

- Ein Vorgesetzter, der Macht ausübt oder ein reicher Verwandter – überheblich, wohlhabend und herablassend, so wie einige vielleicht die Persönlichkeit eines Jachtklubs, der Rolex-Uhr oder von Rolls-Royce wahrnehmen.
- Ein Lebensfreude ausstrahlender Begleiter – mit unglaublichen Geschichten, so wie Friedrich Liechtenstein, das Testimonial von Edeka, der Müsli aus der Badewanne isst oder um den eine Gruppe Models tanzt.
- Ein Begleiter für neue Abenteuer – ein Frischluftfanatiker, athletisch, rau und zerfurcht, so wie Jack Wolfskin oder The North Face.
- Ein Begleiter für ein aufregendes Wochenende – lustig, energiegeladen und gesellig, wie beispielsweise Coca Cola oder Red Bull.

Die letzten drei Persönlichkeitsbeschreibungen involvieren alle eine Art Freundschaftsbeziehung. Freunde können auch Trinkgesellen (wie in vielen Bierwerbungen), fürsorglich oder einfach eine angenehme Gesellschaft sein. Die Beziehungsdefinition zu verfeinern, indem man festlegt, ob es sich um eine Freundschaftsbeziehung oder eine andere Form der Beziehung handelt, kann Klarheit und Tiefe bringen.

Den Maßnahmen zum Markenaufbau eine klare Richtung geben

Das Konzept der Markenpersönlichkeit und dessen Vokabular richten sich vor allem an all diejenigen, die konkret in den Markenaufbau involviert sind. Zu wissen, dass die Marke danach strebt, als warmherzig und aufgeschlossen wahrgenommen zu werden, definiert sämtliche Ebenen einer Marke, einschließlich der Produktkategorie, der Positionierung, der Produkteigenschaften, des Kundenerlebnisses, der Bildgestaltung, der Anwendungsgebiete, der Unternehmenswerte und so weiter.

Kommunikationsprogramme brauchen Führung. In der Unternehmenspraxis müssen Entscheidungen über Werbung, Verpackung, Verkaufsförderung, Veranstaltungen, Kundenkontaktpunkte, digitale Programme und vieles mehr getroffen werden. Wenn die Marke nur über Attribute definiert ist, bietet sie für solche Entscheidungen keinen Leitfaden. Zu sagen, dass die Golf-Ausrüstung von TaylorMade, einem Tochterunternehmen der deutschen Adidas AG, von hoher Qualität ist und ein innovatives Design besitzt, ist wenig richtungsweisend („taylor made" bedeutet auf Deutsch „maßgeschneidert"). TaylorMade's Markenpersönlichkeit als „anspruchsvollen Experten" zu definieren, vermittelt ganz andere Assoziationen. Die Formulierung einer Markenpersönlichkeit liefert auf diese Weise mehr Tiefe und Konsistenz und macht es dadurch möglich, die Unternehmenskommunikation an der Strategie auszurichten.

Den Mitarbeitern helfen, den Kunden besser zu verstehen

Die Metapher der Markenpersönlichkeit kann einem Markenverantwortlichen auch dabei helfen, ein tiefergehendes Verständnis für die Kunden der Marke zu entwickeln. Anstatt nach der Wahrnehmung einzelner Produkteigenschaften zu fragen, was langweilig und oft auch ein wenig aufdringlich sein kann, involviert die Frage nach der Markenpersönlichkeit die Befragten einer Umfrage ganz anders und liefert präzisere und umfangreichere Einblicke in die Gefühle und Beziehungen der Befragten zur Marke. Die arrogante und starke Persönlichkeit, die Microsoft zugeschrieben wird, führt z. B. zu einem besseren Verständnis der Beziehung zwischen Microsoft und seinen Kunden. Das Konstrukt der Markenpersönlichkeit vermag auch die Gelassenheit, die mit Erdinger Weißbier assoziiert wird, viel besser zu erklären, als einzelne Attribute, die der Marke zugeschrieben werden.

Zu untersuchen, was eine in diesem Sinne personifizierte Marke zu ihren Kunden sagen würde, kann ein guter Weg sein, um emotionale Reaktionen auf Marken aufzudecken. Als diese Methode für eine Kreditkarte angewendet wurde, glaubte ein Kundensegment, das die Marke als ehrwürdig, intellektuell, gebildet, weltgewandt und selbstsicher wahrnahm, dass die Kreditkarte positive, unterstützende Kommentare als Mensch machen würde, wie:

Meine Aufgabe ist es, dir zu helfen, akzeptiert zu werden.
Du hast einen guten Geschmack.

Ein zweites introvertierteres Kundensegment, das die Kreditkarten-Marke als intellektuell und stilvoll, aber auch als versnobt, distanziert und herablassend wahrnahm, glaubte, dass die personifizierte Karte negative Kommentare machen würde, wie:

Ich bin so renommiert und etabliert, dass ich tun kann, was ich will.
Wenn ich Abendessen gehen würde, würde ich dich nicht einladen.

Die zwei Kundensegmente benutzten sehr ähnliche Attribute für die Beschreibung ihrer Wahrnehmung der Marke, aber die wahrgenommene Einstellung der Marke zum Kunden brachte den großen Unterschied in der Einstellung der Kunden zur Marke zum Ausdruck.

Die Suche und Identifikation der „richtigen" Markenpersönlichkeit

Sollte die Markenpersönlichkeit Teil Ihrer Markenvision sein? Und wenn ja, sollte sie ein zentrales Element der Vision werden? Ein wichtiges oder nur ein erweiterndes Element der Markendifferenzierung und der Kundenbeziehung? Bei Marken wie Haribo, Harley-Davidson, Nike, Tiffany oder Prada ist die Markenpersönlichkeit von elementarer Bedeutung. Wenn die Markenpersönlichkeit demgegenüber nur dazu genutzt wird, um das

Markenverständnis anzureichern oder um ein negatives Image abzuschwächen, ist sie ein erweiterndes Element, wie beispielsweise bei Schwäbisch Hall's „Bausparfuchs".

Nicht für alle Marken ist eine Markenpersönlichkeit von Relevanz, da sie auf einer anderen Ebene im Markt konkurrieren. In der Realität ist nur bei wenigen Marken die Markenpersönlichkeit ein zentrales Element der Markenvision. Viele Marken verwenden hingegen ihre Markenpersönlichkeit als erweiterndes Element der Markenvision. In jedem Fall sollte die Möglichkeit, die Markenpersönlichkeit in die Markenvision einzubeziehen, detailliert diskutiert werden, um so sicherzustellen, dass die Markenvision vollständig ist. In vielen Fällen vergessen Markenstrategen zum Beispiel, alle Quellen zur Stärkung einer Marke zu nutzen. Die Frage nach der Markenpersönlichkeit kann solch eine Notwendigkeit zu Tage führen.

Die Markenpersönlichkeit zu definieren, ist in jedem Fall ein zentraler Schritt bei der Erarbeitung der Markenvision. Ein hilfreicher Ansatz dabei ist, Kunden und Mitarbeiter zu fragen, wie sie die Marke als Person beschreiben würden. Das Ergebnis kann zugleich Erkenntnis und Orientierungshilfe sein. Die finale Entscheidung über die Art der gewünschten Markenpersönlichkeit hängt davon ab, welche Rolle die Markenpersönlichkeit spielen wird. Soll sie Produkteigenschaften repräsentieren und kommunizieren, der Marke neue Kraft geben, die Beziehung zu den Kunden definieren, die Marke betreffende Entscheidungen leiten oder einem anderen Zweck dienen, wie zum Beispiel eine Assoziation abzuschwächen, die einer höheren Loyalität von Kunden im Weg steht?

Die gewählte Markenpersönlichkeit muss im nächsten Schritt umgesetzt werden. Wenn der Prozess der Implementierung zu schwierig oder zu umständlich erscheint, sollte die gewählte Markenpersönlichkeit womöglich noch einmal überdacht werden.

Wenn es jedoch Wege gibt, um die Markenpersönlichkeit durch Symbole (wie den Fuchs bei Schwäbisch Hall), einen charismatischen Chief Executive Officer (CEO), eine Werbekampagne, ein Sponsoring oder einen bestimmten Stil in der Interaktion mit den Kunden zum Leben zu erwecken, dann wird die Markenpersönlichkeit zu einem Erfolgsfaktor und gewinnt tatsächliche Bedeutung.

Als Ausgangspunkt für die Entwicklung einer Markenpersönlichkeit kann eine Skala herangezogen werden, die in einer wissenschaftlichen Studie entwickelt wurde. In dieser Studie bewerteten die Teilnehmer die Persönlichkeit von 60 namhaften Marken in Bezug auf 114 Persönlichkeitsmerkmale. Das Ergebnis der Studie war, dass die meisten Markenpersönlichkeiten anhand von 15 Persönlichkeitsmerkmalen beschrieben werden konnten, die sich jeweils in fünf Persönlichkeitsdimensionen gruppieren ließen. Diese bildeten einen ersten Indikator für die Dimensionen der Markenpersönlichkeit und bildeten einen guten Ausgangspunkt für die Definition der Markenpersönlichkeit (Aaker 1997).

Zu Persönlichkeitsmerkmalen gehörten:

- **Aufrichtigkeit** – OBI, Sparkasse, Volkswagen
  - Bodenständig – familienorientiert, kleinstädtisch, Arbeitermentalität, typisch deutsch
  - Ehrlich – ethisch, bedacht, fürsorglich
  - Ungekünstelt – authentisch, zeitlos, heilsam, altmodisch
  - Freundlich – warmherzig, fröhlich, heiter, gefühlvoll
- **Erregung/Spannung** – Porsche, Absolut Vodka, Red Bull, Zalando
  - Aufregend – mutig, trendig, unkonventionell, auffällig, provozierend
  - Geistreich – abenteuerlustig, lebhaft, kontaktfreudig, jung
  - Lustig – überraschend, einfallsreich, einzigartig, humorvoll, künstlerisch
  - Innovativ – offensiv, zeitgemäß, modern, unabhängig
- **Kompetenz** – AMEX, N-TV, IBM, Audi
  - Vertrauenswürdig – vorsichtig, zuverlässig, fleißig, sicher, effizient
  - Ernsthaft – intelligent, technisch, kompetent
  - Erfolgreich – führungsstark, selbstsicher, einflussreich
- **Kultiviertheit** – Tiffany, Steigenberger, Mercedes, Calvin Klein
  - Vornehm – intellektuell, glamourös, gutaussehend, selbstsicher
  - Charmant – feminin, lieblich, sexy, sanft
- **Robustheit** – Levi's, Jack Wolfskin, Harley-Davidson, Jeep
  - Widerstandsfähig – stark, robust
  - Naturverbunden – männlich, rau, aktiv, athletisch

Diese Zusammenstellung der 15 Persönlichkeitsmerkmale, die je nach Kontext erweitert werden kann, bietet eine gute Ausgangsbasis für die Entwicklung einer Markenpersönlichkeit. Für bestimmte Produktmärkte sind einige dieser Merkmale nicht relevant, während andere hinzukommen. Persönlichkeitsmerkmale unterscheiden sich insbesondere in verschiedenen Kulturen. Als die Studie in Japan und Spanien wiederholt wurde, tauchte die Dimension der Robustheit nicht auf, hingegen wurde eine Dimension der Friedlichkeit hinzugefügt. In Spanien gab es außerdem eine Dimension der Leidenschaft (Aaker et al. 2001).

Wie bei einem Menschen lässt sich auch eine Produkt- oder Dienstleistungsmarke für gewöhnlich nicht durch eine einzelne Persönlichkeitsdimension beschrieben. Harley-Davidson zum Beispiel ist eine machohafte, amerikanophile, freiheitsuchende Person, die bereit ist, aus den einengenden gesellschaftlichen Kleidungs- und Verhaltensnormen auszubrechen. Mammut ist ein Umweltaktivist, der die freie Natur schützen will. Bei Ben & Jerry's Eiscreme geht es um Umweltaktivismus und darum, der Gemeinschaft etwas zurückzugeben und Spaß daran zu haben, verrückte Dinge zu tun. Einige Marken können sogar widersprüchliche Dimensionen besitzen. Microsoft zum Beispiel wird gleichzeitig als arrogant und kompetent wahrgenommen. Die Herausforderung ist es, diesen Konflikt so zu managen, dass die „richtige" Persönlichkeit die Wahrnehmung dominiert.

Die Notwendigkeit, eine authentische Markenpersönlichkeit zu kreieren

Eine Markenpersönlichkeit muss entwickelt und fortlaufend gepflegt werden. Dazu können u. a. ein nach außen präsenter CEO, die Markenpositionierung, die Markeneigenschaften, die Produktverpackungen, der Preis, die Bildgestaltung, das Sponsoring, u. v. a. m. genutzt werden. Manchmal ergibt sich eine Persönlichkeitsoption aus den Markenassoziationen, wie zum Beispiel aus einem Symbol oder einer Schirmherrschaft. Wenn eine Markenpersönlichkeit jedoch nicht authentisch umgesetzt werden kann, sollte ihre Brauchbarkeit als Teil der Marke und deren Image noch einmal überprüft werden.

Das Fazit

Eine Markenpersönlichkeit kann dazu beitragen, die Eigenschaften des Angebots zu kommunizieren, der Marke Kraft und Energie zu verleihen, die Beziehung zu den Kunden zu definieren, den Maßnahmen zum Markenaufbau eine klare Richtung zu geben und zu helfen, die Kunden und ihre Bedürfnisse besser zu verstehen. Die Wahl der richtigen Markenpersönlichkeit hängt vom Markenimage, der Vision und der zukünftigen Rolle der Persönlichkeit für die Marke ab.

Marken, die über eine Persönlichkeit verfügen, haben in Bezug auf Sichtbarkeit, Differenzierung und Kundenloyalität einen großen Vorteil, da es für gewöhnlich schwierig und ineffektiv ist, eine Persönlichkeit zu kopieren.

Literatur

Aaker, J. L. (1997). Dimensions of brand personality. *Journal of Marketing Research, 34*(3), 347–356.

Aaker, J. L., Benet-Martinez, V., & Garolera, J. (2001). Consumption symbols as carriers of culture: A study of Japanese and Spanish brand personality constructs. *Journal of Personality and Social Psychology, 81*(3), 492–508.

Fitzsimons, G. M., Chartrand, T. L., & Fitzsimons, G. J. (2008). Automatic effects of brand exposure on motivated behavior: How apple makes you „Think Different". *Journal of Consumer Research, 35,* 21–35.

Fournier, S. (1998). Consumers and their brands: Developing relationship theory in consumer research. *Journal of Consumer Research, 24*(4), 343–353.

Marken müssen in der Unternehmenskultur verankert sein und sollten einem höheren Zweck dienen

5

Unternehmen, die einem höheren Ziel folgen, haben einen riesigen Wettbewerbsvorteil. Mitarbeiter und Kunden hungern nach einer höheren Bestimmung.
– Richard Karlgaard, Herausgeber, Forbes

Genau dann, wenn Sie eine Innovation auf den Markt bringen wollen, die Ihnen eine echte Differenzierung im Wettbewerb ermöglicht, wird die Innovation von einem Ihrer Wettbewerber kopiert. Oder noch schlimmer: Die Marke gibt vor, diese zu kopieren.

Was von einem Wettbewerber nicht kopiert werden kann, ist ein Unternehmen – seine Mitarbeiter, Kultur, Tradition, Vermögenswerte und Fähigkeiten –, da dies einzigartig ist. Deshalb wird jedes Differenzierungsmerkmal und jede Kundenbeziehung, die mit dem Unternehmen und nicht dem konkreten Produktangebot verbunden wird, weitaus beständiger und widerstandsfähiger gegen Bedrohungen des Wettbewerbs sein.

Das Unternehmen wird durch seine Werte repräsentiert und angetrieben. Was ist für das Unternehmen wichtig? Was ist sein Kern? Wo setzt es die Prioritäten bei der Strategie, der Erfolgsmessung und seinen Aktivitäten? Liegt der Fokus auf Qualität, Innovation, sozialen Programmen, Kundenservice oder einem anderen fundamentalen Grundsatz? Und warum? Was sind die besonderen Traditionen, Aktivitäten, Strategien oder Leistungsversprechen, die einen oder mehrere Werte hervorstechen lassen?

Unternehmenswerte haben für jede Marke eine Bedeutung. Im Fall von Dienstleistungen, bei denen Kunden mit Mitarbeitern des Unternehmens direkt in Kontakt treten, sind Unternehmenswerte von besonderer Bedeutung. Dasselbe trifft auch auf B2B-Unternehmen zu, da die Erwartung des Kunden, dass das Unternehmen die nötigen Mittel und Fähigkeiten besitzt, ihr Versprechen einzulösen und den Willen hat, für das Versprechen einzutreten, eine wichtige Bedeutung hat.

© Springer Fachmedien Wiesbaden 2015
D. Aaker et al., *Marken erfolgreich gestalten*, DOI 10.1007/978-3-658-06386-3_5

Die Unternehmensmarke kann die ganze Firma oder eine Unternehmenseinheit, wie zum Beispiel Lexus von Toyota, VOX von RTL oder die Postbank bei der Deutschen Bank repräsentieren. Die Herausforderung einer Unternehmenseinheit ist es, eigene Werte und unterstützende (Marken-)Traditionen, Kulturen und Maßnahmen zu entwickeln und dann auch zu kommunizieren.

Die Bedeutung und Funktionsweise von Unternehmenswerten

Die Bedeutung und Funktionsweise von Unternehmensmarken, wie sie in Abb. 5.1 zusammengefasst wird, kann eine Kundenbeziehung in dreierlei Weise fördern: Indem die Marke das Leistungsversprechen des Unternehmens zum Ausdruck bringt, indem das Unternehmen Glaubwürdigkeit als Absender schafft oder ein höheres Ziel des Unternehmens definiert.

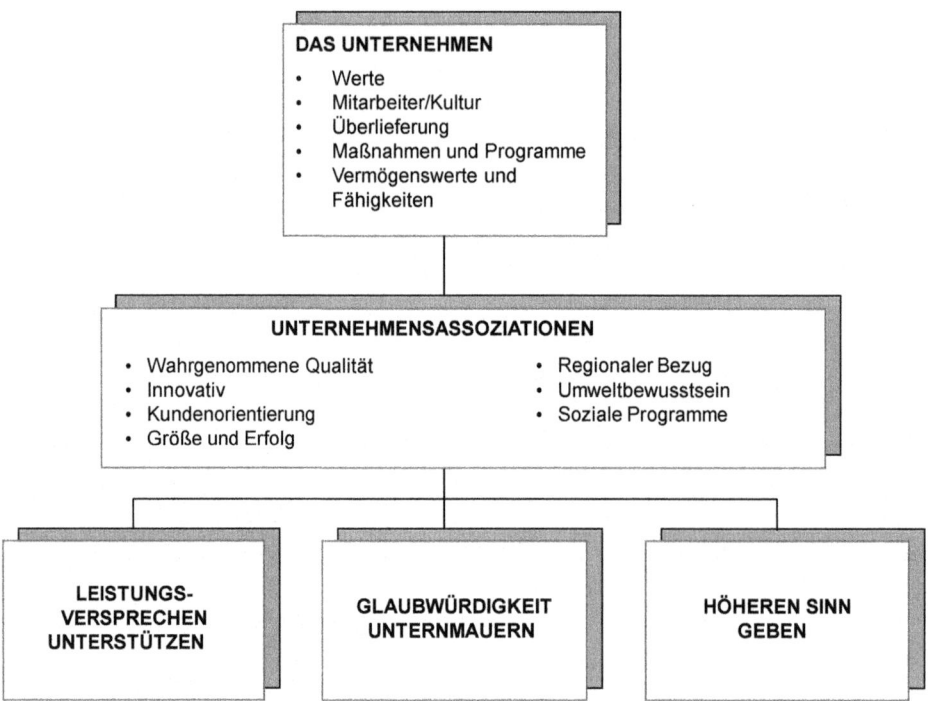

Abb. 5.1 Wie Unternehmensassoziationen Differenzierung ermöglichen

Das Leistungsversprechen der Marke unterstützen

Unternehmenswerte und entsprechende Aktivitäten können ein Beweis („Reason to Belief") hinter dem funktionalen Nutzen von Produkten sein, der die Grundlage des Leistungsversprechens eines Unternehmens ausmacht. Ein Unternehmen, das den Ruf hat, hochqualitative und innovative Produkte anzubieten, gleichzeitig Mitarbeiter anzieht und Programme entwickelt, die diese Kultur widerspiegeln, kann einen Nutzen versprechen, der auf Qualität und Leistung aufbaut. Ein Düsentriebwerk von Siemens kann anhand von technischen Leistungsdaten beschrieben werden. Jedoch ist die Tatsache, dass es von Siemens produziert wurde, ein überzeugenderes Argument dafür, dass sich das Produkt durch hohe Leistungsfähigkeit auszeichnet. Menschen glauben der Aussage, dass die Automarke Mercedes die höchste Qualität bietet, weil sie glauben, dass Mercedes Qualität als Unternehmenswert festgeschrieben und verinnerlicht hat.

Der Ruf eines Unternehmens, einen bestimmten Wert, wie Qualität oder Kundenorientierung zu priorisieren, ist beständig. Zu jedem beliebigen Zeitpunkt wird es einen Wettbewerber geben, der stärker ist als dieses Unternehmen, oder es sogar übertrifft. Ebenso wird es, selbst wenn ein Unternehmen überlegen ist, immer einige Kundensegmente geben, die dies nicht wissen oder von Ihren Leistungen nicht überzeugt sind.

Sofern Unternehmen in einer solch immateriellen Dimension stark sind, haben sie einen dauerhafteren Wettbewerbsvorsprung im Markt. So kaufen viele Menschen Produkte von Samsung, da Samsung den Ruf hat, ein innovatives Technologieunternehmen zu sein, auch wenn das erworbene Produkt selbst nicht das fortschrittlichste ist.

Das Leistungsversprechen eines neuen Produktes ist oft die Behauptung, dass es eine bahnbrechende Innovation darstellt, was sich natürlich marktschreierisch anhört. Wird ein Unternehmen als innovativ wahrgenommen, ist es entsprechend einfacher, eine solche Aussage glaubwürdig zu kommunizieren. Kevin Keller (Dartmouth College) und David Aaker haben ein Experiment durchgeführt, das den Einfluss des Unternehmensimages auf die Kundenakzeptanz eines neuen Produktes außerhalb des gegenwärtigen Produktsortiments des Unternehmens untersucht (Aaker und Keller 1998). Vier verschiedene Arten des Unternehmensimages – innovativ, umweltbewusst, sozial orientiert oder neutral – wurden in vier verschiedenen Bereichen – Backwaren, Körperpflegemittel, Milcherzeugnisse und freiverkäufliche Medikamente – getestet. Ein innovatives Unternehmensimage war deutlich erfolgreicher, wenn es darum ging, künftige neue Produkte in der Wahrnehmung der Kunden nicht nur als innovativer, sondern auch als qualitativ höherwertig zu positionieren.

Die Glaubwürdigkeit untermauern

Eine Unternehmensmarke kann Glaubwürdigkeit vermitteln, insbesondere wenn sie als Empfehlungsmarke (Endorser) und nicht als Angebotsmarke agiert. Apple, Microsoft oder Nestlé sind Unternehmensmarken, die zum Beispiel die Glaubwürdigkeit des Leistungs- und Nutzenversprechens auf ihre Produktmarken wie iPhone, XBOX und LC1 Joghurt übertragen. Eine Unternehmensmarke als Empfehlungsmarke ist besonders wichtig, wenn ein neues Produkt oder eine neue Dienstleistung unter einem unbekannten Markennamen eingeführt werden soll. Hier kann die Unternehmensmarke eine wichtige Rolle für Produktinnovationen spielen, da sie das wahrgenommene „Risiko" des Kunden beim Kauf des Produktes reduziert.

Die Rolle der Dachmarke als Empfehlungsmarke ist es, zu bestätigen, dass eine so unterstützte Angebotsmarke ihr Versprechen erfüllen wird. Ein Fairfield Inn von Marriott unterscheidet sich stark von einem Marriott Hotel, aber das Endorsement durch Marriott signalisiert, dass Marriott hinter dieser Marke steht. Eine Grundlage dieser Wahrnehmung ist es, dass das Unternehmen so kompetent und so glaubwürdig ist, dass es das Leistungsversprechen jeder mit ihm verbundenen Angebotsmarke einlösen wird. Eine weitere Annahme ist sicherlich, dass das empfehlende Unternehmen damit seinen Ruf aufs Spiel setzt und ein Nichteinlösen des Leistungsversprechens seinen Ruf schädigen und deshalb erst gar nicht zugelassen werden würde.

Der Beziehung zu den Kunden einen höheren Sinn geben

Ein höherer Sinn ist ein übergeordnetes Unternehmensziel, das verfolgt wird, um das Leben von Menschen zu verbessern. Das höhere Ziel von Faber-Castell ist es, Eltern und Lehrern zu helfen, inspirierte und kreative Kinder großzuziehen. Das ist in jeder Hinsicht anspruchsvoller und ehrenhafter als lediglich Farbstifte zu verkaufen und das Unternehmen dient so einem höheren Ziel. Das höhere und übergeordnete Ziel von Tanita, einem japanischen Hersteller von Waagen zur Messung von Gewicht und Körperfett, ist es, Menschen zu helfen, gesund zu leben und Krankheiten durch eine gesunde Ernährung vorzubeugen. Dieses übergeordnete Ziel wird von Tanita durch ihre weithin bekannte Mitarbeiterkantine mit gesunden Menüs, ein Kochbuch, das von ca. 10 % der japanischen Familien benutzt wird, und durch ein erfolgreiches Restaurant mit einer „Besser für Dich"-Speisekarte untermauert.

Der höhere Sinn und Zweck eines Unternehmens bildet die Grundlage der Kundenbeziehung und reduziert den Wettbewerb im Sinne eines „Meine Marke ist besser als deine Marke", die oft mit entsprechend marktschreierischer Kommunikation einhergeht. Auf einem höheren Sinn und Zweck aufbauende Kundenbeziehungen sind stärker und vom Wettbewerb weniger leicht anzugreifen als Kundenbeziehungen, die rein auf dem funktionalen Nutzen der angebotenen Produkte aufbauen. Ferner befriedigt und inspiriert das übergeordnete Ziel eines Unternehmens Mitarbeiter in einem ganz anderen Maße, wie in Kap. 14 gezeigt wird.

Kunden können sich aufgrund des Respekts und der Wertschätzung für das höhere Ziel eines Unternehmens enger mit diesem verbunden fühlen. Man mag Dove für die Bemühungen wertschätzen, die es unternimmt, um den Fokus von Mädchen und Frauen auf wahre Schönheit zu lenken und ihr Selbstwertgefühl zu stärken. Oder Disneys Anstrengungen, Fettleibigkeit bei Kindern zu bekämpfen. Oder Apples Traum, wirklich großar-

tige Produkte zu entwickeln. Oder die Fähigkeit des GEO-Magazins oder von Fernseh-
dokumentationen wie „Mythos Amazonas" oder „Expeditionen ins Tierreich", Menschen
beim Erforschen der Welt zu unterstützen. Diejenigen Kunden, die sich vom höheren bzw.
übergeordneten Ziel eines Unternehmens angesprochen fühlen, werden dieses Ziel unterstützen und sich mit der Marke eng verbunden fühlen.

Das höhere Ziel eines Unternehmens kann zu einer Beziehung mit den Kunden führen,
die Gefühle der Zuneigung hervorruft. MUJI, ein japanischer Händler von Accessoires
und Möbeln, wird von seinen Anhängern gemocht, weil sie sich mit der Vision der Einfachheit, Bescheidenheit, Gelassenheit und der sozialen Verantwortung verbunden fühlen. Produkte von MUJI sind unaufdringlich und funktional gestaltet und nicht glamourös
– Umsatzmaximierung ist kein Unternehmensziel. Verbundenheit kann aber auch durch
Inspiration hervorgerufen werden. Hornbach (der viertgrößte Baumarkt in Deutschland)
ist für viele Kunden viel mehr als ein Händler für Baumaterialien und Werkzeuge. Hornbach wird von vielen Käufern gemocht und wertgeschätzt, da Hornbach auf die Fähigkeit
der Menschen – selbst renovieren und gestalten zu können – setzt und das Selbermachen
heroisiert.

Diese Form der Verbundenheit beeinflusst die Wahrnehmung und Filterung von positiven und negativen Informationen in Bezug auf ein Unternehmen. Existiert diese Form der
Zuneigung und Verbundenheit erst einmal, bleibt sie meist für einen längeren Zeitraum
erhalten.

Die unterschiedlichen Ausprägungen von Unternehmenswerten

Es gibt unzählige Unternehmenswerte, die in unterschiedlichen Kontexten verwendet
werden können. Die folgenden sieben Unternehmenswerte tauchen aber immer wieder als
treibende Kräfte auf. Sie zu verstehen, erlaubt eine allgemeinere Betrachtungsweise auf
die Funktion von Unternehmenswerten und macht auch deutlich, wie wichtig eine Einbet-
tung in die Kultur des Unternehmens und seine Entlohnungssysteme ist.

Die Qualitätswahrnehmung untermauern

Eine wesentliche Funktion des Unternehmens ist die Entwicklung von Angeboten, die
beständig hohe Qualität, entsprechend dem Markenversprechen, bieten. Wahrgenommene
Qualität ist ein wichtiger Faktor in fast allen Entscheidungen von Konsumenten. So wird
es eine Unterscheidung geben zwischen der Aussage, dass das Angebot von höchster Qualität ist, und der allgemeineren Behauptung, dass dem Unternehmen Qualität so viel wert
ist, dass es einen gleichbleibenden Qualitätsstandard sicherstellt.

Eine Qualitätsaussage führt im Idealfall dazu, dass ein Kunde nicht mehr die detail-
lierten Produktspezifikationen analysieren, Rezensionen lesen und mit anderen Kunden
sprechen muss. Zu wissen, welches Unternehmen das Produkt anbietet und liefert, reicht

aus. Die berühmten Sätze „Aus Liebe zum Automobil" von Volkswagen, „Leistung aus Leidenschaft" von der Deutschen Bank oder „Spiegel-Leser wissen mehr" vom Spiegel-Magazin machen die unternehmensübergreifende Ausrichtung auf die Qualität ihrer angebotenen Produkte und Dienstleistungen deutlich. Natürlich müssen diese Slogans durch Marketingmaßnahmen und entsprechend Kundenerfahrungen unterstützt werden, da sie ansonsten als heuchlerisch wahrgenommen würden.

Die Innovationskraft zum Ausdruck bringen

Innovativ zu sein, ist einer der allgemeingültigsten Unternehmenswerte. Die meisten Unternehmen wollen für ihre Innovationskraft bekannt sein, um mit einem zukunftsweisenden Angebot, einer dynamischen Ausrichtung und einer zeitgemäßen Marke assoziiert zu werden, die Energie und Dynamik ausstrahlt. Ein innovativer Ruf ist für Unternehmen insbesondere dann unerlässlich, wenn ihre Angebote stark von Technologien abhängen oder der Fortschritt und die Innovation der angebotenen Produkte Teile des Leistungsversprechens sind.

Die Orientierung an den Kundenbedürfnissen vermitteln

Für viele Unternehmen, von Zalando über Lufthansa bis SAP, ist Kundenorientierung ein zentraler Unternehmenswert. Eine entsprechende Ausrichtung führt zu hoher Kundenloyalität, die in der Regel durch eine entsprechende Kultur und Initiativen unterstützt wird, und so die Kundenzufriedenheit sicherstellen. Wenn ein Unternehmen eine solche Philosophie glaubhaft kommunizieren kann, werden Kunden nicht nur den Produkten und den Dienstleistungen des Unternehmens vertrauen, sondern auch der Meinung sein, dass sich das Unternehmen tatsächlich um sie sorgt und kümmert. Es ist viel einfacher, jemanden zu mögen, von dem man ebenfalls das Gefühl hat, gemocht zu werden.

Einige Unternehmensmarken haben das Konzept, ein Freund der Kunden zu sein, zu einem bestimmenden und treibenden Element ihrer Markenvision gemacht. Die Freund- oder Kollegen-Metapher, wie sie in Kap. 4 beschrieben wird, ist sehr mächtig, da eine so definierte Kundenbeziehung impliziert, dass die Marke ehrlich, fürsorglich, zuverlässig und respektvoll liefert, was der Kunde will.

Die Größe und den Erfolg des Unternehmens nutzen

Die Werte Erfolg, Größe und Langlebigkeit suggerieren Kompetenz, Substanz und sogar Exzellenz. Sie steigern das Vertrauen, verstärken eine positive Wahrnehmung und drücken ggf. auch Prestige aus (besonders in Asien). Menschen fühlen sich durch Unternehmen angezogen und bestätigt, die die Potenz besitzen, ihre Produkte mit diesen Merkmalen auszustatten, und den Ruf haben, schon lange im Geschäft zu sein – insbesondere in hochtechnologisierten Märkten. Bekanntheit und Omnipräsenz kann auch das Kundenerlebnis und damit die Reputation des Unternehmens bzw. der Marke beeinflussen. So wurde z. B. gezeigt, dass das Ergebnis von Geschmackstests durch die Vertrautheit des Markennamens unmittelbar beeinflusst wird.

Ein erfolgreiches Unternehmen wird in dem, was es tut, als gut wahrgenommen, schließlich haben auch andere Kunden die Marke bereits gewählt. Zum Beispiel basiert die Aura von Apple seit Jahrzehnten auf dem Erfolg des Unternehmens im Markt, die durch den sichtbaren CEO und die Performance am Aktienmarkt bekräftigt wird. Dasselbe Prinzip bringt der alte, heute etwas anachronistisch anmutende Ausdruck „Du kannst nicht gefeuert werden, wenn du IBM kaufst" zum Ausdruck. Eine Reputation als erfolgreiches Unternehmen kann also Kaufentscheidungen beeinflussen und rechtfertigen.

Den lokalen Bezug in einen Vorteil verwandeln

Eine strategische Option ist es auch, als heimatverbundene Marke eines regionalen Unternehmens wahrgenommen zu werden. Lone Star, das „nationale Bier von Texas", ist Teil einer lokalen Gemeinschaft und profitiert davon, dass sich ein Kundensegment mit dem texanischen Erbe von Lone Star, welches über ein Jahrhundert zurückreicht, identifiziert. Lone Star zu kaufen und zu trinken ist für Konsumenten somit eine Möglichkeit, ihren Stolz und ihre Verbundenheit mit Texas zum Ausdruck zu bringen. Das Gleiche trifft auf die Biermarke Astra aus Hamburg zu, die heute zum weltweiten Carlsberg-Konzern gehört.

Die Möglichkeit, einen lokalen Bezug zu nutzen, ist jedoch nicht nur auf regional orientierte Unternehmen beschränkt. Einige der erfolgreichsten Marken in Europa haben sich entschieden, ihrem Produkt einen regionalen Bezug hinzuzufügen. Sie werden so als Teil der lokalen Kultur und nicht als fremd empfunden. Engländer betrachten Heinz als ihre Marke, obwohl es eine US-Marke mit deutschem Namen ist. Das Softwareunternehmen SAP mit Hauptsitz in Deutschland wird von über 75 % der amerikanischen Kunden als amerikanisches Unternehmen wahrgenommen. Opel, ein Tochterunternehmen von General Motors (GM), wird in Deutschland als deutsch wahrgenommen und Ford wird in Großbritannien als eine britische Marke betrachtet.

Der ökologischen Verantwortung gerecht werden

Es ist beeindruckend, wie viele Firmen sich zu ökologischer Verantwortung verpflichten und damit sowohl zu substanziellen Verbesserungen beitragen als auch eine Menge positive Aufmerksamkeit kreieren. Mit der Verpflichtung zu ökologischer Verantwortung beabsichtigen Unternehmen, zum einen für Mitarbeiter als Arbeitgeber attraktiver zu sein und zum anderen, sich den Zugang zu neuen Kundensegmenten zu erschließen, die dieses

Thema als wichtig erachten. Das Kundensegment, in dem Nachhaltigkeitsbemühungen Anklang finden, mag heute in vielen Ländern noch ein kleines Segment darstellen, möglicherweise je nach Kontext nur 10 bis 40 % des Marktes. Diese Gruppe kann jedoch den Unterschied Mittelmäßigkeit und tatsächlichem Markterfolg ausmachen.

Unilever ist ein gutes und nicht untypisches Beispiel. 2010 startete das Unternehmen den Unilever Sustainable Living Plan, durch den es sich zu einem zehnjährigen Plan zur Erzielung nachhaltigen Wachstums verpflichtete. Der Plan umfasst drei maßgebliche Ziele (Unilever 2014):

1. Mehr als einer Milliarde Menschen zu besseren Lebensbedingungen und Gesundheit zu verhelfen. Während eines Zeitraums von mehr als sieben Jahren wurde 35 Mio. Menschen durch Unilevers Bemühungen der Zugang zu sicherem Wasser ermöglicht
2. Die Umweltbelastungen der Produktion zu halbieren, indem der Anteil erneuerbarer Energien erhöht wird.
3. Den Anteil nachhaltig erzeugter landwirtschaftlicher Rohstoffe schrittweise auf 100 % zu erhöhen. In den ersten zwei Jahren des Programmes erhöhte sich der Anteil von 14 auf 24 %.

Mehr als 50 Initiativen mit klaren Zeitvorgaben, die von der Beschaffung der Rohmaterialien bis hin zur Beeinflussung der Produktverwendung durch die Kunden reichen, untermauern diese drei großen Ziele.

Die soziale Verantwortung in den Fokus stellen

Ein höheres Unternehmensziel kann sich auch darauf fokussieren, Initiativen zu entwickeln, die an sozialen Bedürfnissen ausgerichtet sind – insbesondere solchen, die zum Unternehmen passen und Mittel und Fähigkeiten des Unternehmens sinnvoll mit den jeweiligen Initiativen verbinden. Zum Beispiel:

* McDonald's betreibt die Ronald McDonald Häuser, die vor mehr als 40 Jahren gegründet wurden und Familien, deren Kinder im Krankenhaus sind, eine Unterkunft bieten. Zusätzlich gibt es das Ronald McDonald Versorgungsmobil, das Gesundheitsversorgung für bedürftige Kinder bereitstellt.
* Unter dem Motto „Living Responsibility" setzt sich die Deutsche Post DHL für Umweltschutz (GoGreen), Bildung (GoTeach) und Hilfe für Bedürftige (GoHelp) ein.
* Hinter dem Siyakhana-Projekt der Daimler AG verbirgt sich eine Initiative, um das Leben von HIV-infizierten Mitarbeitern in Südafrika zu verbessern.
* Krombacher rettet einen Quadratmeter Regenwald für jeden verkauften Kasten Bier.
* Pampers spendet eine Tetanusimpfung für jede verkaufte Packung Windeln.

Das zielführende Management der Unternehmensmarke

Der Wert einer Unternehmensmarke wird nicht nur durch eine starke Unternehmenskultur und ein sinnvolles Entlohnungssystem geprägt, sondern muss durch eine langfristige Ausrichtung, ausreichende Ressourcen und eine sinnvolle Erfolgsmessung des eigenen Handelns untermauert werden. Es darf also nicht nur bei Worten bleiben. Vielmehr geht es um Substanz und einen starken und beständigen Glauben daran, dass die gewählten Werte für das Unternehmen und seine Strategie richtig sind. Darüber hinaus gilt es, eine Unternehmenskultur zu fördern und entsprechende Initiativen zu forcieren, die die Unternehmenswerte mit Leben füllen.

Aber auch wenn die Unternehmenswerte mit echter Substanz unterlegt werden, wird dies nicht immer zu Anerkennung im Markt führen. Entsprechend verlieren die Unternehmenswerte in der Kommunikation an Wert. Im Markt Anerkennung zu finden, kann eine anspruchsvolle Aufgabe sein, da fast alle Wettbewerber die gleichen Werte für sich beanspruchen und die spezifischen Unternehmenswerte oft immateriell sind. Das macht ihre Kommunikation schwierig. Einige Leitlinien:

Eine Herangehensweise ist die Schaffung eines Angebots, das den jeweiligen Unternehmenswert zum Ausdruck bringt. In Japan sind die beiden, in Bezug auf die Etablierung sozialer Programme erfolgreichsten Marken – aus Tausenden von Marken, die über zehn Jahre hinweg beobachtet wurden – zum einen Toyota, bei dem das Modell Prius die entscheidende Rolle spielte, und zum anderen Panasonic, bei dem energieeffiziente Geräte und Energiekontrollsysteme ausschlaggebend waren.[1] In beiden Fällen waren gut kommunizierte Produkte der Beweis der Unternehmenswerte, die die Konsumenten überzeugten.

Eine andere Vorgehensweise ist die Entwicklung einer substantiellen, sichtbaren und mit der Marke verbundenen Initiative, die entsprechende Resonanz findet und nachhaltig unterstützt wird. Hipp Babynahrung oder Frosch Putzmittel zum Beispiel werden schon lange mit sozialem Engagement und Umweltanliegen verbunden. Das Familienunternehmen Hipp hat gesellschaftliche Verantwortung fest in seiner Unternehmenskultur verankert und verarbeitet für seine Babynahrung nur biologisch erzeugte Rohstoffe. Frosch Putzmittel und Haushaltsreiniger bestehen aus naturbasierten Wirkstoffen, verzichten auf schädliche Chemikalien und zeichnen sich durch besondere Hautfreundlichkeit aus.

Bereits seit Mitte der 1980er-Jahre und als Antwort auf zahlreiche Umweltskandale jener Zeit positioniert sich Frosch als ökologische Alternative im Haushalt. Ganz bewusst bleibt die Marke ihrem Nischenimage treu und pflegt nur ein kleines Produktportfolio. Trotz geringer Werbebudgets (im Vergleich mit Konkurrenten wie Henkel oder Procter & Gamble) behauptet sich Frosch im wachsenden Marktsegment der umwelt- und gesundheitsbewussten Haushaltsreiniger. Im Ergebnis wurde Frosch bereits elf Mal in Folge zur vertrauenswürdigsten Marke ihres Produktsegments gewählt.

---

[1] Daten von BrandJapan, die auf jährlichen Umfragen zu Markenwerten von mehr als tausend japanischen Marken beruhen.

Die Kommunikation eines Unternehmenswertes ist einfacher, wenn sie eine emotionale Komponente enthält. Pampers' „1 Packung = 1 Impfdosis"-Programm hat bereits über 50 Mio. Tetanusimpfdosen für UNICEF finanziert, mit denen Mütter und Neugeborene weltweit geschützt werden. Unilevers Einsatz, sauberes Wasser in Armutsvierteln in Bangladesch und anderswo bereitzustellen, führte zu weltweiten Berichten über die Anzahl der Menschen, denen geholfen werden konnte, und zu individuellen Geschichten über Dorfgemeinden, deren Lebensqualität und Gesundheit sich in der Folge dramatisch verbessert hat.

Es hilft, wenn die Programme mit der Tradition des Unternehmens verbunden sind. Die Herkunft oder das Erbe eines Gründers oder eine Begebenheit, die die Kernaussage der Marke geprägt hat, können wichtige Treiber für Kommunikation und Inspiration sein. Eine Geschichte, die in der Entstehung einer Marke verankert ist, ist meist tiefgreifend und bedeutungsschwer, und die Unternehmensmarke hebt sich so von klassischen Produktmarken ab (siehe auch Kap. 14).

Das Fazit

Unternehmenswerte, die die Qualität oder Innovation der Produkte oder den Kunden in den Vordergrund stellen, ermöglichen die Differenzierung der Marke und stellen oft die Grundlage einer Kundenbeziehung dar. Derartige Unternehmenswerte sind beständig, da sie schwer zu kopieren sind. Sie können ein Leistungsversprechen repräsentieren und kommunizieren, als Dachmarke Glaubwürdigkeit schaffen und einen höheren Zweck formen, der von Kunden und Mitarbeitern wertgeschätzt wird. Eine Herausforderung ist die Definition solcher Unternehmenswerte, die für die Marke stimmig sind. Eine weitere Herausforderung ist es, die Werte so zum Leben zu erwecken, dass diese im Markt Anerkennung finden.

Literatur

Aaker, D., & Keller, K. L. (1998). The impact of corporate marketing on a company's brand extensions. *Corporate Reputation Review, 1*(4), 356–378.
Unilever (2014). Unilever sustainable living plan. http://www.unilever.de/sustainable-living-2014/unilever-sustainable-living-plan/. Zugegriffen: 28. Okt. 2014.

Marken müssen mehr als einen funktionalen Nutzen besitzen

6

Du kannst das Herz der Kunden nicht gewinnen, wenn du selbst kein Herz hast.
– Charlotte Beers, J. Walter Thompson

Bei der Suche nach den besten Werbeanzeigen und -botschaften des letzten Jahrhunderts taucht eine Anzeige garantiert auf: Sie stammt aus dem Jahr 1926 und ist von John Caples, einem jungen Werbetexter, der erst seit einem Jahr diesen Job innehatte. Die Anzeige ist durch ihre Kernbotschaft bekannt:

They laughed when I sat down at the piano – but when I started to play.

Was war seine Aufgabe? Menschen zu animieren, Klavierstunden bei der U.S. School of Music zu nehmen.

Das Bild eines jungen Mannes, der sich auf einer Party ans Klavier setzt, ebnete der Werbebotschaft den Weg in die Geschichte und fasste die Kernaussage treffend zusammen, die im Zentrum der Anzeige stand. Der Held der Geschichte wurde von den Partygästen verhöhnt, als er sich ans Klavier setzte, aber der Spott wandelte sich in Lob und Applaus, als er zu spielen begann, obwohl er erst vor einigen Monaten den Fernkurs im Klavierspielen begonnen hatte.

Die Anzeige wurde nicht nur von Kritikern hochgelobt, sondern bescherte dem Unternehmen auch eine Menge neuer Kunden.

Auch heute noch kann man viel von dieser Anzeige lernen. Die Anzeige enthielt fast keine Informationen über das konkrete Angebot oder den Prozess des Klavierspielen Lernens. Vielmehr erzählte die Anzeige die Geschichte einer Person, die einen Fernkurs im Klavierspielen belegt hatte. Hervorzuheben gilt, dass die Anzeige nicht den funktionalen Nutzen des Angebots betont und kommuniziert. Vielmehr sind es der emotionale, der

© Springer Fachmedien Wiesbaden 2015
D. Aaker et al., *Marken erfolgreich gestalten*, DOI 10.1007/978-3-658-06386-3_6

selbstdarstellende und der soziale Nutzen, mit denen die Anzeige die Menschen erreicht. Nicht nur der Klavierspieler, der so gut zu spielen gelernt hatte, sondern auch diejenigen, die die Geschichte lesen, erleben den Stolz über das, was er gelernt hat. Der selbstdarstellende Nutzen, die Möglichkeit, sein Talent und Durchhaltevermögen zu zeigen und Zweiflern und Spöttern entgegenzutreten, wird deutlich. Und auch der soziale Nutzen, als der Mann in seinem sozialen Umfeld nicht nur akzeptiert, sondern zu einem akzeptierten Mitglied aufsteigt, wird als Botschaft in der Anzeige kommuniziert.

Nur zu oft tappt man in die Falle, sich auf die Produkteigenschaften zu fixieren. Das strategische und taktische Management der Marke fokussiert sich dann auf den funktionalen Nutzen. Produkteigenschaften wie der Kraftstoffverbrauch eines Fiat Panda, die Qualität von Kraft-Produkten, die Kompetenz der Deutschen Bank oder die Tatsache, dass sich Autos der Marke Subaru auf Schnee besonders gut fahren, werden als dominierende Elemente in den Mittelpunkt der Beziehung zur Marke gestellt.

Den Fokus auf den funktionalen Nutzen zu legen, scheint verlockend. Wir nehmen an, insbesondere, wenn wir uns im Hochtechnologie- oder B2B-Sektor bewegen, dass Kunden rational sind und von funktionalen Vorteilen beeinflusst werden können. Diese Annahme beruht auf der Vermutung und dem Wissen, dass Kunden, wenn sie danach gefragt werden, warum sie die eine oder andere Marke kaufen oder nicht kaufen, funktionale Gründe nennen, da dies die Gründe sind, die ihnen zuerst in den Sinn kommen, und alles andere kein gutes Licht auf sie und ihre Kaufentscheidung werfen würde. Dies scheint auch der Grund, warum sich Marketing-Manager so häufig auf Produkteigenschaften fokussieren und diese einen solch großen Einfluss auf die Strategie haben.

Kunden als „rational handelnde Wesen" zu betrachten ist bequem, aber meistens falsch. Kunden sind fast immer weit davon entfernt, rational zu handeln, was schon von vielen Autoren dokumentiert wurde, so zum Beispiel von Dan Ariely in seinem Buch *Denken hilft zwar, nützt aber nichts* (Ariely 2008). Wir erleben das jeden Tag. Die Forschung über den Vertrieb von Lastkraftwagen etwa zeigt, dass rationale Produkteigenschaften wie Langlebigkeit, Sicherheit, Variantenreichtum und Antriebskraft für Kunden die wichtigsten Produkteigenschaften sind. Nicht greifbare Produkteigenschaften wie „cooles Design", „Vergnügen am Fahren" oder „sich mächtig fühlen" beeinflussen die Kaufentscheidung der Kunden jedoch viel häufiger. Diese werden oder wollen aber oft nicht zugeben, dass solche Eigenschaften für sie wirklich wichtig sind. Es gibt keinen Zweifel darüber, dass sogar Fluggesellschaften beim Kauf von Flugzeugen letztendlich von ihrem Bauchgefühl geleitet werden.

In den meisten Fällen fehlt es den Kunden an der Motivation, der Zeit, den Informationen oder der Kompetenz, Entscheidungen zu treffen, die nur auf der Produktleistung resultieren und dazu führen würden, dass dem funktionalen Nutzen der Produkte tatsächlich oberste Bedeutung zukäme.

Schlimmer noch: Strategien, die auf funktionalem Nutzen beruhen, sind oft strategisch ineffektiv. Es kann passieren, dass Kunden nicht an den Nutzen glauben, der einen Kauf der Marke rechtfertigen würde. Oder sie gehen davon aus, dass alle Marken einen ähnlichen funktionalen Nutzen bieten. Im Hotelgewerbe ist zum Beispiel die Geschwindigkeit und Einfachheit beim Auschecken sehr wichtig, aber alle Hotels könnten in dieser Dimension gleich stark wahrgenommen werden. Am schwierigsten wird es, wenn Wettbewerber einen funktionalen Vorteil kopieren oder vorgeben, ihn zu kopieren.

Strategien, die sich auf den funktionalen Nutzen konzentrieren, engen die Marke oft ein. Insbesondere wenn es darum geht, auf einen sich ändernden Markt zu reagieren oder Optionen zu Markenerweiterungen auszuloten. Die Tatsache, dass Heinz für langsam fließenden, reichhaltigen Ketchup steht, limitiert mögliche Erweiterungsstrategien, wohingegen die Assoziationen von Pomito (Produkte aus frischen Tomaten) größere Flexibilität bei der Markenerweiterung bietet. Starke Eigenschaften können also auch zu einer Belastung werden.

Das macht deutlich, dass es Sinn macht, über den funktionalen Nutzen des Angebots hinauszugehen. Die Unternehmenswerte (z. B. Innovation, das Streben nach Qualität oder Umweltbewusstsein) und die Markenpersönlichkeit (z. B. als vornehm, kompetent und vertrauenswürdig wahrgenommen zu werden), die in den letzten zwei Kapiteln diskutiert wurden, leisten genau dies. Eine andere Herangehensweise ist die Berücksichtigung von emotionalen, selbstdarstellenden und sozialen Nutzen als Teil der Markenvision und als Grundlage des Leistungsversprechens eines Unternehmens.

Der emotionale Nutzen von Marken

Ein emotionaler Nutzen bezieht sich auf die Fähigkeit der Marke, dem Käufer oder Verbraucher während des Kaufprozesses oder der Nutzung ein spezifisches Gefühl zu vermitteln bzw. empfinden zu lassen. „Wenn ich diese Marke kaufe oder nutze, dann empfinde ich _____." Ein Kunde kann sich enthusiastisch fühlen, während er einen Porsche fährt, entspannt, wenn er einen Tee von Teekanne trinkt, überlegen, wenn er sich mit der Luxusmarke Boss kleidet, robust, wenn er eine Levi's Jeans trägt, schlau, wenn er bei einem Discounter wie Aldi einkauft oder risikofreier, wenn er eine Versicherung bei der Allianz abgeschlossen hat. Evian assoziierte sich mit ihrer „Another day, another chance to feel healthy"-Kampagne mit dem befriedigenden Gefühl, das sich nach einem Work-out einstellt. AutoScout24.com konnte durch das Angebot eines direkten Vergleichs zwischen den zum Verkauf stehenden Autos das Drama und den Stress beim Autokauf durch ein Gefühl der Gelassenheit und Zuversicht ersetzen.

Ein emotionaler Nutzen ergänzt die Marke um Vielfalt und Tiefe in Bezug auf ihren Besitz und ihre Nutzung. Ohne die Erinnerungen, die Brandt Zwieback hervorruft, würde die Marke zu einem Massenartikel werden. Die vertraute rote Packung lässt viele Käufer an die schönen Tage denken, die sie damit verbracht haben, ihrer Mutter in der Küche zu helfen (oder an die idealisierte Kindheit jener, die sich wünschen, solche Erfahrungen gemacht zu haben). Das Ergebnis ist ein anderes Erlebnis der Nutzung, nämlich ein gefühlsbetontes Erlebnis.

Die stärksten Markenidentitäten liefern gleichzeitig funktionalen und emotionalen Nutzen. Eine wissenschaftliche Studie von Stuart Agres unterstützt diese Aussage (Agres

1990). Ein Laborexperiment mit Shampoo zeigte, dass das Hinzufügen von emotionalem Nutzen („Du wirst dich fantastisch fühlen und wunderschön aussehen!") zu funktionalem Nutzen („Dein Haar wird kräftig und voluminös sein!") die Anziehungskraft der Marke deutlich verstärkte. Eine nachfolgende Studie fand heraus, dass 47 TV-Spots, die dem funktionalen Nutzen einen emotionalen Nutzen beifügten, bedeutend wirksamer waren als die 121 Spots, die nur einen funktionalen Nutzen vermittelten.

Der selbstdarstellende Nutzen von Marken

Menschen drücken ihr tatsächliches oder idealisiertes Selbst auf unzählige Arten und Weisen aus, wie durch die Berufswahl, Freunde, Einstellungen, Meinungen, Aktivitäten und ihren Lebensstil. Marken, die von Menschen gemocht oder bewundert werden, über die sie sprechen, die sie kaufen und benutzen, stellen ebenfalls ein Medium dar, um ein tatsächliches oder ideales Selbstbild auszudrücken. „Wenn ich diese Marke kaufe oder nutze, dann bin ich _____." Die Bereitstellung von selbstdarstellendem Nutzen wird damit zum Kern einer charismatischen Marke.

Eine Marke muss nicht Harley-Davidson sein, um selbstdarstellenden Nutzen zu liefern. Eine Person kann sich auch cool durch den Kauf von Kleidung bei Zara fühlen, erfolgreich durch das Fahren eines BMW, kreativ durch die Nutzung eines Apple-Computers, modebewusst durch das Tragen hipper Kleidung von Abercrombie & Fitch, klug durch ein Studium an der Universität Mannheim, fortschrittlich durch das Besitzen eines Gemäldes eines modernen Künstlers, genügsam und bescheiden durch das Einkaufen bei Aldi, oder abenteuerlustig und aktiv durch den Besitz von Campingausrüstung von The North Face.

Jede Person hat mehrere Rollen. Eine Frau mag eine Ehefrau, Anwältin, Mutter, Tennisspielerin, Musikfan und Wanderin sein. Für jede Rolle hat eine Person ein zugehöriges Selbstverständnis, ein Bedürfnis, dieses Selbstverständnis auszudrücken, und eine Auswahl an Marken, die dieses Bedürfnis unterstützen und befriedigen können.

Wenn eine Marke einen selbstdarstellenden Nutzen bietet, so wird die Verbindung zwischen der Marke und dem Kunden meist auf ein höheres Niveau gehoben. Bedenken Sie den Unterschied zwischen der Verwendung der Pflegeserie von Olaz (früher: Oil of Olaz, die nachweislich das eigene Selbstverständnis, vornehm und reif, aber auch exotisch und mysteriös zu sein, unterstützt) und der Verwendung von Vaseline Intensive Care, Balea-Hautcreme von dm oder Penaten-Creme, die alle keinen vergleichbaren selbstdarstellenden Nutzen bieten.

Der soziale Nutzen von Marken

Eine Marke kann es einer Person ermöglichen, Teil einer sozialen Gemeinschaft zu sein und ihr dadurch sozialen Nutzen stiften: „Wenn ich diese Marke kaufe oder nutze, wird die Art von Menschen, mit denen ich mich identifiziere, folgende sein: _____." Ein sozialer Nutzen ist kraftvoll, weil er ein Gefühl der Identität und Zugehörigkeit vermittelt – etwas, wonach Menschen grundsätzlich streben. Die meisten Menschen brauchen eine soziale Gruppe, der sie sich zugehörig fühlen, ob es nun die Familie, die Kollegen, eine Freizeitgruppe oder etwas anderes ist. Dieser soziale Referenzpunkt kann beeinflussen, wie sich eine Person definiert und welche Marken er oder sie als Kunde kauft, nutzt und wertschätzt.

Die Hotelkette Hyatt hat ihre Hotels für längere Aufenthalte auf Basis eines sozialen Nutzens umstrukturiert und neu ausgerichtet. Das so genannte „Hyatt House" fokussiert sich nun darauf, ein soziales Gefühl und Erlebnis zu ermöglichen. Es wurde eine großzügige Lounge, eine Feuerstelle und ein Grillplatz auf der Terrasse, ein modernes Entertainment-System, ein Billardtisch und Kochinseln in den Suiten eingerichtet, die alle ein Zusammenkommen der Bewohner begünstigen. Außerdem wurden die Frühstücks- und die Cocktailzeiten erweitert, um mehr Möglichkeiten für gesellschaftliches Leben zu schaffen.

Auch wenn eine markengetriebene Gemeinschaft um den Lebensstil und die Werte einer Personengruppe herum gestaltet wird, entsteht sozialer Nutzen. Bosch formte eine Gemeinschaft („Bosch Heimwerker-Forum") rund um Reparaturen oder Bauarbeiten am Haus, in der Wohnung oder im Garten. Diese Gemeinschaft gibt einer Gruppe, die ein gemeinsames Interesse teilt, ein Gefühl der Zugehörigkeit und macht sie zu Mitgliedern. Je mehr sich eine Person in der Gruppe einbringt, desto intensiver wird auch das Gefühl der Zugehörigkeit sein. Die Macht von Gemeinschaften wird in den Kap. 11 und 12 weiter behandelt.

Eine weitere Form des sozialen Nutzens wird dadurch gestiftet, wenn sich eine Marke über eine Referenzgruppe definiert oder sich mit ihr verbindet. Eine solche Referenzgruppe ist eine Gemeinschaft, die ein Individuum besonders wertschätzt und mit der es sich identifiziert. Ein Individuum mag ggf. nicht Teil einer Referenzgruppe sein oder wenigstens kein aktiver Teil, aber sich trotzdem so stark mit dieser Gruppe identifizieren, dass sie eine wichtige Rolle in seinem Leben einnimmt. Liebhaber von Château-Pétrus-Wein mögen sich zu einer Referenzgruppe von Château-Pétrus-Kennern hingezogen fühlen, die Identität und Zugehörigkeit vermittelt, auch wenn sie kein Mitglied dieser Gruppe persönlich kennen. Starbucks-Kunden könnten durchaus Folgendes sagen: „Wenn ich zu Starbucks gehe, fühle ich mich einer verschworenen Gemeinschaft von Kaffeeliebhabern zugehörig, auch wenn ich keinen von ihnen persönlich kenne."

Es kann auch eine in Zukunft angestrebte Referenzgruppe sein. „Wenn ich mit einem Titleist-Pro-V1-Golfball spiele, gehöre ich zu einer Gruppe wirklich guter Golfer."

Die Kombination unterschiedlicher Nutzenarten

Die vorgestellten drei Arten von Nutzen werden in der Praxis oft miteinander kombiniert und eine Marke oder das dazugehörige Markenprogramm kann aktiv zwei oder alle drei Nutzenvarianten umfassen. BeautyTalk zum Beispiel, die webbasierte Gemeinschaft von Sephora rund um das Thema „Schönheit", kann neben dem sozialen Nutzen, Teil einer Gemeinschaft zu sein, auch einen emotionalen Nutzen stiften, weil man gut aussieht, und einen selbstdarstellenden Nutzen, weil man sich auf einem wichtigen Gebiet gut auskennt oder sogar ein Experte ist. Car2Go bietet emotionalen Nutzen, weil man sich für clever hält, ein bequem erreichbares Auto mit einer Mitgliedskarte zu aktivieren, selbstdarstellenden Nutzen, da der Besitz eines Autos so nicht mehr notwendig ist, und sozialen Nutzen, da man Teil einer urbanen, Ressourcen schonenden Gemeinschaft ist. Die zu Beginn dieses Kapitels vorgestellte „They laughed…"-Anzeige kombiniert ebenfalls mehrere Nutzenarten.

Wenn verschiedene Formen des Nutzens existieren, kann es sinnvoll sein, sie nach ihrer Bedeutung und Relevanz zu priorisieren, weil es entscheidend sein kann, zu verstehen, welche Form des Nutzens dominieren sollte. Es kann z. B. die Art und Weise beeinflussen, wie der jeweilige Nutzen betont und sichtbar gemacht wird. Emotionaler Nutzen zum Beispiel entsteht meist durch die Nutzung des Produkts (eine Kochschürze zu tragen bestätigt einem, selbst ein Gourmetkoch zu sein), wohingegen sich selbstdarstellender Nutzen meist aus den Konsequenzen der Produktnutzung ergibt (stolz und zufrieden zu sein, weil man Familie oder Freunden ein leckeres Essen servieren kann) und sich sozialer Nutzen oft auf die eigene Wahrnehmung durch andere bezieht, die durch das Erlebnis beeinflusst wird (die Gefühle der anderen, die am Kochen oder dem Essen teilnehmen). Diese Unterschiede machen deutlich, dass es entscheidend ist, zu definieren, welche Art oder Ausprägung des Nutzens betont wird.

Die unterschiedlichen Wege zur Identifizierung des „richtigen" Nutzens'

Wie kann potenziell emotionaler, selbstdarstellender oder sozialer Nutzen identifiziert werden? Eine Methode ist es, die Erfahrungen der treuesten und loyalsten Kunden zu analysieren. Aller Wahrscheinlichkeit nach haben sie Erfahrungen gemacht, die über den funktionalen Nutzen hinausgehen. Dabei gilt es zu verstehen, ob es eine Möglichkeit gibt, diese Erfahrungen auf eine größere Kundengruppe zu übertragen.

Eine weitere Methode ist, über den Mehrwert nachzudenken, den die Marke potenziell bieten könnte, wenn das Angebot ausgeweitet oder die richtigen Markenprogramme initiiert würden. Bei der Durchführung derartiger Analysen ist es hilfreich, Analyseverfahren zu verwenden, die sich auf grundlegende Motivationen der Kunden fokussieren, zum Querdenken anregen und untersuchen, wie andere Marken über funktionalen Nutzen hinauswachsen konnten.

Eine starke Markenpersönlichkeit oder die zielgerichtete Kommunikation von Unternehmenswerten bieten weitere Möglichkeiten. Beide Wege liefern meist emotionalen, selbstdarstellenden und sozialen Nutzen.

Das Fazit

Markenpersönlichkeit, Unternehmensassoziationen sowie emotionaler, selbstdarstellender und sozialer Nutzen sind wichtige Treiber einer vielseitigeren und tieferen Beziehung einer Marke zu ihren Kunden und damit auch der Kundenloyalität, als diese über einen rein funktionalen Nutzen herstellen könnte. Sie zielen auf elementare Bedürfnisse und Beweggründe der Kunden ab. Wettbewerbsmarken fällt es daher schwerer, die Beziehung zwischen einer Marke und deren Kunden durch ein Produktangebot zu stören, das lediglich einen größeren funktionalen Nutzen bietet. Entsprechend bietet es unzählige Vorteile, Marken mit mehr als einem funktionalen Nutzen auszustatten.

Literatur

Agres, S. (1990). Emotion in advertising: An agency's view. In S. J. Agres, J. A. Edell & T. M. Dubitsky (Hrsg.), *Emotion in advertising* (S. 1–18). New York: Quorum.

Ariely, D. (2008). *Denken hilft zwar, nützt aber nichts: Warum wir immer wieder unvernünftige Entscheidungen treffen*. München: Droemer.

Marken müssen zu einem „Must-have" werden, um Wettbewerber irrelevant zu machen

7

Du willst nicht nur der Beste der Besten sein; du willst der Einzige sein, der das tut, was Du tust.
– Jerry Garcia, The Grateful Dead

Der größte Erfolg einer Marke besteht darin, wenn es ihr gelingt, ihr zentrales Differenzierungsmerkmal zu einem „Must-have" zu machen, das eine neue Produktunterkategorie (oder manchmal auch eine neue Produktkategorie) definiert und Wettbewerber bedeutungslos macht. Ein großer Anteil der Kunden wird sogar eine Marke, die nicht über ein „Must-have" verfügt, nicht in ihrem Kaufentscheidungsprozess berücksichtigen. Eine detailliertere Betrachtung des „Must-have"-Konzepts und dessen Umsetzung finden Sie in Aaker (2011).

Eine derartige Innovation gelingt nicht häufig, aber wenn doch, dann müssen Markenstrategen diese Gelegenheit nutzen und erkennen, dass mehr als ein Differenzierungsmerkmal vorliegt, und dies auch entsprechend managen. Das Unternehmen muss ein „Must-have" nicht nur entwickeln, sondern es auch erfolgreich auf dem Markt etablieren. Darauf aufbauend gilt es dann, Wettbewerbsbarrieren aufzubauen, damit die so geschaffene Situation, mit der Marke eine Monopol- oder Quasimonopolstellung einzunehmen, von möglichst langer Dauer ist. Das ist nicht einfach, aber der sich daraus ergebende Vorteil für die Marke ist enorm.

Ein „Must-have" kann auf einer disruptiven oder transformativen Innovation basieren, die einem Angebot eine Eigenschaft gibt, die Kunden unbedingt haben wollen.

Transformative, markt- und geschäftsverändernde Innovationen führen häufig zu einer grundlegenden Neuordnung der Spielregeln im Markt. Betrachten Sie zum Beispiel Salesforce.com, die das Cloud Computing beherrschen, Cirque du Soleil, die den Zirkus neu erfunden haben, oder Nespresso, die hochwertigen Espresso auf Tastendruck etabliert

© Springer Fachmedien Wiesbaden 2015
D. Aaker et al., *Marken erfolgreich gestalten*, DOI 10.1007/978-3-658-06386-3_7

haben. In jedem Fall veränderte die Innovation das Kauf- und Nutzungsverhalten vieler Kunden.

Ein „Must-have" kann auch aus einer bedeutenden Innovation heraus entstehen, die jedoch die grundlegende Art des Angebots nicht verändert, dieses aber signifikant verbessert. Eine neue „Must-have"-Funktion oder eine neue „Must-have"-Dienstleistung wird hinzugefügt oder eine spezifische Angebotscharakteristik wird dabei so stark verbessert, dass Kunden jegliche Alternativen ohne diese Eigenschaft ablehnen. Under Armour hat sich auf der Grundlage neuer Stoffe zu einem Milliarden-Unternehmen entwickelt, die besonders gut Feuchtigkeit aufnehmen und zugleich höchste Atmungsaktivität besitzen. Der markengeschützte Bestandteil Kevlar stellte eine bedeutende innovative Verbesserung dar, die eine neue Unterkategorie im Markt für protektive Kleidung, wie Schusswesten, geschaffen hat.

Demgegenüber wird eine inkrementelle Innovation, die die Markenpräferenzen einer existierenden Unterkategorie (oder Kategorie) lediglich im Sinne eines „Like-to-have" verschiebt, nicht als bedeutende Innovation gelten können.

Das „Must-have" kann ein Angebot auf verschiedene Art und Weise verbessern oder aufwerten, zum Beispiel durch:

- Eine **Produkteigenschaft**, wie der hohe Ballaststoffanteil in Corny Müsliriegel.
- Einen **Nutzen** oder **Mehrwert**, wie es der Fall bei Nike Plus ist, dem Laufschuh mit eingebautem Chip, der es seinem Nutzer erlaubt, seine Trainingsdaten zu speichern, zu überprüfen und mit anderen zu teilen.
- Ein **ansprechendes Design**, wie das von Apple-Produkten.
- Ein **Systemangebot**, das einzelne Komponenten verbindet, wie das CRM-Angebot von SAP, das zahlreiche Kundenkontaktprogramme integriert.
- Eine **neue Technologie**, wie IBMs Supercomputer Watson.
- Ein Produkt für ein bestimmtes **Kundensegment**, wie Activia von Danone, der Joghurt für Frauen.
- Einen **extrem niedrigen Preis**, wie beispielsweise der Preis der Flugtickets, die von der Fluggesellschaft Ryanair angeboten werden.

Ein „Must-have" kann auch die Grundlage einer Kundenbeziehung bilden, die nicht das Angebot an sich betrifft, aber trotzdem für den Kunden wichtig ist, wie beispielsweise:

- Ein **gemeinsames Interesse**, wie bei Pampers Village, einer Webseite für Säuglingspflege.
- Ein (Marken-)**Persönlichkeitsmerkmal**, das verbindet, wie „Energie" bei Red Bull, die „Kompetenz" des Automobilzulieferers Bosch, die „Respektlosigkeit" des Elektronikanbieters Media Markt, der „Humor" der Sixt Autovermietung oder der „exotische Service" von Singapore Airlines.

- Eine **Leidenschaft**, wie die von Alnatura für gesunde, biologisch angebaute Nahrungsmittel oder von Astra Bier, für einen unkonventionellen Lebensstil.
- **Unternehmenswerte**, wie beispielsweise Kundenorientierung (IKEA), Innovativität (Google), Globalität (Citibank), Soziales Engagement (Drogeriemarktkette dm) oder Umweltbewusstsein (Jack Wolfskin).

In jedem Fall ist das „Must-have" eine Eigenschaft oder ein Element der Markenbeziehung, das von einem Kundensegment mit ausreichender Größe als ein wichtiger Bestandteil der Marke beschrieben wird und demzufolge hohe Relevanz besitzt.

Der konkrete Nutzen eines „Must-haves"

Durch bedeutende oder transformative Innovationen „Must-haves" zu schaffen, die Wettbewerber irrelevant oder zumindest weniger relevant machen, ist nicht nur wünschenswert, sondern meist der einzige Weg, um in einem Markt mehr als inkrementelles Wachstum zu erreichen. Das kann nicht oft genug betont werden. Denn von wenigen Ausnahmen abgesehen, ist es in saturierten Märkten oft der einzige Weg, um überhaupt zu wachsen!

Eine weitaus häufiger verfolgte Strategie ist es, sich auf den Wettbewerb um die Markenpräferenz zu fokussieren und eine Marke zur Beliebtesten in einer Produktunterkategorie zu machen. Ziel dieser Strategie ist es, die Konkurrenz mittels aufeinander aufbauender Innovationen, die die Marke noch attraktiver oder günstiger machen, hinter sich zu lassen. „Besser, schneller, billiger" lässt sich das Mantra zusammenfassen. Mittel dürfen nur für effektivere Kommunikation aufgrund intelligenterer Werbung, wirksamerer Verkaufsförderung, sichtbareren Sponsorings und eines stärkeren Einbezugs der Kunden in den sozialen Medien ausgegeben werden. Sie gewinnen, indem Sie dafür sorgen, dass Ihre Marke bevorzugt wird, und nicht, indem Sie Ihre Marke zur einzig relevanten machen.

Das Problem ist, dass ein Marketing vom Typ „Meine Marke ist besser als deine Marke" nur selten den Markt verändert, egal wie groß das Marketingbudget und wie clever die darauf aufbauende Innovation sein mag. Die Markenpositionierung ist in fast allen Märkten erstaunlich stabil. Es gibt jedoch zu viele Kunden- und Marktdynamiken, die sich nutzen lassen. Der Wettbewerb um die Markenpräferenz ist demgegenüber ein zäher.

Mit wenigen Ausnahmen wird eine Marktstruktur nur dann sichtbar verändert, wenn ein neues „Must-have" durch eine bedeutende Innovation eingeführt wird.

In über vier Jahrzehnten veränderte sich die Verteilung der Marktanteile in der japanischen Bierindustrie nur vier Mal. In drei dieser Fälle setzte sich das durch eine Marke kreierte „Must-have" durch, das eine neue Unterkategorie formte (Asahi Dry Beer 1986, Kirin Ichiban 1990 und die Happoshu-Marke von Kirin in den späten 1990ern) (Aaker 2011, S. 1–5). Der vierte Fall trat ein, als zwei der wesentlichen Unterkategorien durch einzelne Marken neu positioniert wurden (1995 repositionierte Asahi die Dry-Bier-Unterkategorie und Kirin repositionierte das Lager). Sämtliche Marketingaktivitäten in anderen Jahren hatten keine Auswirkungen auf die Marktanteile.

Sie können sich alle Produktkategorien auf allen Märkten anschauen und das Ergebnis wird stets dasselbe sein. Nur wenn neue „Must-haves" eingeführt werden, ist die Marke in der Lage, ihre Marktanteile zu vergrößern (Ausnahmen sind natürlich zu berücksichtigen). In der Automobilbranche wurde die Marktdynamik beispielsweise durch Innovationen von Marken, wie dem Mustang oder Taurus von Ford, dem Käfer von VW, dem Miata von Mazda, den Kleinbussen von Chrysler, dem Prius oder Lexus von Toyota sowie dem MINI von BMW, hervorgerufen. Bei Computern wurde der Markt durch neue Unterkategorien verändert, zum Beispiel durch die Netbooks von Asus, die Tabletcomputer von Apple oder Samsung, die Netzwerkserver von Sun Microsystems, die individuell zusammenstellbaren PCs von Dell und natürlich Apples Benutzeroberfläche. Im Dienstleistungsbereich gibt es z. B. DriveNow oder Car2Go, die Carsharing-Services, oder den durch SAP und andere vorangetriebenen Trend, Software nicht mehr zu kaufen, sondern zu mieten. Im Gebrauchsgüterbereich gibt es Innocent, Nestlé oder Häagen-Dazs. Im Einzelhandel sind Beispiele Alnatura, H&M, Geek Squad von Best Buy, IKEA, Zalando.de oder MUJI. Alle haben neue „Must-haves" in ihren jeweiligen Märkten eingeführt und dadurch signifikantes Wachstum gegenüber etablierten Wettbewerbern erzielen können.

Einen Markt mit schwachem oder nichtexistierendem Wettbewerb zu schaffen, kann zu überragenden finanziellen Ergebnissen führen. Dies ist wirtschaftliches Grundwissen auf Anfänger-Niveau und stellt gleichzeitig die Eintrittskarte zu echtem Umsatz- und Gewinnwachstum dar. Betrachten Sie den Chrysler Kleinbus, der 1982 unter dem Namen Plymouth Voyager und Dodge Caravan eingeführt wurde, von dem 200.000 Fahrzeuge im ersten Jahr und mehr als 13 Mio. bis heute verkauft wurden und der 16 Jahre ohne wirkliche Konkurrenz am Markt war. Dieses Modell hat Chrysler für fast zwei Jahrzehnte förmlich getragen. Der Autovermieter Enterprise Rent-A-Car, der Autos an Menschen vermietete, deren Auto gerade in Reparatur ist, war lange ohne Konkurrenz, während alle anderen Mietwagenfirmen im Wettbewerb um die Geschäfts- und Urlaubskunden standen.

Zahlreiche finanzwissenschaftliche Studien legen dar, dass sich die Schaffung neuer Produktkategorien oder Unterkategorien lohnt. Eine Studie untersuchte zum Beispiel strategische Maßnahmen von 108 Unternehmen. Nur 14 % dieser Unternehmen schafften neue Produktkategorien, vereinten aber 38 % der Umsätze und 61 % der Gewinne auf sich (Kim und Mauborgne 2005). Eine andere Studie analysierte die 100 am schnellsten wachsenden US-Unternehmen zwischen 2009 und 2011 und fand heraus, dass auf die 13 Unternehmen, die entscheidend zum Aufbau ihrer Produktkategorie beigetragen hatten, 53 % des Umsatzwachstums und 74 % des Wachstums der Marktkapitalisierung während dieser drei Jahre entfielen (Yoon und Deeken 2013).

Die Identifizierung und Bewertung potenzieller „Must-haves"

Ideen für „Must-haves" ergeben sich oft aus unbefriedigten Kundenbedürfnissen, neuen Anwendungsmöglichkeiten, unterversorgten Marktsegmenten, Markttrends, Veränderungen in den Vertriebskanälen oder technischen Entwicklungen in anderen Industrien oder

Ländern. Unternehmen müssen nicht nur nach potenziellen „Must-haves" suchen, sondern diese auch erkennen und ihre Weiterentwicklung vorantreiben. Ein entscheidender Schritt ist die Bewertung der Ideen, damit nur die Besten weiterverfolgt und mit den nötigen Budgets vorangetrieben werden. Hierfür müssen zwei Bedingungen erfüllt sein:

Die Relevanz und Kraft potentieller „Must-haves" verstehen

Ist das neue Produktkonzept eine bedeutende oder transformative Innovation oder lediglich eine Anschlussinnovation? Es ist ein Fehler, eine Innovation als bedeutend einzustufen, während der Markt die Innovation lediglich als marginal einstuft. Innovations-Verantwortliche tendieren dazu, die Entwicklungsmöglichkeiten eines neuen Konzeptes aufzublähen, da sie sich psychisch dazu verpflichtet fühlen und da der Erfolg des Konzeptes ausschlaggebend für den weiteren Verlauf ihrer Karriere sein könnte, während ein Scheitern einen beruflichen Rückschritt bedeuten würde. Auch unternehmensinterne Dynamiken spielen eine Rolle. Ein Angebot, in das investiert wurde und das Teil des Leistungsangebots geworden ist, ist oft nur schwer loszuwerden. Es muss also eine nüchterne, forschungsgestützte Entscheidung über die Marktakzeptanz der Innovation getroffen werden.

Ein anderer, oft noch gravierenderer Fehler ist die Verzerrung durch falsche Informationen, die zu einer falschen Beurteilung der Innovation aufgrund der Annahme führt, dass sie nicht erfolgreich sein wird, obwohl sie eine Möglichkeit bietet, eine bedeutende neue Kategorie oder Unterkategorie aufzubauen. Die Entscheidung stützt sich womöglich auf Schätzungen der Marktgröße, die basierend auf bereits existierenden, mangelhaften Produkten ermittelt wurden. Zweitens wurde womöglich die falsche Anwendung oder der falsche Markt betrachtet, wodurch das wahre Potenzial unerkannt bleibt. Joint Juice, ein Produkt, das entwickelt wurde, um Gelenkschmerzen durch flüssige Glucosamine zu reduzieren, wurde erst erfolgreich, als es sich auf eine demographisch ältere Konsumentengruppe anstatt auf junge bis mittelalte Athleten fokussierte. Drittens könnte womöglich die fehlerhafte Annahme getroffen werden, dass eine Marktnische nicht vergrößert werden und der resultierende Markt zu klein sein könnte.

Aus diesem Grund mied Coca-Cola den Wassermarkt für Jahrzehnte, eine Entscheidung, die rückblickend eine strategische Katastrophe ist. Viertens kann ein technisches Problem gravierender wirken, als es in Wirklichkeit ist. Und schlussendlich kann die Einschätzung des Erfolgs durch die Risikoaversion Einzelner und/oder des Unternehmens beeinflusst werden, da die Kosten eines Misserfolgs als zu hoch betrachtet werden.

Die Idee des „Must-haves" auf ihre Umsetzbarkeit prüfen

Ist die Produktidee überhaupt umsetzbar, gerade wenn ein technologischer Durchbruch die Voraussetzung ist? Und auch wenn das Angebot realisierbar ist, kann das Unternehmen die nötigen Mitarbeiter, die Systeme, die Kultur und die Mittel, die benötigt werden, überhaupt zur Verfügung stellen? Plus, ist das Unternehmen gewillt, die Idee mit allen Mitteln umzusetzen, auch wenn Hindernisse und Schwierigkeiten auftreten? Es wird Zeiten geben, in denen das Risiko groß, die Belohnung unsicher, alternative Mittelallokationen attraktiv und die interne politische Unterstützung schwach erscheinen. Ohne ein echtes Bekenntnis des Unternehmens ist die neue Innovation daher möglicherweise unterfinanziert und dem Untergang geweiht.

Ist das Timing richtig? Der Erste im Markt zu sein ist nicht immer notwendig und sogar nicht immer sinnvoll. Tatsächlich ist die Pioniermarke oft vorschnell unterwegs, weil der Markt, die Technologie oder das Unternehmen noch gar nicht bereit ist. Apple war kein Pionier mit dem iPod (Sony schlug Apple um zwei Jahre), dem iPhone (die Technologie existierte in Europa schon Jahre zuvor) oder dem iPad (Bill Gates und Microsoft führten schon ca. zehn Jahre früher einen Tablet-PC ein), aber in jedem Fall war das Timing von Apple richtig. Die Technologie war vorhanden oder stand kurz vor der Marktreife, das Unternehmen hatte die Mittel und Erfahrung und das Leistungsversprechen war bereits markterprobt – wenn auch mit minderwertiger Technologie. Von all den Talenten, über die Steve Jobs verfügte, wurde sein Instinkt, das richtige Timing zu erkennen, nicht ausreichend gewürdigt.

Das Potential von „Must-haves" zur Verdrängung des Wettbewerbs

Die Etablierung eines „Must-have", das in der Lage ist, eine neue Unterkategorie zu definieren, durch die Wettbewerber irrelevant werden, wird sich nicht lohnen, solange keine Barrieren aufgebaut werden können, die diese Wettbewerber darin bremsen oder daran hindern, aufzuschließen.

Die ultimativen Barrieren sind firmeneigene Technologien oder Kompetenzen, die durch Patente, Urheberrechte, Betriebsgeheimnisse oder nur schwer zugängliches und replizierbares Wissenskapital geschützt sind.

Toyota entwickelte für den Prius das Hybridantriebssystem Hybrid Synergy Drive, das nicht kopiert werden kann. Carglass bietet die Reparatur von Steinschlägen in Windschutzscheiben von Autos basierend auf der patentierten Technologie des Spezialharzes HPX3 an. Technologie kann auch durch Markenaufbau und -entwicklung geschützt werden, wie in Kap. 8 beschrieben wird.

Immer einen Schritt voraus zu sein, wie Apple, das dem ersten iPod den iPod Nano, iPod Shuffle, iPod touch und das iPad folgen ließen, oder Gillette mit seiner Weiterentwicklung von Rasierern vom Trac II zum Fusion ProGlide, macht es für rivalisierende Marken schwierig, gegenüber Konsumenten Relevanz zu gewinnen. Chrysler blieb 16 Jahre lang ohne nennenswerten Konkurrenten in der selbstgeschaffenen Minivan-Kategorie – auch deshalb, weil nie zwei Jahre ohne eine Innovation vergingen, die die Latte für Wettbewerber stets höher hängte. In einigen Fällen waren es bedeutende Innovationen, die ein neues „Must-have" erschufen. Hierzu gehörten die gleitenden Beifahrertüren, die herausnehmbaren Rücksitze, um den Stauraum zu erweitern, drehbare Sitze, Vierradantrieb oder diverse Kindersicherungen.

Über den funktionalen Nutzen hinauszugehen kann ebenfalls signifikante Barrieren aufbauen. Während funktionaler Nutzen oft schnell kopiert werden kann, ist es viel schwieriger, selbstdarstellenden, sozialen und emotionalen Nutzen sowie die Werte und die Kultur des Unternehmens oder die Markenpersönlichkeit zu replizieren.

Ein Markenwert, der durch Sichtbarkeit, Assoziationen und Markenloyalität repräsentiert getragen wird, stellt ebenfalls eine bedeutende Barriere für Wettbewerber dar. Während der frühen Phase eines neuen innovativen Angebots besteht die Möglichkeit, die Innovation zu nutzen, um die Art von Sichtbarkeit zu schaffen, die beim Aufbau einer starken Marke unterstützend wirkt. Es gibt auch die Möglichkeit, für eine Marke diejenigen Kunden zu gewinnen, die am ehesten das „Must-have" wertschätzen und die dadurch involviert und zufriedengestellt werden. In diesem Fall bleiben Wettbewerbern nur unattraktive Kunden- und Marktsegmente, um ihr Geschäft aufzubauen.

Eine schrittweise Erweiterung des Konzepts ist wichtig. Das Schaffen, Erweitern und Kontrollieren eines großen und loyalen Kundenstamms ist in gleicher Weise entscheidend, weil eine Beschränkung auf einen lokalen Markt immer auch bisher unausgeschöpfte Kundenpotentiale bedeutet, die noch von Wettbewerbern erobert werden können. Außerdem ist es eine einfache Rechnung: Die Verteilung der Fixkosten für Lagerhaltung, Verwaltung, Management, Werbung oder Markenentwicklung über eine große Verkaufsbasis führt zu niedrigeren Stückkosten. Solch eine Vergrößerung kann durch das Einbinden von Partnern realisiert werden. Carglass tat sich zum Beispiel mit dem Unternehmen Belron Technical zusammen, um Zugang zu deren patentierter Spezialharztechnologie HPX3 zu erhalten. Aber manchmal bedeutet das auch, das Risiko einer Überinvestition zu akzeptieren. Der Schlüssel zum Erfolg des Chrysler-Kleinbusses war die Bereitschaft, in große Produktkapazitäten zu investieren, obwohl sich das Unternehmen in einer Liquiditätskrise befand.

Eine glaubwürdige Marke kann eine wichtige Barriere für die Wettbewerber sein. Eine glaubwürdige Marke wird als echt und ehrlich, als Innovator, als Vorreiter anstatt Nachahmer und als zuverlässig und vertrauenswürdig wahrgenommen. Eine Marke muss nicht immer in allem die Erste sein, um glaubwürdig zu erscheinen, aber sie muss die Erste sein, die die Idee gut umsetzt. Bemühungen, eine Produktkategorie oder Unterkategorie aufzubauen, werden die Glaubwürdigkeit einer Marke aufwerten.

Eine fehlerlose Umsetzung generiert ebenfalls eine Barriere für Wettbewerber, insbesondere wenn sie nicht nur auf den konkreten Aktivitäten, sondern auch auf den Werten des Unternehmens dahinter basiert. Das war mit Sicherheit der Fall bei Zalando.com. Die Werte von Zalando.com (einschließlich des Slogans „Schrei vor Glück!" und der Wert, ein bisschen anders zu sein) bildeten die Grundlage für die Wahrnehmung der Kunden. Der Wert „anders zu sein" bot einen Weg, kreative Initiativen der Mitarbeiter und das Zusammengehörigkeitsgefühl zu fördern. Das daraus resultierende Kundenerlebnis stellt eine hohe Hürde dar und wird nur schwer zu kopieren sein, da es in den Mitarbeitern, den

Maßnahmen sowie der Haltung und Kultur verankert ist. Es ist einfach zu erkennen, was ein Unternehmen ausmacht, aber es ist schwer zu kopieren, wie es ist.

Markengeschützte Differenzierungsmerkmale und das Aushängeschild einer Unterkategorie zu sein, sind weitere wichtige Barrieren des Wettbewerbs, die in den nächsten beiden Kapiteln genauer betrachtet werden.

Das Fazit

„Must-haves" zu kreieren, die Wettbewerber irrelevant werden lassen, und anschließend Wettbewerbsbarrieren aufzubauen, um sie davon abzuhalten wieder aufzuschließen, ist mit einigen wenigen Ausnahmen der einzige Weg, Marktanteile hinzuzugewinnen und zahlt sich nachweislich in Form von höheren Gewinnen aus. Ein potenzielles „Must-have" sollte vom Markt auch als „Must-have" wahrgenommen werden und ein Angebot repräsentieren, das vom Unternehmen auch eingelöst werden kann. Ein Schlüsselelement in der Sicherung von „Must-haves" ist der Aufbau und das Management von Wettbewerbsbarrieren, die die Wettbewerber daran hindern, wieder relevant zu werden. Eine große Innovation, die eine neue Unterkategorie schafft und das Potenzial hat, sich im Markt zu etablieren, entsteht nicht häufig. Wenn sich aber die Chance ergibt, sollte die Gelegenheit nicht aufgrund zu hoher Risikoaversion ungenutzt bleiben.

Literatur

Aaker, D. (2011). *Brand relevance: Making competitors irrelevant*. San Francisco: Jossey-Bass.
Kim, W. C., & Mauborgne, R. (2005). *Blue ocean strategy*. Boston: Harvard Business School Press.
Yoon, E., & Deeken, L. (2013). Why it pays to be a category creator. *Harvard Business Review*, 21–23.

Marken spielen für die Vermarktung von Innovationen eine entscheidende Rolle

8

Zuerst ignorieren sie dich, dann lachen sie über dich, dann bekämpfen sie dich und dann gewinnst du.
– Mahatma Gandhi

Alte und neue Angebote eines Unternehmens werden nur dann erfolgreich sein, wenn sie sich differenzieren. Angebotene Produkte und Dienstleistungen müssen über ein Differenzierungsmerkmal verfügen, um den Kunden einen Grund zu geben, das Produkt oder die Dienstleistung zu kaufen und einer Marke treu zu bleiben. Am besten gelingt eine Differenzierung durch Innovation. Sofern dies nicht mit den angebotenen Produkten und Dienstleistungen möglich ist, muss eine Innovation des Marketingprogramms gelingen, um ein „Must-have" für die Konsumenten zu schaffen.

Was oft nicht hoch genug eingestuft und richtig verstanden wird, ist die Bedeutung des Markenaufbaus und der Markenentwicklung bei der Verwandlung einer Innovation in etwas, das die angebotenen Produkte und Dienstleistungen auf dem Markt differenziert. Wenn eine Innovation das Potenzial hat, ein bedeutendes und nachhaltiges Differenzierungsmerkmal für die Angebote und das Unternehmen darzustellen (und das ist ein schwer zu erfüllendes „wenn"), dann sollten sie auch durch eine Marke geschützt werden. Andernfalls ist es schwierig, sie zu kommunizieren, und viel zu einfach, sie zu kopieren oder auch nur den Anschein zu erwecken, sie zu kopieren. Das Credo: Markiere die Innovation oder verliere sie an die Wettbewerber!

Die Verankerung einer Innovation in einer Marke erschafft ein auf dieser Marke beruhendes Differenzierungsmerkmal. Ein solches, auf der Marke beruhendes und aktiv gemanagtes Differenzierungsmerkmal kann ein Bestandteil, eine Technologie, eine Dienstleistung oder ein Marketingprogramm sein, das zu einem wichtigen, wirksamen und langfristigen Differenzierungsmerkmal für ein Angebot führt.

© Springer Fachmedien Wiesbaden 2015

D. Aaker et al., *Marken erfolgreich gestalten*, DOI 10.1007/978-3-658-06386-3_8

1999 zum Beispiel erschuf die Westin-Hotelkette das sogenannte „Heavenly Bed®", ein speziell angefertigtes Matratzenset (von Simmons) mit 900 Federn, drei Versionen einer kuscheligen Daunendecke für drei verschiedene klimatische Bedingungen, einer Steppdecke mit puristischem Überzug, drei hochqualitativen Bettlaken und fünf Gänsedaunenkissen. Dieses markengeschützte Merkmal wurde zu einem Unterscheidungsmerkmal, das wirklich eine neue Unterkategorie definierte – Hotels mit Premiumbetten. Und das in einem gesättigten Markt, in dem Differenzierung eine echte Herausforderung ist.

Ein markengeschütztes Unterscheidungsmerkmal entsteht nicht einfach, indem man einen Namen auf eine Innovation klebt. Die Definition deutet an, dass weit anspruchsvollere Kriterien erfüllt werden müssen. Insbesondere muss sich ein markengeschütztes Unterscheidungsmerkmal auf Eigenschaften und Merkmale des Produktes oder der Dienstleistung beziehen, die von Kunden als wichtig und keinesfalls belanglos eingeschätzt werden. Das „Heavenly Bed®" war ein erfolgreiches und wirkungsvolles Unterscheidungsmerkmal, da es das zentrale Element eines jeden Hotelzimmers ist und einen erholsamen Schlaf bietet. Im ersten Jahr nach der Einführung des Bettes verzeichneten diejenigen Hotels, die das „Heavenly Bed®" anbieten konnten, sowohl einen fünfprozentigen Anstieg der Kundenzufriedenheit, einen auffallenden Anstieg der Wahrnehmung von Dimensionen, wie Sauberkeit, Raumdekoration und Wartung, als auch einen signifikanten Anstieg der Anzahl gebuchter Zimmer und Übernachtungen.

Ein markengeschütztes Unterscheidungsmerkmal macht aber auch ein langfristiges Management der markenbildenden Anstrengungen notwendig. Das „Heavenly Bed®" wurde anhand zahlreicher markenbildender Programme zu einem markengeschützten Unterscheidungsmerkmal aufgebaut. Man konnte das Bett zunächst über Westin und später auch bei dem US-Kaufhaus Nordstrom und anderen Anbietern kaufen. Auf diese Weise hat Westin zusätzliche Aufmerksamkeit geschaffen, da ein Kunde zum ersten Mal ein Hotelbett kaufen konnte. Das Konzept wurde durch das „Heavenly Bath®" erweitert, das eine speziell angefertigte Dusche mit zwei Duschköpfen, Duschutensilien und -accessoires beinhaltet. Die Westin-Home-Collection-Webseite wurde zu einem Ort, an dem Betten, Bettwäsche, Badaccessoires, Bademäntel, etc. erworben werden konnten.

Ein markengeschütztes Unterscheidungsmerkmal muss dabei klar mit dem Kernangebot der Marke verbunden sein und nimmt entsprechend eine produktdefinierende Rolle ein. Eine Herausforderung für Westin war, eine Verbindung zum „Heavenly Bed®" aufzubauen, damit Kunden sich daran erinnern, welche Hotelkette hinter diesem Angebot steht, und es nicht mit einer anderen Hotelkette in Verbindung bringen. Die markante, exklusive Dachmarke von Westin war hier von Vorteil.

Die Ausprägungsformen markengeschützter Innovationen

Ein markengeschütztes Unterscheidungsmerkmal kann, wie in der Definition angedeutet, am besten als Merkmal, Bestandteil, Technologie, Dienstleistung oder Marketingprogramm beschrieben werden, das sich entscheidend auf das Angebot des Unternehmens auswirkt.

Ein Merkmal des Produktes schützen

Ein markengeschütztes Merkmal stellt einen einzigartigen Vorteil eines Produktes oder einer Dienstleistung heraus. Dadurch kann eine überlegene Leistungsfähigkeit des Angebots signalisiert und diese Überlegenheit über Zeit geschützt werden. Um dieses Ziel zu erfüllen, muss das markengeschützte Merkmal von den Kunden wertgeschätzt und mit dem Markenangebot verbunden werden.

Amazon bietet die 1-Click-Bestellung an, die den Kunden einen vertrauten Mehrwert bietet. Kleidungsstücke der Dri-FIT Pro Linie von Nike enthalten Bestandteile, die Gerüche eindämmen und die Kleidung länger frisch halten. Oral-B, „die Zahnbürsten-Marke, die Zahnärzte weltweit am häufigsten empfehlen und benutzen", bietet den Kunden Mehrwert beispielsweise durch den Hinweis, wann die Zahnbürste ausgewechselt werden muss, oder durch die Pro-Flex, die sich der Kontur der Zähne anpasst, und durch den schnurlosen „Smartguide". All diese markengeschützten Merkmale vergrößern das Markenversprechen.

Ein markengeschütztes Merkmal kann sich auch auf eine etablierte Marke stützen. Delta Airlines versuchte zum Beispiel ein außergewöhnliches „Schlaferlebnis" für Flugreisende zu kreieren, indem sie die Heavenly-Marke von Westin nutzte und deren Kissen und Decken verwendete. In diesem Fall war die Herausforderung nicht, die Innovation zu erklären, sondern sie mit Delta Airlines zu verbinden.

Einen Bestandteil des Produktes schützen

Eine weitere Möglichkeit ist, ein Produkt, das nicht einzeln, sondern nur als Bestandteil eines anderen Produktes erworben werden kann, mit einer Marke zu schützen. Auch wenn Kunden die Funktionsweise eines Bestandteils nicht verstehen, verschafft die Tatsache, dass er markengeschützt ist, dem expliziten oder impliziten Markenversprechen Glaubwürdigkeit. Erinnern Sie sich an Intel Inside? Nur wenige wussten wirklich, was Intel im Computer genau machte, aber sie waren trotzdem bereit, zehn Prozent mehr für das Gefühl der Sicherheit zu bezahlen, etwas Zuverlässiges und Modernes gekauft zu haben. Auch wenn der Kunde womöglich nicht erkennt, welchen Mehrwert der Bestandteil schafft, muss der Bestandteil Substanz und Qualität bieten, da eine in Wirklichkeit gehaltlose Behauptung eines Tages entlarvt werden würde.

Ein markengeschützter Bestandteil kann auch erworben werden, indem man sich eine Marke mit etablierter Bekanntheit und Sichtbarkeit zunutze macht. Die Kunden wissen somit sofort, was ihnen angeboten wird. Sony bietet die Cyber-shot-Digitalkamera mit Carl-Zeiss-Objektiven an und nutzt die Carl-Zeiss-Marke, um den Käufern zu versichern, dass der Schüsselbestandteil von höchster Qualität ist. Eine Eiscreme-Marke kann Bestandteile wie M&M's oder Snickers hinzufügen, um ein einzigartiges Produkt zu kreieren, das Kunden nicht erklärt werden muss, da sie diese Süßigkeiten-Marken gut kennen.

Eine Technologie schützen

Ein technologischer Durchbruch, der markengeschützt ist, kann einen großen Unterschied ausmachen, indem er eine Begründung und folglich Glaubwürdigkeit für das Leistungsversprechen liefert. Die Technologie von Carglass zur Reparatur von Steinschlägen in Windschutzscheiben basiert auf dem Spezialharz HPX3. Prius dominierte die Kategorie der Hybridautos für mehr als ein Jahrzehnt, teilweise aufgrund von Toyotas Hybrid Synergy Drive, einer Technologie, die viele Vorteile bietet. General Electric (GE) Healthcare bietet mit SenoBright eine Technologie für kontrastverstärkte Spektralmammographie an, die Diagnosen mittels der vergrößerten Darstellung von ungewöhnlichen Blutgefäßmustern ermöglicht.

Eine markengeschützte Technologie erlangt diese Kraft nur aufgrund dessen, dass sie markengeschützt ist. Darüber hinaus macht sie die Basis für das Markenversprechen sichtbar und hilft, dieses zu kommunizieren, indem sie einen Orientierungspunkt bietet. Die zuvor genannten Marken sind nicht nur wohlklingend, sondern bilden auch einen Anker dafür, ein komplexes Thema zu erklären. Ohne diese Marken wäre die Kommunikation der Technologie sperrig, schwierig und eventuell nur schwer möglich.

Eine Dienstleistung schützen

Der klassische Weg, eine Marke zu differenzieren, ist, das Angebot mit einer markengeschützten Dienstleistung zu erweitern, die dann das Potenzial bietet, ein markengeschütztes Unterscheidungsmerkmal zu werden. Google AdWords ist eine Dienstleistung für Werbekunden von Google, die es Google ermöglicht hat, eine Führungsposition auf dem Werbemarkt im Internet einzunehmen. General Motors (GM) entwickelte den OnStar Service, der sowohl ein automatisches Auslösen der Airbags, die Lokalisierung gestohlener Fahrzeuge, das ferngesteuerte Öffnen der Türen, Ferndiagnosen als auch die Dienstleistungen eines Portiers zur Verfügung stellt. Ein weiteres Beispiel ist der Kindle von Amazon, der Bücher über das Whispernet bereitstellt.

Der erstaunliche Erfolg des Apple Store-Konzepts basiert auf vielen Säulen. Eine Erfolgssäule sind die markengeschützten Dienstleistungen der Genius Bar, die ein wesentliches Kundenbedürfnis befriedigen, bestehende Bedienungsprobleme lösen helfen, eine persönliche Beziehung zu den Kunden ermöglichen und aus Kunden Fans machen.

Die Genius Bar war nicht sofort ein Erfolg, aber Apples Einsatz, Engagement und Ausdauer hinter diesem Konzept haben sich am Ende mit dem Aufbau eines „Must-have"-Unterscheidungsmerkmals bezahlt gemacht.

Ein Marketingprogramm schützen

Markengeschützte Marketingprogramme, die das Angebot erweitern oder ergänzen, können ebenfalls Grundlage für eine Markendifferenzierung sein. Dell schuf zum Beispiel IdeaStorm und Direct2Dell, Starbucks startete My Starbucks Idea. Beide bieten Plattformen, über die Kunden Vorschläge (z. B. für neue Produkte) machen und mit dem Unternehmen in den Dialog treten können. Das Treueprogramm Hilton Honors ist für Hilton ein Erfolgsfaktor ihrer Kundenloyalität.

Ein markengeschütztes Marketingprogramm kann getrennt vom Angebot oder an das eigentliche Angebot angelehnt sein. Harley-Davidson ist mehr als eine Marke. Es ist eine Erfahrung und zugleich eine Gemeinschaft von Gleichgesinnten, die von mehreren markengeschützten Marketingprogrammen unterstützt wird, die nicht Teil der Bemühungen sind, Kunden zu beraten und Motorräder zu verkaufen. Der Harley-Davidson-Fahrtenplaner zum Beispiel erlaubt es einem Harley-Davidson-Motorradfahrer, einen Fahrtenplan zu erstellen, in dem Start- und Endpunkt sowie gewünschte Zwischenstopps eingegeben werden. Das Ergebnis ist eine detaillierte Karte, die man speichern und mit Freunden teilen kann.

Der Wert eines Markenschutzes von Innovationen

Ein Merkmal, ein Bestandteil, eine Technologie, eine Dienstleistung oder ein Marketingprogramm wird zur Differenzierung eines Produktes beitragen, egal ob es durch eine Marke geschützt ist oder nicht. Wieso sollte man also dafür eine Marke nutzen? Es gibt viele Gründe, von denen die meisten auf den grundlegenden Wert einer Marke zurückgehen. Eine Marke bietet die Möglichkeit, eine Innovation zu schützen, steigert die Glaubwürdigkeit des Leistungs- und Nutzenversprechens und unterstützt die Kommunikation.

Eine Marke hat das Potenzial, eine Innovation zu schützen, da eine Marke ein einzigartiger Indikator für die Herkunft des Angebots ist. Eine erfolgreiche Innovation wird in den meisten Fällen von anderen Unternehmen kopiert, weshalb das aus der Innovation resultierende Differenzierungsmerkmal nur von kurzer Dauer ist. Wettbewerber können aber keine Marke kopieren, da diese geschützt ist.

Mit entsprechenden Investitionen in eine Innovation sowie eine Marke und deren aktives Management kann dieses Differenzierungsmerkmal zeitlich in die Zukunft verlängert werden. Ein Konkurrent mag dazu fähig sein, das Merkmal, den Bestandteil, die Technologie, die Dienstleistung oder das Marketingprogramm zu kopieren, aber wenn es markengeschützt ist, wird der Konkurrent die Ausstrahlungskraft der Marke überwinden müssen.

Eine Hybrid-Automarke kann die Qualität ihres Hybrid-Antriebs betonen, aber es wird nur einen Hybrid Synergy Drive geben und dieser ist im Besitz von Toyota. Wenn die Verbindung zwischen dem markengeschützten Merkmal (Hybrid Synergy Drive) und der Marke (Toyota) stark genug ist, erhält Toyota sogar Anerkennung für seine hybride Motortechnologieinnovationen durch andere Hersteller.

Zweitens kann eine Marke die Glaubwürdigkeit ihres Leistungsversprechens erhöhen. Ein markengeschütztes Unterscheidungsmerkmal signalisiert, dass es dem Unternehmen wert war, den Vorteil zu schützen und Mittel in den Markenaufbau und die Markenkommunikation zu investieren. Die Konsumenten werden daher instinktiv schlussfolgern, dass es einen Grund für den Markenschutz geben muss. Stellen Sie sich vor, Shell hätte versucht zu erklären, warum Shell-Benzin anders ist, ohne die V-Power-Marke zu verwenden. Es wäre weder überzeugend noch erfolgreich gewesen. Die Kunden sind nicht daran interessiert, zu verstehen, wie V-Power funktioniert, aber sie wissen, dass es wichtig genug ist, um mit einer Marke geschützt zu werden.

Die Fähigkeit einer Marke, die Glaubwürdigkeit zu erhöhen, wurde in einer viel beachteten wissenschaftlichen Studie über markengeschützte Produkteigenschaften nachgewiesen. Gregory Carpenter, Rashi Glazer und Kent Nakamoto, drei prominente Forscher, haben herausgefunden, dass die Einbeziehung einer markengeschützten Produkteigenschaft (z. B. „alpine Güteklasse" für die Füllung einer Daunenjacke, „nach Mailänder Art" für Pasta und „Studio Designed" für CD-Spieler) in den Augen der Befragten einen höheren Preis rechtfertigte (Carpenter et al. 1994). Bemerkenswerterweise trat der Effekt auch dann auf, wenn die Befragten Informationen erhielten, die implizierten, dass die Produkteigenschaft nicht entscheidungsrelevant war.

Drittens macht eine Marke die Kommunikation einfacher, effizienter und einprägsamer. Kunden fällt es schwer, den Wert einer Innovation zu erkennen, insbesondere wenn sie komplex ist und im Markt unterschiedliche Konzepte um die Gunst der Kunden konkurrieren. Der Innovation einen Namen zu geben kann helfen, da der Name eine Möglichkeit darstellt, viele Informationen zu bündeln. Es ist nicht nötig, Details über das „Pampers Parenting Institute" zu kennen, weil die Marke zahlreiche komplexe, detaillierte Information verkörpert, an die man sich sonst nur schwer erinnern könnte. Die Marke Pampers und ihre allgemeine Mission zu kennen, ist ausreichend. Ein markengeschütztes Unterscheidungsmerkmal macht es außerdem viel einfacher, dieses mit der übergeordneten Marke zu verbinden.

Die Notwendigkeit einer Beschränkung auf wesentliche Innovationen

Achtung, das Konzept der markengeschützten Differenzierung sollte kein Freibrief und auch kein Vorwand sein, alle Innovationen als Marken zu vermarkten. Dies würde zu einer Inflation an Marken führen. Eine Innovation muss daher aus Sicht der Kunden einen bedeutenden Fortschritt verkörpern oder den Markt grundlegend verändern. Nur wenn sie das Potenzial hat, einen echten Marktvorteil zu kreieren und aufrechtzuerhalten, rechtfertigt eine Innovation ein langfristiges Investment in eine Marke. Dies ist der Fall, wenn kontinuierliche Innovationen und die Weiterentwicklung der Innovation garantiert sind und das Unternehmen dem Angebot der Wettbewerber dabei immer einen Schritt voraus sein kann. Eine Marke ist ein langfristiger Vermögensgegenstand und braucht aktives und fortlaufendes Management. Wenn die Marktsituation, das Kundensegment oder der Zeitpunkt solch eine Investition nicht zulassen, kann das Aufbauen einer Marke ein Fehler sein.

Daher muss jedes Unternehmen einen Prozess entwickeln, nach dem qualifizierte Innovationen ausgewählt werden und sichergestellt wird, dass nur solche Innovationen, die es verdienen, markengeschützt zu werden, auch eine Marke und die nötigen Mittel erhalten, um als Marke aufgebaut zu werden. Wenn sich aber eine Gelegenheit ergibt, ein markengeschütztes Unterscheidungsmerkmal zu etablieren, dann ist es auch wichtig, die Gelegenheit zu nutzen, eine Führungsposition aufzubauen und aufrechtzuerhalten.

Das Fazit

Ein markengeschütztes Unterscheidungsmerkmal ist ein Bestandteil, eine Technologie, eine Dienstleistung oder ein Marketingprogramm, das ein relevantes und nachhaltiges Differenzierungsmerkmal für ein markengeschütztes Angebot über einen längeren Zeitraum ermöglicht. Es eröffnet den Weg, eine Innovation zu schützen, die Glaubwürdigkeit des Leistungsversprechens zu erhöhen und die Kommunikation effizienter und einprägsamer zu gestalten. Wenn es gerechtfertigt ist (und das kann fraglich sein), kann ein markengeschütztes Unterscheidungsmerkmal zu einem wesentlichen Teil des Markenportfolios werden.

Literatur

Carpenter, G. S., Glazer, R., & Nakamoto, K. (1994). Meaningful brands from meaningless differentiation: The dependence on irrelevant attributes. *Journal of Marketing Research, 31*(3), 339–350.

Marken brauchen eine klare Positionierung und sollten neue Unterkategorien kreieren, die es bisher aus Sicht des Kunden noch nicht gab

9

Deutungsrahmen sind mentale Strukturen, die unseren Blick auf die Welt prägen. Wenn ein fester Deutungsrahmen nicht durch Fakten belegbar ist, werden die Fakten ignoriert und der Deutungsrahmen wird beibehalten.
– George Lakoff, University of California, Berkeley

Die Markenpositionierung orientiert sich immer an kurzfristigen Kommunikationszielen. Was wollen Sie also sagen, um Ihr gegenwärtiges Markenversprechen zu kommunizieren, es zu erweitern oder zu bekräftigen? Ihre Botschaft sollte auf der Markenvision aufbauen – die im Einklang mit dem Markt stehen, die gegenwärtige Unternehmensstrategie unterstützen und die gegenwärtige Realität dessen, was die Marke glaubwürdig leisten kann, widerspiegeln sollte. Um erfolgreich zu sein, sollte Ihre Botschaft dabei eine überzeugende Idee und spezifische Marketingmaßnahmen umfassen, die auch über das gesamte Unternehmen hinweg eingelöst werden können.

Die Markenpositionierung legt dar, wie sich Ihre Marke von anderen im Wettbewerb stehenden Marken unterscheidet und in welchen Dimensionen und Eigenschaften sie als „besser" wahrgenommen werden soll als die anderen. Apple differenziert sich durch Design, Dove spendet Feuchtigkeit, und Alnatura-Märkte glauben an und sind Experten für ökologisch erzeugte Lebensmittel. Dabei wird eine festgelegte Kategorie oder Unterkategorie und eine definierte Gruppe von im Wettbewerb stehenden Unternehmen oder Marken angenommen.

Framing, die Etablierung eines Referenz- und Deutungsrahmens, bedeutet, dass unterschiedliche Formatierungen einer Botschaft – bei gleichem Inhalt – das Verhalten des Empfängers unterschiedlich beeinflussen können. Im Marketing bedeutet Framing, die Art und Weise, wie Menschen die Produktunterkategorie (oder Kategorie) wahrnehmen, diskutieren und empfinden, zu verändern.

© Springer Fachmedien Wiesbaden 2015
D. Aaker et al., *Marken erfolgreich gestalten*, DOI 10.1007/978-3-658-06386-3_9

Durch Framing ist es Anbietern möglich, zu beeinflussen, was Menschen kaufen und welche Marken in der Kaufentscheidung relevant sind. Es repräsentiert *eine ganz andere Sichtweise* auf den Wettbewerb. Anstatt anzunehmen, dass die Produktunterkategorie definiert ist und die Wettbewerber feststehen, entsteht für einen Anbieter durch Framing die Flexibilität, die Größe und die Merkmale einer Produktunterkategorie anders zu definieren. Die Produktunterkategorie kann dabei so definiert werden, dass die Relevanz unterschiedlicher Marken erhöht und/oder reduziert wird.

Bei der Definition der Unterkategorie sollte es daher das Ziel sein, Wettbewerber weniger relevant oder sogar irrelevant zu machen. Wie in Kap. 8 beschrieben, kann eine entscheidende Eigenschaft eines Produktes in Form eines „Must-haves" kommuniziert werden, das Wettbewerbern fehlt oder Bereiche charakterisiert, in denen Wettbewerber Schwächen haben. Eine Marke wird in diesem Fall von Kunden nicht deswegen ausgewählt, weil sie gegenüber den im Wettbewerb stehenden Marken bevorzugt wird, sondern deswegen, weil die Konsumenten die Produktunterkategorie bevorzugen, in der die Marke die wichtigste, stärkste oder gar einzige Marke ist.

Apple definierte zum Beispiel eine Unterkategorie von Computern mit außergewöhnlichem Design, Dove eine Produktunterkategorie von Cremes, die Feuchtigkeit spenden, und Alnatura eine Unterkategorie von Lebensmittelmärkten, die den Fokus auf ökologisch erzeugte Lebensmittel legen. Die Etablierung einer Unterkategorie ändert die Wettbewerbsstrategie von „Meine Marke ist besser als deine Marke!" hin zu „Dies ist die Unterkategorie, die du kaufen musst!" und „Meine Marke steht für diese Unterkategorie.". Die Wahl der Unterkategorie, in der Kunden beabsichtigen, Produkte zu kaufen, ist der erste Schritt im Kaufprozess. Nur die Marke, die Marktführer in dieser Unterkategorie ist, kann diesen ersten Schritt im Kaufprozess dominieren.

Framing erlaubt auch die Ausweitung einer attraktiven, existierenden Unterkategorie, um die eigene Marke in dieser Unterkategorie zu verankern. Eine Marke wie z. B. Acura (die Luxusmarke von Honda in den USA) könnte Teil einer Unterkategorie werden wollen, die von Lexus repräsentiert wird. Die Aufgabe würde darin bestehen, Kunden davon zu überzeugen, dass die Unterkategorie auch Autos beinhalten sollte, die gewisse Leistungsstandards erfüllen, ohne dabei jedoch Marken mit einem niedrigeren Preis auszuschließen. Die Änderung der Unterkategoriegrenzen ist eine effizientere Strategie, Kunden davon zu überzeugen, dass Acura besser ist als Lexus. Wenn ein Kunde die neue Abgrenzung der Unterkategorie annimmt und akzeptiert, wird Acura zu einer relevanten Marke im Kaufprozess des Kunden, woraus sich zahlreiche Vorteile für die Marke ergeben. Genau dies ist VW mit dem Phaeton nicht gelungen.

Dr. Oetker führte mit „Die Ofenfrische" die erste tiefgekühlte Pizza ein, deren Kruste beim Backen im Ofen noch aufgeht, und richtete die Tiefkühlpizza-Unterkategorie dahingehend neu aus, dass nun auch Pizzen wie von einem Bringdienst darin enthalten waren. Mit dem Slogan „Wie frisch gemacht" wurde die Strategie zum Markterfolg. Das Symbol der neu definierten Unterkategorie war das Aufgehen im Ofen.

In der neu definierten Unterkategorie war DiGiorno keine höherpreisige tiefgekühlte Pizza mehr, sondern hatte nun einen entscheidenden Preisvorteil gegenüber einer gelieferten Pizza, da sie nur halb so teuer war. Und: Da das angebotene Produkt Teil der erweiterten Unterkategorie von gelieferten Pizzas war, wurde die Qualität der Pizza als gleichwertig mit der von gelieferter Pizza angesehen.

Die schrittweise Erschließung einer neuen Unterkategorie für die Marke

Framing kann die Präferenzordnung der Konsumenten verändern, wie Verhaltenspsychologen darlegen. Für Manager gilt es, durch Veränderung der Formulierungsweise von Optionen den Konsumenten eine Botschaft zu übermitteln, die die Wahrscheinlichkeit des Kaufes eines Produktes aus der Unterkategorie erhöht. Und wenn die Unterkategorie Erfolg hat, wird auch die sie beherrschende Marke Erfolg haben.

Für eine Marke, die mit Apple konkurriert, wird „Design" ein wichtiger Faktor in der Kaufentscheidung sein. Eine im Wettbewerb stehende Marke wird erklären müssen, dass sie ein vergleichbares oder gar noch besseres Design bietet, oder warum Design kein entscheidender Faktor sein sollte, was sehr schwer werden dürfte, da Apple „Design" zum wichtigsten Auswahlkriterium der Konsumenten erhoben hat. Ein Einzelhändler, der in der Unterkategorie von Alnatura konkurriert, ist gezwungen, darzulegen, dass ökologisch angebaute, frische Lebensmittel keinen Vorteil bieten und entsprechend keine Berücksichtigung finden sollten, und eine Hautpflege-Marke in der Dove-Unterkategorie wird erläutern müssen, warum eine Feuchtigkeitscreme nicht wichtig ist. Dabei wird es kaum möglich sein, den Deutungsrahmen für die Kaufentscheidung der Kunden zu ignorieren, da er über der einzelnen Marke steht. Jede der drei exemplarischen Marken hat es geschafft, die Kaufentscheidung so zu verändern, dass die Dimension, in der die Marke einen Vorteil hat und besonders stark ist, ein wesentlicher Faktor, wenn nicht gar der dominierende Faktor der Kaufentscheidung wurde.

Lakoff über Framing

Das Framing von Entscheidungen hat George Lakoff, Sprachwissenschaftler der UC Berkeley, in seinem Buch „Don't Think of an Elephant" sehr deutlich beschrieben (Lakoff 2004). Lakoff, der sich hauptsächlich mit politischen Analysen befasst, stellt in diesem Buch die Behauptung auf, dass Politiker der amerikanischen republikanischen Partei Meister des Framings seien und aufgrund dessen die meisten Auseinandersetzungen mit den Demokraten gewinnen würden. Die ahnungslosen Konkurrenten jedoch würden immer noch glauben, dass rationales Denken alleine den Weg ebnen würde. Mit Begriffen wie Erbschaftssteuer, Abtreibung und Steuererleichterung konnten die Republikaner vielen Diskussionen einen Rahmen verleihen. Sobald ihr Deutungsrahmen akzeptiert wird, ist die Diskussion beendet. Wer würde sich schon gegen Steuererleichterungen stellen?

Auch in Deutschland wird der politische Diskurs in besonderer Weise von Framing beeinflusst. Ein prominentes Beispiel aus jüngster Vergangenheit ist das Betreuungsgeld. In der öffentlichen Diskussion hat es unter dem Begriff „Herdprämie" für negative Schlagzeilen gesorgt und so eindrucksvoll bewiesen, wie verschiedene Begrifflichkeiten die Wahrnehmung beeinflussen können. Oder betrachten Sie das Beispiel der Opel-Rettung 2009. Ob die Berichterstattung von „Verschwendung von Steuergeldern" oder der „Rettung von Arbeitsplätzen" sprach, hatte entscheidenden Einfluss auf die öffentliche Meinung.

Das Konzept wird am Beispiel des Steuerwesens besonders deutlich und zeigt, wie solche Diskussionen durch Framing beeinflusst werden können. Spricht man beispielsweise von „Steuerentlastung", ruft dies die Metapher eines Helden hervor, der Menschen durch Steuersenkungen von einer unglaublichen Last befreit. „Steuern als Investition in die Zukunft" kreiert dagegen ein Bild von neugebauten Straßen und guten Ausbildungsmöglichkeiten für Kinder. Bezeichnet man Steuern als „Abgaben", stehen diese als Metapher dafür, dass jeder seinen fairen Anteil für Dienstleistungen zahlt, die einem selbst und anderen zugutekommen. Jede Formulierung beeinflusst den Diskurs und die zu treffenden Entscheidungen enorm.

Lakoff beobachtete außerdem, dass Deutungs- oder Referenzrahmen oft nur unterbewusst wirken, was bedeutet, dass Menschen nicht zwingend erkennen, dass es einen Deutungsrahmen gibt oder dass dieser Rahmen sie beeinflusst. Aus diesem Grund ist Framing so machtvoll. Ein Deutungsrahmen kann außerdem über lange Zeit existieren und fortbestehen. Er ist schwer abzuändern, wenn er erst einmal etabliert ist. Lakoff beginnt seine Vorlesungen an der Universität in Berkeley gerne mit der Bitte an seine Studenten, „nicht an einen Elefanten zu denken". Natürlich ist es für die Studenten dann unmöglich, den Elefanten aus ihren Gedanken zu verbannen.

Was macht einen bestimmten Deutungsrahmen nun zu einem erfolgreichen Deutungsrahmen? Die richtige Bezeichnung und/oder Metapher zu finden, um den Rahmen zu beschreiben, kann entscheidend sein. Oft ist es hilfreich, eine bedeutungsvolle Metapher oder Bildsymbolik zu verwenden, die besonders einprägsam ist. Die Slogans „Wir sind für Sie da!" von AXA, oder „Freude am Fahren" von BMW liefern bildliche Metaphern, die das Formen einer Unterkategorie unterstützen.

Seien Sie hartnäckig und diszipliniert. Nutzen Sie die gewählte Bezeichnung oder die Metapher konsequent, weichen Sie niemals davon ab. Verbreiten Sie diese so geschickt und unumgehbar, dass auch Wettbewerber sie nutzen werden. Wenn dies geschieht, wissen Sie, dass Sie sich durchgesetzt haben.

Ein Deutungsrahmen beeinflusst Wahrnehmungen und Präferenzen. Ein Premiumbier, dem etwas Balsamicoessig hinzugefügt wurde, wird in Geschmackstests bevorzugt. Wenn es demgegenüber als Bier mit beigefügtem Essig kommuniziert wird, dann wird es als ekelerregend wahrgenommen (Ariely 2008). Ein Wein, von dem behauptet wurde, dass er aus Kalifornien und nicht aus Nord Dakota stammt, wurde nicht nur bevorzugt, sondern lies die Nutzer auch länger beim Essen verweilen (Wansick 2006). Derselbe Wein! Einen Zusammenhang so zu gestalten, dass negative Produkteigenschaften durch positive ersetzt werden, kann Präferenzen beeinflussen. Zum Beispiel bevorzugen Konsumenten die Formulierung „75 % fettfrei" gegenüber „25 % Fett" obwohl die beiden Aussagen in ihrer Bedeutung identisch sind (Levin und Gaerth 1988).

Ein Deutungsrahmen kann tatsächlich sachliche Informationen dominieren. In einer berühmten Studie wurden mehreren Testgruppen zwei Kameras gezeigt, die beide in fünf relevanten Dimensionen beschrieben wurden (Sujan 1984).

Die Kamera aus der eindrucksvolleren Unterkategorie der 35-mm-Spiegelreflexkameras wurde auch mit unterlegenen Merkmalen bevorzugt. Die Kunden sind entweder nicht motiviert, sich die Zeit zu nehmen, um etwas über einzelne Marken zu lernen, oder es mangelt ihnen tatsächlich an der Fähigkeit oder dem Hintergrundwissen, um dies zu tun. In jedem Fall ist es einfacher, sich auf das Wissen, wofür ein bestimmter Deutungsrahmen steht, zu verlassen. Ob eine Marke in einer Unterkategorie relevant ist oder nicht kann die Wahrnehmung und Entscheidung eines Konsumenten bestimmen und ist nur schwer zu überwinden.

Framing ist wichtig, da es das Denken, die Wahrnehmungen, die Einstellungen und das Verhalten der Konsumenten beeinflusst. Dieselbe Information wird verarbeitet oder eben nicht, wird verzerrt oder nicht, beeinflusst die Wahrnehmung und das Verhalten oder eben nicht, je nachdem welcher Deutungsrahmen vorliegt. Es ist wichtig, ob Sie einen Energieriegel für Sportler, für Büroangestellte oder für Frauen kaufen, ob es ein Müsliriegel, Frühstücksriegel, Proteinriegel oder Diätriegel ist. In jedem Fall werden die Auswahlkriterien und die Wahrnehmung der Marken unterschiedlich sein.

Der Aufbau der Marke zum Gattungsbegriff der neuen Unterkategorie

Zusätzlich zur Etablierung einer neuen Unterkategorie besteht die Herausforderung darin, diese auch zu dominieren, ihre Grenzen zu definieren und den Blickwinkel und das Vokabular zu kontrollieren, mit dem die Unterkategorie beschrieben und assoziiert wird. Das finale Ziel ist es, die Wahrnehmungen, die Einstellungen und das Verhalten in Bezug auf die Unterkategorie zu beeinflussen, sodass diese den Wettbewerb zwischen verschiedenen Unterkategorien im Markt gewinnt und dabei Ihre Marke jene mit der höchsten Relevanz für die Kunden ist.

Der beste Weg, um dieses Ziel zu erreichen ist es, zum Gattungsbegriff der neuen Unterkategorie zu werden und diejenige Marke zu sein, die die Unterkategorie am besten repräsentiert. Für Hybrid-Kleinwagen definierte der Prius die Unterkategorie für mehr als ein Jahrzehnt. Dr. Oetker, Gatorade, Labello, Google, iPhone, Alnatura und Sixt sind weitere Beispiele für Vorbilder ihrer Kategorien. Eine Marke mit einer starken Positionierung als Vorbild kann selbst zur Bezeichnung der Unterkategorie werden. Ein Kunde wird ein „Tesa"-artiges Klebeband oder ein „Tempo"-artiges Taschentuch kaufen wollen.

Wenn die Marke zum Gattungsbegriff der Kategorie wird, dann wird sie per Definition die sichtbarste und glaubwürdigste Marke sein. Jeder Wettbewerber ist in der unangenehmen Position, das Leistungsversprechen seiner Marke so zu definieren, dass es die Glaubwürdigkeit und den Führungsanspruch des Vorbilds bestätigt.

Durch den Vorbildstatus kann das Unternehmen den Deutungsrahmen der Unterkategorie kontrollieren und weiterentwickeln, und Wettbewerber werden in die Defensive gedrängt. In Kap. 7 wurde angemerkt, dass Gillette, Chrysler und Apple, die alle eine Vorbildrolle einnehmen, die Grenzen der jeweiligen Unterkategorie bestimmten, indem sie Modelle, Verbesserungen und Merkmale zu ihren Produkten hinzufügten, die es Wettbewerbern sehr schwer machten, für die Kunden innerhalb der Unterkategorie relevant zu werden.

Wie kann eine Marke zum Vorbild oder Gattungsbegriff einer Produktunterkategorie werden?

Erstens vertreten Sie die Unterkategorie oder Kategorie und nicht die Marke. Beeinflussen Sie den Ruf der Unterkategorie, die Einstellungen der Konsumenten ihr gegenüber und die Rolle, die sie im Leben der Kunden einnimmt. Nutzen Sie alle markenbildenden Möglichkeiten und Maßnahmen, die für den Markenaufbau herangezogen werden können.

Hören Sie nie damit auf, Neuerungen einzuführen. Bleiben Sie nicht stehen. Innovation, Verbesserung und Veränderung halten die Unterkategorie dynamisch, die Marke interessant und die Rolle des Vorbilds wertvoll. Disneyland ist das Vorbild für Themenparks und nimmt permanent Neuerungen vor. Machen Sie sich keine Sorgen um die Marke. Wenn die Kategorie oder Unterkategorie Erfolg hat, wird auch die Marke Erfolg haben. Asahi-Super-Dry-Bier, das in Kap. 7 beschrieben wurde, war ein Pionier für Dry-Bier, und als die Unterkategorie Erfolg hatte, hatte auch Asahi Super Dry Erfolg.

Zweitens überlegen Sie sich eine anschauliche Bezeichnung für die Unterkategorie und seien Sie bereit, diese Bezeichnung der Unterkategorie zu managen. Beispiele könnten Car-Sharing (Car2Go), Fast Fashion (Zara), ballaststoffreich (Corny) oder gesunde Fast-Food-Sandwiches (Subway) sein. Nutzen und managen Sie die Bezeichnung der Unterkategorie dann erbarmungslos. Ein Markenslogan kann eine ähnliche Rolle spielen. Betrachten Sie einige Klassiker wie den Slogan „Alles Müller, … oder was?" von Müllermilch oder den Slogan „Ein Diamant ist für die Ewigkeit" von De Beers, der aus dem Funkeln der Diamanten, ihrem funktionalen Nutzen, ein Symbol der langfristigen Liebe machte. Oder den Slogan „Schmelzen im Mund, nicht in der Hand" von M&M's, der dazu beitrug, eine Unterkategorie zu definieren, in der es keinen Wettbewerb zu anderer Schokolade gab. Bedenken Sie, dass die Beschreibung der Unterkategorie subtil sein kann. In einem Experiment wurde ein Unternehmen, das aufgrund eines.org-Domainnamens als gemeinnützig betrachtet wurde, als sozial engagierter, aber weniger kompetent als ein Unternehmen mit einem.com-Domainnamen gehalten (Aaker et al. 2010). Ein Domainname reichte aus, um die Zugehörigkeit zu einer anderen Unterkategorie zu signalisieren.

Drittens investieren Sie, um so früh wie möglich Marktführer in Bezug auf Umsatz und Marktanteil in der Unterkategorie zu werden. Es ist schwer, ohne Marktführerschaft gleichzeitig Vorbild in der Unterkategorie zu sein und diese Rolle wirksam einzusetzen. Daraus folgt, dass das Unternehmen Risiken eingehen muss, um die Marke auszuweiten und neue Kunden mittels eines neuen „Must-haves" zu gewinnen.

Die Sicherstellung des Erfolgs der neuen Subkategorie

Der letztendliche Auftrag jedes Vorbilds ist es, sicherzustellen, dass die Unterkategorie Erfolg hat. Keine Marke macht das besser als Gillette. 2008 kämpfte die Premiumrasur-Unterkategorie von Gillette in Indien gegen die billigen Zweiklingen-Rasierer, die hartnäckig 80 % des Marktes einnahmen, und gegen eine wachsende Unterkategorie, die durch Männer repräsentiert wurde, die sich nur einmal die Woche rasierten und dem Stoppel-Look einiger Filmstars nacheiferten.

Die zündende Idee hatte Gillette mit dem „Shave India Movement", das konzipiert wurde, um die Wahrnehmungen und das Verhalten gegenüber der Unterkategorie zu verändern (Reddy und Dula 2013). Dieses basierte auf einer Nielsen-Umfrage unter indischen Frauen im Jahre 2008, die offenbarte, dass 77 % der Befragten glattrasierte Männer bevorzugten. Gillette entwarf die Kampagne „India votes, to shave or not" – Testimonials von zwei berühmten Bollywood-Schauspielerinnen, eine weltrekordbrechende Veranstaltung, während der sich 2000 Männer gleichzeitig rasierten, soziale Medien, Dauerwerbesendungen und vieles mehr. Die Kampagne erhielt 2010 noch einmal einen Schub, als Gillette die W.A.L.S. (Women Against Lazy Stubble) mit Meinungsumfragen, Werbung und Videoclips unterstützte, in denen weibliche Berühmtheiten den Stoppelbart verurteilten.

Das durch das „Shave India Movement" kreierte Momentum half, die neu entstandene Unterkategorie erfolgreich zurückzudrängen. Es brauchte jedoch auch neue Produkte, insbesondere um dem Billig-Markt etwas entgegensetzen zu können. Infolgedessen bot Gillette den Mach3-Rasierer viel kostengünstiger an. Während er vorher das Fünfzigfache des Zweiklingen-Rasierers kostete, kostete er nun nur noch das Dreifache. Was vielleicht noch wichtiger war, war die Entwicklung des Gillette Guard, eines Rasierers, der zum gleichen Preis eines Zweiklingen-Rasierers angeboten wurde. Zusätzlich entwickelte Gillette eine Vertriebsstrategie, die die ländlichen Einzelhändler und somit die Masse der Konsumenten außerhalb der städtischen Gebiete erreichte.

2013 waren zwei von drei Rasierern, die in Indien verkauft wurden, vom Typ Gillette Guard, und der Mach3 erfreute sich eines Umsatzwachstums von ca. 500 %.

Das durchschlagende Programm wurde im Anschluss als die „Kiss & Tell"-Kampagne in die USA importiert und dokumentierte auch hier die Tatsache, dass Frauen keine Stoppeln mögen. Eine Umfrage unter 1000 Frauen fand heraus, dass ein Drittel es tatsächlich schon vermieden hatte, einen Mann mit Gesichtsbehaarung zu küssen. Die Kampagne umfasste eine YouTube-Dokumentation (die einige Experten rund ums Küssen zeigte), eine Microsite (Pärchen können Kuss-Feedback auf kissandtellus.com geben) und Live-Veranstaltungen (die größte Rasur-Unterrichtsstunde und die meisten Küsse in einer Minute).

Die Botschaft dieser Erfolgsgeschichte ist, dass es sich häufig mehr rechnet, sich auf den Aufbau und das Management einer Unterkategorie zu fokussieren und sie zu einem Erfolgsgaranten zu machen, als sich mit Marketing vom Typ „Meine Marke ist besser als deine Marke!" zu beschäftigen.

Das Fazit

Anstatt die Überlegenheit der Marke zu bewerben, sollten Sie die Gestaltung einer Unterkategorie in Betracht ziehen, von der Wettbewerber ausgeschlossen sind oder in der Wettbewerber einen Nachteil haben. Starke Deutungsrahmen können rationale Informationsverarbeitung unterdrücken und verformen, und so Marken- und Kaufentscheidungen dominieren. Vorbild einer Unterkategorie zu werden, ist der beste Weg zur Kontrolle der Unterkategorie und bedeutet, die Unterkategorie und nicht die Marke zu bewerben, eine Bezeichnung für die Unterkategorie zu kreieren, die Unterkategorie zu beherrschen und so der wahrgenommene Marktführer zu werden. Sicherzustellen, dass die Unterkategorie Erfolg hat, ist ein Garant für nachhaltiges (Marken-)Wachstum.

Literatur

Aaker, J., Vohs, K., & Mogilner, C. (2010). Non-profit are seen as warm and for-profits as compe-
tent: Firm stereotypes matter. *Journal of Consumer Research, 37*(2), 277–291.

Ariely, D. (2008). *Predictably irrational* (S. 162–163). New York: Harper Books.

Lakoff, G. (2004). *Don't think of an elephant*. White River Junction: Chelsea Green.

Levin, I. P., & Gaerth, G. J. (1988). Framing of attribute information before and after consuming a
product. *Journal of Consumer Research, 15*(3), 374–378.

Reddy, S., & Dula, C. (2013). Gillette's „Shave India Movement", 4. November 2013. http://search.
ft.com/search?queryText=shave+india+movement. Zugegriffen: 28. Okt. 2014.

Sujan, M. (1984). Consumer knowledge: Effects on evaluation strategies mediating consumer judg-
ments. *Journal of Consumer Research, 12*(1), 31–46.

Wansick, B. (2006). *Mindless eating* (S. 19–23). New York: Bantam Books.

Teil III
Die Marke zum Leben erwecken

Marken müssen sich sämtlicher Hebel für den Markenaufbau bedienen und ein konsistentes Kundenerlebnis zum Ziel haben

10

Der beste Weg, eine gute Idee zu haben, ist viele Ideen zu haben.
– Linus Pauling

Die Qualität der Ideen und der Umsetzung ist für den Markenaufbau meist ausschlaggebender als das oft heiß umkämpfte Budget. Es gibt zahlreiche Fallbeispiele und Studien, die die Bedeutung und Relevanz von Ideen und deren Umsetzung darlegen. Daher investieren viele Firmen allein schon in die Entwicklung bahnbrechender Ideen für den Markenaufbau signifikanter Mittel. Eine weitere Konsequenz sollte die Einführung eines effektiven Test- und Wissenssystems sein, das es ermöglicht, wirklich relevante Ideen und Initiativen zu identifizieren und in der Folge kontinuierlich weiterzuentwickeln. Eine dritte wichtige Regel ist, dass man eine bahnbrechende Idee, die man gefunden und umgesetzt hat, möglichst nicht mehr aufgeben sollte. Es geht dann vielmehr darum, sie frisch und lebendig zu halten (siehe hierzu auch die Diskussion über Kontinuität in der Markenführung in Kap. 13).

Kreative, markenaufbauende Ideen können viele Quellen haben. Es gibt aber einige Methoden und Herangehensweisen, die sich bei der Identifikation von Ideen als besonders hilfreich erwiesen haben. Dazu zählen:

- Externe Vorbilder oder Best Practice
- Kontaktpunkte des Kunden mit einer Marke
- Motivationen und unbefriedigte Bedürfnisse der Kunden
- Opportunistisches Handeln
- Nutzung des Markenguthabens
- Interessen und Leidenschaften der Kunden

© Springer Fachmedien Wiesbaden 2015
D. Aaker et al., *Marken erfolgreich gestalten*, DOI 10.1007/978-3-658-06386-3_10

Die Bedeutung externer Vorbilder und Best Practices

Wenn wir nach einem Rat zu Marken- oder Marketingproblemen gefragt werden, lautet unsere Antwort zu den meisten Fällen, dass wir eine Methode kennen, die „garantiert" funktioniert: Finden Sie ein Unternehmen, das ein ähnliches Problem erfolgreich gemeistert hat und wenden Sie die gleiche Methode an! Dabei ist es wichtig, die Suche nicht nur auf Unternehmen zu limitieren, die dem eigenen ähnlich sind, sondern dabei über die Grenzen der eigenen Industrie hinwegzublicken.

Wenn es z. B. das Ziel ist, ein zentrales Element der Markenvision zum Leben zu erwecken und die Marke als Lieferant von Systemlösungen als aufgeschlossen, nachhaltig, weltoffen oder ähnliches wahrgenommen werden möchte, dann betrachten Sie ein breites Spektrum an Produktkategorien und identifizieren Sie Marken, die sich auf dieselben oder ähnliche zentrale Dimensionen der Markenvision konzentrieren. Einige fundamentale Fragen sollten Sie bei der Suche leiten: Welche Marken wären in der Lage, eine Wahrnehmung in den Köpfen der Zielgruppe zu verankern, nach der Sie streben? Welche dieser Marken repräsentiert am besten die Markenvision, die Ihre Marke anstrebt? Welche Marken konnten diese Vision bereits effektiv verankern?

Wenn Sie ein externes Rollenvorbild identifiziert haben, ist der nächste Schritt, so viel wie möglich von diesem zu lernen. Wie erreichte die Marke die intendierte Wahrnehmung? Wie entwickelte sie Authentizität und Glaubwürdigkeit? Was sind ihre Geschichten? Was unterstreicht ihre Fähigkeiten? Wie sieht ihre Kultur aus? Welche markenaufbauenden Programme stechen heraus? Kann ein Markenprogramm übernommen und/oder adaptiert werden, um die Vision Ihrer eigenen Marke umzusetzen? Diese Vorgehensweise, der Identifikation von Best Practices, wird damit zum Kern Ihres eigenen kreativen Denkens. Erarbeiten Sie zuerst Ideen aus verschiedenen Blickwinkeln, bevor Sie eine Idee auswählen und weiterentwickeln.

Innovation ist zum Beispiel ein zentrales Element der Markenvision für Audi, Procter & Gamble (P&G), L'Oréal, Apple und 3M. Was kann die eine Marke von diesen Marken lernen? Wie können wirksame Treiber des Markenimages auf Ihren eigenen Markenkontext übertragen werden? Die Suche nach Vorbildern führt fast immer zu neuen Einblicken und frischen Denkansätzen.

Eine Bank mit einem breiten Angebot an Finanzdienstleistungen, die danach strebt, ihren Kunden zu befähigen, bessere Finanzentscheidungen zu treffen, könnte Hornbach als Vorbild analysieren. Hornbach führt eine breite Warenvielfalt, ist aufgeschlossen und freundlich, und hilft seinen Kunden durch Wissen substanziell weiter. Dabei ist es wichtig, dass diese Hilfe bei Hornbach von jemandem kommt, der nicht überheblich ist. Wenn die Bank ihre Vision ähnlich wie Hornbach formuliert, sollte sie entsprechend ihre Vision zum Leben erwecken und so ihr Ziel erreichen können. Eine andere Bank, die danach strebt, gegenüber ihren Kunden als Team aufzutreten, das dazu fähig ist, ein breites Spektrum an Finanzdienstleistungen anzubieten, sollte sich vielleicht die Werbeagentur Young & Rubicam (Y&R) zum Vorbild nehmen, die Kommunikationsdienstleistungen mit der Hilfe von multifunktionalen, virtuellen Teams liefert, die um Kunden herum organisiert werden.

Es ist sinnvoll, nicht nur externe Vorbilder zu identifizieren, die genau nach der Strategie handeln, sondern dabei auch die Grenzen auszuloten – Vorbilder, die entweder mehr oder weniger tun bzw. sich nicht 100 % analog verhalten. Ein Kaufhaus nahm an, dass es schwierig ist und besonderer Ausstrahlungskraft bedarf, um mit Fachgeschäften zu konkurrieren. Die Frage war, wie viel Ausstrahlungskraft ist hierfür nötig? Es wurde eine Skala entwickelt, auf der Marken von langweilig (7-Eleven, CVS) über freundlich (Macy's, Pizza Hut) und begeistert (Saks, Uniqlo) bis hin zu enthusiastisch (In-N-Out Burger, Urban Outfitters) und „Wow" (Niketown, Victoria's Secret) positioniert wurden. Im Rahmen des konkreten Vergleichs schien „enthusiastisch" schließlich am besten zu passen, obwohl ein viel breiteres Spektrum betrachtet wurde. Die Vorbilder entlang der Skala zu analysieren und zu bewerten, war äußerst hilfreich zur Entwicklung eigener Markenprogramme – wie einer Sportartikelabteilung mit vielen interaktiven Produktdemonstrationen oder einer Modeabteilung mit echtem Flair.

Die Kontaktpunkte des Kunden mit der Marke

Das Markenerlebnis ist der Kern einer Kundenbeziehung. Es sollte die Bedürfnisse der Kunden befriedigen, die Erwartungen nach Möglichkeit übertreffen, für die Marke charakteristisch sein und im besten Fall Kunden anregen, über die positiven Interaktionen mit der Marke zu sprechen. Es sollte also weder frustrierend, noch enttäuschend sein und sollte Menschen auf keinen Fall dazu veranlassen, von negativen Erlebnissen zu berichten. Besonders schöne und angenehme Markenerlebnisse können zu einem Differenzierungsmerkmal für das Leistungsversprechen werden. Das gilt zum Beispiel für das Textilhandelsunternehmen Peek & Cloppenburg, das ein unbeschwertes Einkaufserlebnis anbietet und eine Vielzahl von Kontaktpunkten mit der Marke bietet.

Das Kundenerlebnis wird durch die einzelnen Kontaktpunkte (Touchpoints) mit einer Marke beeinflusst, die in ihrer Summe mit der Zeit das Kundenerlebnis bestimmen. Kontaktpunkte sind dabei diejenigen Momente, in denen ein Kunde mit einer Marke interagiert. Nicht alle Kontaktpunkte haben dieselbe Relevanz, denselben Effekt oder dieselbe Kostenstruktur. Die Priorisierung und die Auswahl von Kontaktpunkten sollte daher in fünf Schritten erfolgen. Dieses Kontaktpunkt-Modell stammt aus Davis und Dunn (2002):

1. **Identifizieren Sie alle existierenden und potenziellen Kontaktpunkte.** Kontaktpunkte liegen zum Teil im eigenen Einflussbereich, sind zum Teil aber auch nicht direkt beeinflussbar – wie zum Beispiel bei Handelspartnern oder einer Social-Media-Internetseite bzw. einem Vergleichsportal. Stellen Sie sicher, dass Sie alle Kontaktpunkte berücksichtigen.
2. **Bewerten Sie das Erlebnis der Kunden an den Kontaktpunkten.** Bei welchen Kontaktpunkten werden die Erwartungen nicht erfüllt? Wie können durch eine Optimierung oder zusätzliche Mittel das Kundenerlebnis verbessert oder ein neuer Kontaktpunkt geschaffen werden? Wie gut ist das Erlebnis relativ zum Idealzustand? Stellen Sie

sicher, dass alle Kundensegmente abgedeckt werden. Bei A.T.U. zum Beispiel ist das Erlebnis auf Männer zugeschnitten. Frauen haben ggf. eine ganz andere Wahrnehmung einzelner Kontaktpunkte mit der Marke. Es ist also nicht verwunderlich, dass mittlerweile Autowerkstätten eröffnet werden, die sich bewusst auf weibliche Zielgruppen spezialisieren.

3. **Bestimmen Sie den Einfluss eines jeden Kontaktpunkts auf die Kundenentscheidungen und deren Markenwahrnehmung.** Welche Kontaktpunkte sind wirklich wichtig und beeinflussen die Kundenbeziehung positiv?
4. **Setzen Sie Prioritäten.** Wenn ein Kontaktpunkt ein ungenügendes Kundenerlebnis bietet, die Kundenbeziehung beeinflusst und kosteneffizient verbessert werden kann, sollte er auf jeden Fall priorisiert werden.
5. **Entwickeln Sie einen Aktionsplan.** Entwickeln Sie ein Programm, um das Erlebnis der priorisierten Kontaktpunkte zu verbessern. Identifizieren Sie einerseits eine Person oder ein abteilungsübergreifendes Team, die für die Verbesserung zuständig sind, und definieren sie gleichzeitig ein Erfolgskriterium, anhand dessen der Fortschritt gemessen werden sollte.

Die ersten drei Schritte können durch ethnographische Tools wie RET („Real-time Experience Tracking") unterstützt werden. Dabei wird auf dem Smartphone eine App installiert, die es dem Teilnehmer einer Studie ermöglicht, jeden Kontaktpunkt festzuhalten, zu dokumentieren und zu bewerten, indem vier Fragen beantwortet werden:

1. Um welchen Kontaktpunkt hat es sich gehandelt?
2. Welche Marken waren beteiligt?
3. Wie positiv oder negativ war die Erfahrung?
4. Wie hat sich die Wahrscheinlichkeit, dass Sie die Marke (wieder-)kaufen, angesichts des Erlebnisses verändert (Macdonald et al. 2012)?

Nehmen ausreichend viele Probanden an der Studie Teil, erlaubt RET die Quantifizierung der Relevanz und Bewertung von Kontaktpunkten, ohne die Konsumenten zu belästigen oder auf ihr Gedächtnis vertrauen zu müssen.

Das Kundenerlebnis als gemeinsame Reise gestalten

Das Markenerlebnis mit dem Fokus auf einzelne Kontaktpunkt zu verbessern ist ein Weg, um Markenbeziehungen aufzubauen und zu festigen. Eine weitaus größere Herausforderung ist es, das Kundenerlebnis über alle Kontaktpunkte hinweg im Sinne einer gemeinsame Reise zwischen Kunden und Marke bzw. Unternehmen zu managen (Customer Journey) (Rawson et al. 2013). Zum Beispiel kann ein Kunde nach einer Information über ein Angebot suchen, eine Dienstleistung in Anspruch nehmen oder um die Lösung eines technischen Problems bitten.

In jedem Fall sind mehrere Kontaktpunkte involviert, die möglicherweise verschiedene Unternehmenseinheiten betreffen.

Wenn man das Markenerlebnis als eine Reise betrachtet, so gilt es, die gesamte Reise einfach, verständlich und effizient zu gestalten. Anstatt ein Erlebnis, das mit einem Kontaktpunkt assoziiert wird, zu optimieren, ist es in manchen Fällen möglicherweise besser, den Kontaktpunkt zu entfernen oder mit einem anderen zusammenzuführen. Dadurch kann es möglich sein, den Übergang von einem Kontaktpunkt zum nächsten zu verbessern. Möglicherweise führt die Analyse der Kundenzufriedenheit auch dazu, dass die Reise vollständig neu gestaltet oder auch Teile davon aufgegeben werden müssen.

Die oben definierte Vorgehensweise kann auch für Customer Journeys angewendet werden, dann jedoch im Sinne einer Reise anstatt nur auf der Ebene der Kontaktpunkte. Um dies zu erreichen, wird die gesamte Reise zunächst chronologisch im Sinne einer Landkarte dokumentiert (Customer Journey Map). Auf dieser Basis lassen sich dann einzelne Kontaktpunkte oder Teilabschnitte betrachten und analysieren, Maßnahmen ableiten und priorisieren.

Die Motivationen der Kunden und ihre unbefriedigten Bedürfnisse

Die Art und Weise, wie Kunden oder potenzielle Kunden ein Angebot nutzen, kann ebenfalls eine Quelle für neue Ideen sein. Am einfachsten lassen sich neue Ideen identifizieren, indem man die Kunden nach ihren Beweggründen, Problemen (Pain Points) und unbefriedigten Bedürfnissen (Un-Met Needs) befragt. Das Ergebnis einer solchen Befragung ist oft facettenreich und ein guter Ausgangspunkt für ein markenaufbauendes Programm. Die Beobachtung der Kunden während des Autokaufs brachte Lexus dazu, ein Kauferlebnis zu schaffen, bei dem die Kunden mehr Information und Unterstützung erhielten. Die Genius Bar von Apple bietet Kunden eine direkte Kontaktmöglichkeit mit dem Unternehmen und technische Unterstützung für alle Apple-Produkte.

In manchen Fällen sind Kunden jedoch nicht in der Lage oder nicht gewillt, solche Einblicke zu gewähren. Henry Ford wird folgendes Zitat zugeschrieben: „Hätte man die Kunden danach gefragt, was ihre unbefriedigten Bedürfnisse bei Transportmitteln sind, hätten sie geantwortet: Schnellere Pferde." In manchen Fällen wollen Kunden auch nicht oberflächlich oder irrational wirken und geben sozial erwünschte Antworten, wie z. B. beim Kauf von Produkten ausschließlich auf Funktionalität zu achten.

Ein Forschungsverfahren, das dieses Problem aufgreift, ist die anthropologische Forschung. In diesem Forschungsverfahren werden Kunden beobachtet, während sie Marken kaufen oder benutzen, um mehr über die Gewohnheiten, Vorgehensweisen und Probleme der Kunden zu lernen. Ein Beispiel für dieses Forschungsverfahren ist ein Versuch, bei dem Angestellte aus der Marketingabteilung von Procter & Gamble (P&G) mit mexikanischen Familien niedrigen Einkommens zusammenlebten (Lafley und Charan 2008). Procter & Gamble fand heraus, dass saubere Kleidung für diese Familien Priorität hatte, dass das Wäschemachen für sie zeitaufwendig war, dass 90 % Weichspüler benutzten, dass mehrere Waschgänge nötig waren und dass Wasserknappheit ein entscheidendes Problem war. Daraufhin entwickelte Procter & Gamble „Downey Single Rinse", was nicht nur die Wasserknappheit, sondern auch die benötigte Zeit für die Waschgänge reduzierte. Entsprechend wurde P&G „Downey Single Rinse" zu einem großen Erfolg.

Die anthropologische Methode kann auch im B2B-Bereich angewendet werden. Der Finanzdatenanbieter Thomson analysierte das Verhalten seiner Kunden in dem Zeitraum drei Minuten vor und drei Minuten nach der Datennutzung (Harrington und Tjan 2008) Sie fanden heraus, dass ihre Kunden die Daten in Tabellen einfügten. Aufgrund dieser Erkenntnis entwickelten sie eine elektronische Schnittstelle, die diesen Schritt unnötig machte, wodurch die Nutzung ihrer Datenplattform verbessert werden konnte. Diese Methode ist weniger zeitaufwendig, wenn die Befragten ihre Gedanken und Erlebnisse online oder mithilfe eines Smartphones aufnehmen und kommentieren können.

Markenteams müssen aber nicht zwingend den Kunden analysieren, sondern können deren Motivation und unbefriedigte Bedürfnisse auch beurteilen, indem sie den Kontext der Produktnutzung analysieren und Schlussfolgerungen ableiten, wie dieser verbessert werden könnte. Mit Sicherheit konnten sich Kunden nicht vorstellen, wie es ist, Apple Produkte in einem eigens hierfür gestalteten Apple Store mit der ihn kennzeichnenden Energie, dem klaren Grundriss und der Genius Bar zu kaufen. Trotzdem erkannte Steve Jobs, dass solch ein Laden den Kern der Apple-Marke darstellen kann und von Kunden gut angenommen werden würde.

Die Notwendigkeit opportunistischen Verhaltens

Die besten Marken sind opportunistisch. Als Hyundai die begehrte „Car of the Year 2009"-Auszeichnung der North American International Auto Show gewonnen hatte, konnte das Unternehmen diese Auszeichnung nutzen, um seinem Qualitäts- und Designversprechen durch einen klaren Beweis Glaubwürdigkeit hinzuzufügen. Ein Marken- bzw. Marketingteam muss also wendig und flexibel sein, um solche Gelegenheiten zu nutzen.

2011 hat sich in Südkorea der Präsident bemüht, eine Marke für das Land aufzubauen. Das Programm wurde von einem hochrangigen Gremium gemanagt. Das Gremium tendierte dazu, sich auf Slogans (ein Mitglied war der Überzeugung, dass der richtige Slogan auch zum Erfolg führen würde), Bildsprache, lokale Veranstaltungen und moderate Werbung zu fokussieren. David A. Aaker schlug hingegen den Ansatz vor, dass Südkorea stattdessen Großveranstaltungen, seine Unternehmen und Menschen nutzen sollte. Wenn Korea zum Beispiel Austragungsort des Weltcups 2010 ist, könnte diese Veranstaltung genutzt werden, um die Marke Korea aufzuladen. Wenn Korea als Gastgeber des jährlich stattfindenden Korean Knowledge Forum Vordenker aus der ganzen Welt ins Land bringt, bietet sich die Möglichkeit, die Marke Korea prominent gegenüber einer wichtigen Öffentlichkeit in Szene zu setzen. Und wenn eine koreanische Frau wie So Yeon Ryu die U.S. Open gewinnt, zahlt es sich aus, wenn man ihr einen Berater zur Vermarktung des Sieges an die Seite stellt, der darauf achtet, dass sie Korea zum Teil ihrer Geschichte und Botschaft macht.

Die wirksame Nutzung des Markenguthabens

Eine Marke muss Marketingmaßnahmen niemals von Grund auf neu erfinden. Vielmehr kann sie immer auf dem etablierten Markenguthaben aufbauen.

Kehren wir zu der Geschichte über die Marke Korea zurück: Das Gremium zum Markenaufbau hat nur ein kleines Budget, das für Werbung und Veranstaltungen genutzt werden kann. Zur gleichen Zeit geben Samsung und Hyundai mehr als 1,5 Mrd. US-Dollar für Werbung allein in den USA aus – und ein Vielfaches davon weltweit. Wenn nur ein kleiner Teil dieses Budgets einen aktiven Bezug zu Korea vorsehen würde es alle bisherigen Bemühungen des Gremiums in den Schatten stellen. In der Realität wird das Image einer Nation durch das Image ihrer größten Unternehmen getrieben. Denken Sie an den Einfluss von Singapore Airlines auf Singapur oder von Mercedes-Benz auf Deutschland.

Ein anderer Vermögenswert sind etablierte Symbole. In Bezug auf ganze Länder sind das zum Beispiel das Guggenheim in Bilbao, der Tower und Big Ben in London oder Trekking in Nepal. Für Marken sind es zum Beispiel der Schwäbisch Hall-Fuchs, das Michelin-Männchen, die Disney-Charaktere, das Maggi Kochstudio etc. Wenn ein Kultsymbol vorhanden ist, sollte es genutzt werden, insbesondere wenn es selbst eine Geschichte über die Marke erzählt.

Die direkte Verbindung mit den Interessen und Leidenschaften der Kunden

Beim Markenaufbau geht es darum, die Marke und ihre Vision gegenüber den Kunden zu vermitteln. Ein ganz anderer Ansatz ist es, die Marke als aktiven Partner in einem Bereich zu etablieren, der den Kunden interessiert oder für den er ohnehin eine Leidenschaft hat. Kapitel 11 wird untersuchen, wann diese Option sinnvoll ist und wie man sie umsetzt.

Einige weitere Ideen

Die aufgeführten sechs Methoden funktionieren – garantiert. Es gibt jedoch darüber hinaus viele weitere Methoden, die hilfreich sein können:

- Nutzen Sie **kreative Denkansätze**, um verschiedene Aspekte des Markenaufbaus zu lösen. Um kreative Sitzungen des Markenteams effektiv zu gestalten, sollten Sie ein klares Ziel haben, jegliche Beurteilung während der Ideenfindung vermeiden und Querdenken des Teams fördern (starten Sie den Prozess aus anderen, fast schon seltsamen Perspektiven).
  Generell wird **Kreativität durch** ein Aufbrechen von Routinen gefördert, möglicherweise hilft es, eine Exkursion mit dem Team zu unternehmen, um neue Perspektiven zu gewinnen. Nehmen Sie dabei gerne die Position des Kunden ein.

- **Suchen Sie nach emotionalen Geschichten**, die sich aus dem Erlebnis von Kunden oder Mitarbeitern wie auch der Unternehmensgeschichte ergeben können. Die Geschichte von General Electric (GE) – Thomas Edison gründete 1890 die General Electric Company, nachdem er eine Reihe von Erfindungen wie z. B. die Glühbirne patentieren ließ – ist für das heutige GE weiterhin relevant und schafft eine emotionale Verbundenheit. Geschichten wirken, indem sie die Botschaft einer Marke lebendiger, authentischer und einprägsamer machen. Die Vorteile von Geschichten werden in Kap. 14 im Zusammenhang mit dem internen Markenaufbau diskutiert. Geschichten können aber auch zum externen Markenaufbau verwendet werden.
- **Beauftragen Sie alle Unternehmensbereiche**, neue Ideen zu generieren. Eine große Idee kann aus einem anderen Land, aus einer anderen Produktkategorie, aus dem Online-Bereich oder aus einer Sponsoring-Initiative entstehen. Der Pantene-Slogan „Hair So Healthy It Shines" kam aus Taiwan, Nestlés Eiscreme-Snack Dibs stammt aus den USA, und Dockers von Levi's wurden in Südamerika entwickelt. Dabei ist es wichtig, Ideen nicht nur zu stimulieren, sondern wirklich herausragende Ideen auch zu identifizieren, zu testen, zu nutzen und weiter zu entwickeln. Kapitel 20, in dem das Problem von Silos im Unternehmen diskutiert wird, gibt hierzu einige Ratschläge.
- **Nutzen Sie Crowdsourcing**. Stellen Sie den Teilnehmern einer der vielen Crowdsourcing-Plattformen Fragen, zum Beispiel über das Design einer Werbekampagne oder einer Veranstaltung, um die Zielgruppe miteinzubeziehen. Entscheidend für die Wirksamkeit des Crowdsourcing-Ansatzes sind eine klar definierte Kurzdarstellung der Aufgabe, ein attraktiver Anreiz für die Teilnahme sowie die Fähigkeit, die Beiträge sinnvoll auszuwerten.
- **Suchen Sie nach Schwächen der Wettbewerber**, auch um die potenziellen Gründe, ein Produkt nicht zu kaufen, zu verstehen, und versuchen Sie, daraus mögliche Antworten für Ihre Marke abzuleiten. Als PowerBar den Pria-Riegel als Antwort auf den Luna-Riegel von Clif Bar (der erste Energieriegel für Frauen) einführte, verbreitete Pria die Botschaft, dass dieser Riegel kleiner sei, weniger Kalorien, einen besseren Geschmack und eine angenehmere Textur habe.
- **Suchen Sie nach neu entstehenden Anwendungen oder Marktsegmenten**, da diese nicht nur Wachstum generieren, sondern auch die Marke beleben können. Als man bei 3M einen neuen Superkleber entwickeln wollte, entstand ein Produkt, das zwar klebte, sich aber leicht wieder ablösen ließ. Aus diesem „Missgeschick" entstanden kurz darauf die berühmten Post-its die die Wahrnehmung der Marke grundlegend verändert haben.
- **Verfeinern, verfeinern, verfeinern**. Programme zum Markenaufbau sind nie final. Zudem wird sich eine Idee im Laufe der die Zeit entwickeln und verändern, bis daraus eine großartige Idee wird. Außerdem wird die Umsetzung der Idee meist eine Reihe an Testläufen benötigen.

Das Fazit

Geben Sie sich nicht damit zufrieden, grundsätzlich in den Markenaufbau zu investieren. Suchen Sie vielmehr nach bahnbrechenden Ideen. Ideen können überall entstehen, aber durch eine Vielzahl von Methoden und Vorgehensweisen gefördert werden. Dazu zählen die Erforschung externer Vorbilder, das Analysieren der Kontaktpunkte der Marke, die Motivation und unbefriedigten Bedürfnisse der Kunden, die sinnvolle Nutzung des Markenguthabens sowie ggf. auch opportunistisches Handeln. Ebenso wichtig ist es, die Markenvision durch entsprechende Investitionen zum Leben zu erwecken und danach zu streben, wirklich großartige Ideen für den Markenaufbau zu finden.

Literatur

Davis, S. M., & Dunn, M. (2002). *Building the brand driven business*. San Francisco: Jossey-Bass.

Harrington, R. J., & Tjan, A. K. (2008). Transforming strategy one customer at a time. *Harvard Business Review, 86*, 62–72.

Lafley, G., & Charan, R. (2008). *The game-changer* (S. 39–40). New York: Crown Business.

Macdonald, E. K., Wilson, H. N., & Konus, U. (2012). A new tool radically improves marketing research. *Harvard Business Review*, 90(9), 103–108.

Rawson, A., Duncan, E., & Jones, C. (2013). The truth about customer experience. *Harvard Business Review, 91*, 90–99.

Marken sollten die Interessen und Leidenschaften der Kunden für sich nutzbar machen

Nach David Aaker, „Find the Shared Interest: A Route to Community Activation and Brand Building," Journal of Brand Strategy, Summer 2013, S. 136–147. Dieses Material wurde auch in David Aaker, Strategic Market Management 10 ed., New York: John Wiley, 2014 verwendet.

Es macht keinen Sinn, einem Fluss zu sagen, er solle aufhören zu fließen. Am besten lernt man, in die Richtung zu schwimmen, in die er strömt.
– Anonym

Wenn man eine Marketingstrategie entwickelt, stellt man sich automatisch Fragen wie: Wie können das Leistungsangebot, die Marke und das Unternehmen weiter entwickelt werden? Wie kann die Sichtbarkeit verbessert, die Assoziation verstärkt und die Kundenloyalität erhöht werden? Diese Orientierung ist durch finanzielle Ziele und die Annahme getrieben, dass Kunden rational handeln und an Informationen über das Produkt oder die Dienstleistung interessiert sind. Ein dermaßen rational betriebener Markenaufbau ist aber häufig wirkungslos, da Kunden nicht ausreichend einbezogen werden – insbesondere, wenn das Produkt oder die Dienstleistung unwichtig für die Kunden und losgelöst von ihrem Lebensstil sind. Dies trifft besonders auf digitale Strategien zu, die dazu dienen, eine Community aufzubauen.

Es gibt jedoch eine Alternative. Suchen Sie nach einem möglichen Anknüpfungspunkt mit dem Kunden, der auf einem „gemeinsamen Interesse" von Kunden und Marke basiert und bauen Sie Ihr Marketingprogramm darauf auf. Dadurch wird die Marke direkt mit diesem Anknüpfungspunkt verbunden. Entsprechend sollte der Anknüpfungspunkt direkt mit etwas verbunden sein, das dem Kunden wichtig ist und worüber er oder sie gerne spricht –

sei es New York City, ein Abenteuer, gesundes Leben, Felsenklettern, Nachhaltigkeit oder eine Regionalliga-Fußballmannschaft.

Ein idealer Anknüpfungspunkt ist ein Teil oder sogar das zentrale Element des Selbstverständnisses und Lebensstiles der Kunden und/oder stellt ein höheres Ziel in deren Leben dar.

Marketingmaßnahmen, deren Ziel es ist, das gemeinsame Interesse von Kunden und der Marke in den Mittelpunkt zu stellen, sollten um das Angebot herum geformt werden – insbesondere dann, wenn die Kunden stark in die Marke eingebunden werden sollen, wie es beispielsweise bei Tesla, Lego oder Xbox der Fall ist. Bei vielen Marken und Unternehmen bieten die angebotenen Produkte oder Dienstleistungen nicht von selbst einen Anknüpfungspunkt mit den Kunden, oder dieser ist nur schwer zu identifizieren. In solchen Fällen ist es für die Marke oder das Unternehmen notwendig, eine Veranstaltung, eine Aktivität, ein Interessengebiet oder einen Anlass zu identifizieren und auszugestalten, um so für die Marke einen Anknüpfungspunkt zu den Kunden zu schaffen. Dies funktioniert aber nur, wenn der Anknüpfungspunkt für die Kunden Relevanz besitzt und das Potential hat, zum Mittelpunkt der Kundenbeziehung zu werden, um dann eine Reihe koordinierender Marketingmaßnahmen zum Markenaufbau zu entwickeln. Dies ist u. a. bei Pampers, Coca-Cola oder Dove's „Initiative für wahre Schönheit" der Fall, die im Folgenden erläutert werden:

Pampers bietet mehr als Windeln. Auf der Webseite „Pampers Village" kann man sich über alle Themen informieren, die mit Baby- und Kinderbetreuung zu tun haben. Die Webseite verzeichnet mehr als 600.000 Besucher pro Monat. Alle sieben Teilbereiche der Seite – Schwangerschaft, Säugling, Baby, Kleinkind, Kindergartenkind, Ich und Familie – haben ein eigenes Themenmenü. So findet man unter „Baby" 57 Artikel, 230 Foren und 23 Aktivitäten zum spielerischen Lernen. Die Online-Gemeinde erlaubt Müttern und werdenden Müttern, Kontakt untereinander aufzunehmen, um ihre Erfahrungen und Gedanken darüber auszutauschen, wie man ein gesundes und glückliches Kind großzieht. Das Programm demonstriert, dass Pampers Mütter versteht und danach strebt, eine Beziehung zwischen der Marke und den Müttern aufzubauen, die potenziell im Kauf von Pampers resultiert.

Als Coca-Cola mit dem WWF (World Wide Fund for Nature) kooperierte, verfolgte das Unternehmen damit ein höheres Ziel. WWF setzt sich für Umweltinitiativen ein und Coca-Cola hilft dabei indirekt durch die Kooperation, Wasser einzusparen, den Kohlendioxid-Ausstoß zu reduzieren und Eisbären zu retten. Coca-Colas Engagement für die Eisbären wurde durch die Unterstützung der Forschung (Kunden, die etwas dazu beitragen, erhalten ein virtuelles Stück Land der Arktis, von dem aus sie die Bären beobachten können) und Promotionen, wie dem Polar-Pick-Me-Up (mit dem man eine Flasche Coca-Cola an einen Freund senden kann) deutlich. Die entsprechende Facebook-Seite von Coca-Cola, die mehr als 35 Mio. „Likes" hat, koordiniert diese Bemühungen. Die virtuellen Coca-Cola-Fans unterstützen Coca-Cola mit Nachrichten, Energie und Loyalität. Dieses Kundensegment ist für Coca-Cola wichtig und unterscheidet sich von jenem Kundensegment, das über die lustigen Videos lacht, die mit der „Happiness"-Kampagne verbreitet wurden.

Doves „Initiative für wahre Schönheit" wurde 2004 in Brasilien von Ogilvy & Mather kreiert und hat zum Ziel, Frauen darauf aufmerksam zu machen, dass sie wahre Schönheit besitzen, auch wenn diese nicht dem üblichen Schönheitsideal eines jungen, dem Idealbild entsprechenden Körpers entspricht. Die Selbstwahrnehmung von Frauen und ihr Selbstwertgefühl sollten damit fundamental verändert werden. Die Kampagne begann mit Werbeanzeigen, die Frauen zeigten, die älter waren und nicht ganz dem Idealbild entsprachen, aber Schönheit ausstrahlten. Reklametafeln forderten Passanten auf, zu wählen, ob ein bestimmtes Model zum Beispiel „Fett oder fit" oder „Faltig oder fabelhaft" sei, wobei die Stimmauszählung kontinuierlich in Echtzeit aktualisiert wurde.

In einer besonders beachteten Variante der Kampagne zeichnete ein Phantombildzeichner mehrere Frauen zunächst basierend auf ihren eigenen Beschreibungen ihres Aussehens (wobei er sie nicht sah), danach basierend auf den Beschreibungen eines Fremden, der sich mit der jeweiligen Frau vorher kurz unterhalten hatte. Den Frauen wurden dann beide Skizzen präsentiert und sie sahen sich mit der Erkenntnis konfrontiert, dass die Skizzen nach den Beschreibungen der Fremden stets viel schmeichelhafter waren. Der Slogan: „Du bist schöner als du denkst." Nach der Veröffentlichung auf YouTube wurden die ersten beiden dreiminütigen Videos der Kampagne innerhalb von zwei Wochen von mehr als 35 Mio. Personen angeschaut.

Die „Initiative für wahre Schönheit" umfasst auch Programme, die sich insbesondere an junge Mädchen richten. So hat Dove zum Beispiel mit Pfadfinderorganisationen aus den USA zusammengearbeitet, um das Selbstwertgefühl und das Führungsbewusstsein unter 9–19-jährigen Mädchen mit Programmen wie „Uniquely ME!" und „It's Your Story – Tell It!" zu stärken. Darüber hinaus gibt es ein jährlich stattfindendes Dove-Selbstwertgefühl-Wochenende, bei dem Mütter und Mentoren inspiriert werden sollen, wie sie mit Mädchen über Schönheit, Selbstvertrauen und Selbstwertgefühl sprechen können, indem ihnen Gesprächshilfen zur Verfügung gestellt werden.

Die „Initiative für wahre Schönheit" konnte auf allen Ebenen große Erfolge verzeichnen. Sie verband die Marke mit einem Thema, das die Kunden wirklich beschäftigt – das eigene Aussehen und Selbstbewusstsein. Zusätzlich thematisierte sie Unsicherheits- und Selbstwertprobleme junger Frauen, in die sich Kunden hineinversetzen können. Die Marke verfolgte dabei ein höheres Ziel und teilte so ein gemeinsames Interesse mit den Kunden.

Der Einfluss der Kampagne war nach Expertenmeinung 30 Mal höher als die hierfür getätigten Investitionen. Eine der Werbeanzeigen mit dem Titel „Evolution", die zeigt, wie viel Aufwand und Zeit es braucht, um künstlich wie ein Model auszusehen, gewann mehrere Auszeichnungen und führte zu unbezahlter Markenpräsenz für Dove mit einem Gegenwert von mehr als 150 Mio. US-Dollar.

Dove verzeichnete durch die Kampagne einen spektakulären Umsatzanstieg. Umfragen zeigen zudem, dass diejenigen, die Dove's Bemühungen kennen, die Produkte von Dove mit höherer Wahrscheinlichkeit nutzen und weiterempfehlen werden. Der daraus resultierende Anstieg des Unternehmenswertes von Unilever übersteigt nach Schätzungen die Grenze von 3 Mrd. Mio. US-Dollar.

Dove fiel dieser Erfolg jedoch nicht einfach so in den Schoß. Die Grundlage bildete umfangreiche Marktforschung und der Einsatz einer Vielzahl von Methoden, um zu verstehen, welche Probleme Frauen mit ihrer wahrgenommenen Schönheit haben und welche Rolle die Dove-Produkte dabei einnehmen können. Diese Marktforschung wurde durch Experten-Meinungen ergänzt und untermauert. So steht dem Dove-Selbstwertgefühl-Programm ein elfköpfiger, globaler Beratungsausschuss vor. Außerdem animiert Dove seine Mitarbeiter, weltweit nach kreativen Ideen und Gedanken zu suchen und das Programm weiterzuentwickeln, um dann die besten Ideen im Markt umzusetzen. Eine solche Idee zu identifizieren und zu entwickeln ist für die meisten Unternehmen kein Selbstläufer. Die Bemühungen von Dove sind diesbezüglich außergewöhnlich.

Die Vorteile einer direkten Verbindung der Marke mit den Interessen der Kunden

Einen Anknüpfungspunkt mit den Kunden zu finden, ist ein Weg zu einer Kundenbeziehung, die viel umfassender und nachhaltiger ist als jene, die sich rein auf das Angebot bezieht, da diese bei den meisten Marken durch einen funktionalen Nutzen getrieben und daher verhältnismäßig leicht angreifbar ist. Insbesondere kann ein Programm, das auf einem gemeinsamen Interesse mit den Kunden aufbaut:

Die Kraft der Marke steigern und Interesse für die Marke wecken

Es ist eine große Herausforderung für alle Marken, Stärke und Sichtbarkeit zu erlangen. Für die Krombacher Brauerei war es keine Option, ihrer Marke im hart umkämpften Biermarkt allein mit dem Produkt „Bier" Energie zu verleihen. Daher startete die Krombacher Brauerei gemeinsam mit dem WWF Deutschland das Krombacher Regenwald-Projekt, bei dem die Kunden mit der einfachen Formel „1 Kasten = 1 qm" animiert wurden, durch den Kauf von Krombacher Bier zu helfen, den Regenwald in Zentralafrika zu schützen. Dies hat das Krombacher Regenwald-Projekt zu einer der erfolgreichsten Öko-Imagekampagnen in Deutschland gemacht.

Ein weiteres Beispiel ist der „Red Nose Day" von ProSieben (meist stilisiert zu Pro7). Millionen von Menschen haben seit 2003 direkt oder indirekt an dem Programm des „Red Nose Days" teilgenommen und durch den Kauf von roten Plastiknasen und anderen Aktionen für Hilfsorganisationen wie Power-Child, Deutsche Kinder- und Jugendstiftung, Kindernothilfe oder Comic Relief gespendet. ProSieben nimmt sich mit dem „Red Nose Day" eines Bereichs an, den die Zielgruppe als wichtig empfindet, und gibt der Marke Pro7 einen höheren Zweck.

Wenn Sie Burger oder Frikadellen herstellen, ist es schwer, ihrer Marke Leben einzuhauchen. Wenn Sie jedoch wie beispielsweise McDonald's mit dem Junior Club und der aus dem Kinderfernsehen bekannten Figur „Ronald McDonald" für Kinder wichtige

Veranstaltungen wie Geburtstagsfeiern veranstalten oder Wettbewerbe für Kinder veranstalten, dann stellen Sie auf sehr emotionaler Ebene einen Bezug zum Unternehmen her und Ihre Marke gewinnt an Energie.

Die Sympathie und Glaubwürdigkeit der Marke erhöhen

Verbinden Sie Ihre Marke mit einem Anknüpfungspunkt mit dem Kunden, heben Sie sich dadurch automatisch von denjenigen Marken ab, die lediglich mit einem marktschreierischem „Meine Marke ist besser als deine Marke!" beworben werden. Die positiven Gefühle, die durch ein gemeinsames Interesse hervorgerufen werden, führen dann auch zu positiven Gefühlen gegenüber der Marke. Denn Marken, mit denen Menschen Interessen teilen, haben aus Sicht der Menschen positive Charakterzüge.

Hobart, ein Hersteller hochwertiger Großküchentechnik (vergleichbar mit Electrolux), wurde für seine Kunden zum Vordenker und zur Informationsquelle für Themen wie: gute Mitarbeiter zu finden, auszubilden und zu halten, Nahrungsmittelsicherheit sicherzustellen, besondere Esserlebnisse anzubieten und Kosten zu reduzieren. Hobart wurde so für Köche und Restaurantinhaber zum Unternehmen, das mit dem Slogan „Good Equipment, Good Advice" verbunden wurde. Dieses Programm beeinflusste die Markenwahrnehmung der Kunden und deren Einstellung, und ermöglichte Hobart eine Führungsrolle, die mehr als ein Jahrzehnt bestand, bis Hobart von einem größeren Unternehmen aufgekauft und integriert wurde.

Die Hypothese, dass ein positives und verbindendes „geteiltes Interesse" zu einem Imagegewinn führt, wird durch den Halo-Effekt untermauert, der zum ersten Mal in den 1930er-Jahren durch den Psychologen Edward Thorndike rund um den Einfluss der Attraktivität einer Person auf die Wahrnehmung anderer Charakterzüge untersucht wurde. Wenn dieser Effekt auf Marken übertragen wird, so bedeutet dies, dass eine Assoziation der Marke die Wahrnehmung anderer Assoziationen beeinflussen kann. Er hilft zu erklären, warum prominente Repräsentanten der Marke einen positiven Einfluss auf die Konsumenten haben, warum erfolgreiche Markenerweiterungen das Markenimage verbessern und warum ein geteiltes Interesse die Markensympathie und das Markenimage positiv beeinflussen können. Ein Konsument wird dazu tendieren, ein Unternehmen, das seine Werte und Interessen teilt, wohlwollender zu betrachten.

Die Marke als Freund, Kollegen oder Mentor aufbauen

Ist ein Anknüpfungspunkt der Marke zum Kunden geschaffen, kann das Prinzip einer Freundes-, Kollegen- oder Mentorenbeziehung Anwendung finden.[1] California Casual-

---

[1] Susan Fournier leistete Pionierarbeit bezüglich der persönlichen Beziehungsmetapher und ihr Denken wurde in zahllosen Artikeln und Büchern festgehalten. Siehe Fournier et al. 2013.

ty, ein Auto- und Hausversicherungsunternehmen, das seine Produkte insbesondere auf Lehrer ausrichtet, hat ein „Schulaufenthaltsraum-Verschönerungsprogramm" ins Leben gerufen, das Schulen mit einer überzeugenden Bewerbung 7500 US-Dollar für die Verschönerung ihrer Lehreraufenthaltsräume zur Verfügung stellt.

Nur ein Freund würde sich für ein solch alltägliches, aber dennoch wichtiges Themengebiet interessieren. California Casualty verhält sich auch wie ein Kollege, der die Ziele und Programme einer Organisation, die unaufmerksames Autofahren von Teenagern durch Bildungsprogramme verhindern will, als Sponsor und Partner unterstützt. Die Marke kann sich auch wie ein Mentor verhalten. Minus L zum Beispiel ist eine Marke, die das Interesse an einem laktosefreiem Leben mit ihren Kunden teilt und auf ihrer Webseite eine Community mit Ratschlägen rund um das Thema „Laktose" versorgt.

Die Marke als Zentrum einer Gemeinschaft Gleichgesinnter etablieren

Eine Community im Internet zeichnet sich häufig durch ein hohes Niveau sozialer Aktivität aus, was in Zeiten, in denen Konsumenten sozialer Medien überdrüssig werden, jedoch immer schwieriger wird. Marken, die sich auf Themen fokussieren, die Konsumenten leidenschaftlich gerne machen, wie Babypflege bei „Pampers Village" oder Motorradausflüge auf der Harley-Davidson-Webseite, motivieren die Nutzer, nach Informationen zu suchen oder Erfahrungen und Ideen auszutauschen. Gründe, sozial aktiv zu werden, sind eine thematische Involvierung (Informationen sammeln oder verteilen, die besonders faszinierend oder nützlich sind), eine egozentrische Involvierung (Aufmerksamkeit erhalten, Wissen zeigen) und andere Formen der Involvierung, die daraus resultieren, zu einer Gemeinschaft zu gehören und anderen zu helfen.

Den Weg zum Ziel machen

Ein Programm zu gestalten, das ein gemeinsames Interesse von Marke und Kunden hervorhebt und unterstreicht, erfordert (wie in Abb. 11.1 dargestellt) die Identifikation eines Anknüpfungspunktes zu den Kunden und die Suche nach einer Möglichkeit, wie ausgehend von diesem Anknüpfungspunkt eine Beziehung zwischen der Marke und den Kunden hergestellt werden kann. Jeder Schritt dabei bringt erhebliche Unsicherheiten und Herausforderungen mit sich.

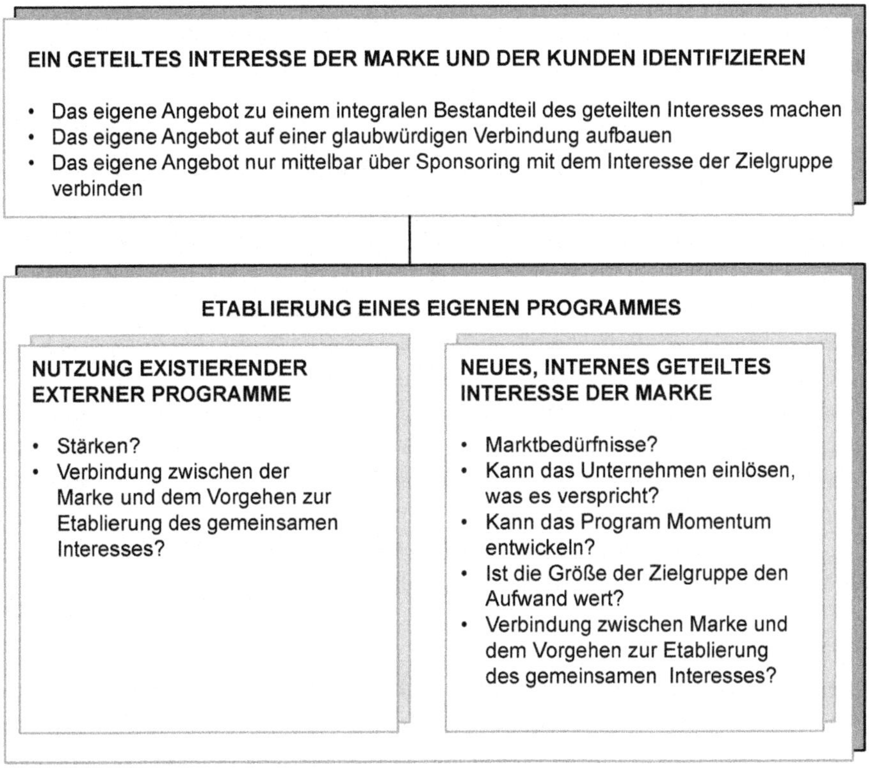

EIN GETEILTES INTERESSE DER MARKE UND DER KUNDEN IDENTIFIZIEREN

- Das eigene Angebot zu einem integralen Bestandteil des geteilten Interesses machen
- Das eigene Angebot auf einer glaubwürdigen Verbindung aufbauen
- Das eigene Angebot nur mittelbar über Sponsoring mit dem Interesse der Zielgruppe verbinden

ETABLIERUNG EINES EIGENEN PROGRAMMES

NUTZUNG EXISTIERENDER EXTERNER PROGRAMME

- Stärken?
- Verbindung zwischen der Marke und dem Vorgehen zur Etablierung des gemeinsamen Interesses?

NEUES, INTERNES GETEILTES INTERESSE DER MARKE

- Marktbedürfnisse?
- Kann das Unternehmen einlösen, was es verspricht?
- Kann das Program Momentum entwickeln?
- Ist die Größe der Zielgruppe den Aufwand wert?
- Verbindung zwischen Marke und dem Vorgehen zur Etablierung des gemeinsamen Interesses?

Abb. 11.1 Ein Geteiltes-Interessen-Programm

Die Identifizierung eines geteilten Interesses, das die Zielgruppe zum Mitmachen bewegt

Die erste Herausforderung ist, eine Reihe möglicher Anknüpfungspunkte zu identifizieren. Dazu ist es notwendig, die Kunden und ihre Motivationen und Bedürfnisse im Detail zu verstehen. Wie und wo verbringen sie ihre schönsten Momente? Welche Aktivitäten genießen sie besonders? Was ist ihnen besonders wichtig zu besitzen? Was reflektiert ihre Persönlichkeit und ihren Lebensstil? Über was reden sie? Welche Themen fesseln sie? Zu welchen Themen haben sie eine eindeutige Meinung und vertreten klare Ansichten? Was sind die höheren Ziele, die sie verfolgen?

Wenn man den Kunden versteht, gibt es drei Möglichkeiten, um den richtigen Anknüpfungspunkt zu identifizieren:

Das eigene Angebot zu einem integralen Bestandteil des geteilten Interesses machen

Der erste Schritt ist, zu überprüfen, ob die Marke mit einem Anknüpfungspunkt des Kunden verbunden werden kann und dabei von den Kunden als vollwertiger Partner akzeptiert würde, der einen echten Mehrwert bietet. Die Techniker Krankenkasse zum Beispiel positionierte ihre Marke auf dieser Basis vollkommen neu, weg vom Fokus auf Krankenbehandlung und Gesundheitsvorsorge (was mit Bürokratie und Schmerz verbunden wird) hin zu einer Marke, die ein Interesse an einem gesunden Lebensstil (was mit Kontrolle und Wellness verbunden wird) mit ihren Kunden teilt. Das gemeinsame Interesse zieht Kunden an, die ihre eigene Gesundheit kontrollieren, indem sie am breiten Angebot präventiver Gesundheitsmaßnahmen zu Gewichtskontrolle, Stressbewältigung, Schlaflosigkeit, Rauchen, gesunder Ernährung und vielen weiteren Maßnahmen teilnehmen. Alle Maßnahmen werden durch das Programm „Mein Gesundheits-Berater" unterstützt, das genutzt werden kann, um die Fortschritte festzuhalten und zu überwachen. Ein derartiges Programm hat seinen eigenen Schwerpunkt und seine eigenen Ziele, die sich von Werbung über mitfühlende Mitarbeiter und effiziente Behandlungsmöglichkeiten stark unterscheidet.

Das eigene Angebot auf einer glaubwürdigen Verbindung aufbauen

Eine weitere Möglichkeit ist, die Marke mit einem Anknüpfungspunkt der Kunden zu verbinden, der sich aus einer natürlichen Assoziation und Verbindung zur Marke ergibt. Es gibt zahlreiche Anknüpfungspunkte, die mit einer Marke verbunden werden können, wie zum Beispiel der Lebensstil (Car2Go und urbane Mobilität), die Nutzung der Produkte (Harley-Davidson und Motorradtouren), eine Aktivität (Adidas Streetball Challenge – ein regionales Drei-Personen Basketballturnier, das durch eine Wochenendparty mit Musik, Tanz und einem Rahmenprogramm begleitet wird), eine Kundenzielgruppe (Pampers und Babypflege), ein Land (Hyundai betreibt und sponsert den Kimchi-Bus, eine Initiative, die koreanische Küche zu verbreiten), Werte (Dove über die Neudefinition von Schönheit) oder ein Interesse (die Sephora-BeautyTalk-Webseite für diejenigen, die sich für Schönheitstipps und Stylingthemen interessieren). Dabei ist es wichtig, darauf zu achten, dass es sich um eine logische Ergänzung handelt, die authentisch und glaubwürdig wirkt.

Das eigene Angebot nur mittelbar über Sponsoring mit dem Interesse der Zielgruppe verbinden

Eine weitere Möglichkeit besteht darin, einen Anknüpfungspunkt der Marke zum Kunden zu etablieren, ohne dass es eine direkte oder auch nur entfernte Verbindung gibt. Das Krombacher Regenwald-Projekt hat beispielsweise über die Verbindung zur Natur hinaus keinen unmittelbaren Bezug zum Angebot. Auch die Events, die Red Bull veranstaltet (z. B. Red Bull Air Race) haben nur mittelbaren Bezug zum Thema Energie.

Diese Abschwächung des gemeinhin geltenden Diktums, dass irgendeine Art der Beziehung zwischen der Marke und dem Programm existieren muss, resultiert in uneingeschränkten Möglichkeiten bei der Suche nach Anknüpfungspunkten, die den Kunden involvieren. Alles ist möglich und daher erhöht sich dir Wahrscheinlichkeit, eine erfolgreiche Idee zu finden. Die Verbindung zwischen der Marke und dem davon abgekoppelten Programm kann jedoch auch zu einer echten Herausforderung werden.

Die Herausforderungen der Etablierung eines eigenen Programmes

Ein eigenes Programm auf Basis eines geteilten Interesses, wie zum Beispiel „Pampers Village" oder der „Red Nose Day" von ProSieben, hat Vorteile. Insbesondere, weil sämtliche Aspekte wie die Entwicklung oder die getätigten Investitionen vom Unternehmen selbst kontrolliert werden können. Die Kosten und die Schwierigkeiten, die mit der Etablierung eines solchen Programmes verbunden sind, sind beachtlich. Deswegen sollten die Realisierbarkeit und die Erfolgschancen des Vorhabens anhand von fünf Fragen geprüft werden:

1. **Ist ein neues Programm notwendig?** Je attraktiver ein geteiltes Interesse ist, desto wahrscheinlicher ist es, dass andere Marken dies bereits nutzen und besetzen. Dies müssen nicht unbedingt direkte Wettbewerber, sondern können auch andere Unternehmen sein. Die erfolgreichen Rezepte-Marken chefkoch.de und kochbar.de, die sich durch unzählige Inhalte und starke Marken auszeichnen, werden von Medienunternehmen und nicht von Lebensmittel-Marken kontrolliert. Die Fragestellung ist: Können die existierenden Maßnahmen entweder durch etwas Besseres übertroffen werden oder durch eine Nischenstrategie, die konzentrierter angelegt ist, neutralisiert werden? Gibt es überhaupt genug Raum für ein weiteres Programm? Was fehlt? Die Etablierung eines neuen Programms muss möglich sein.
2. **Kann das Unternehmen liefern, was es verspricht?** Die Nutzung eines geteilten Interesses braucht inhaltliche Substanz, die auf irgendeine Art und Weise einzigartig ist, sei es nun der Inhalt oder die Art der Präsentation. Dazu müssen entsprechende Kompetenzen entwickelt werden. Auch wird unternehmerische Unterstützung über einen längeren Zeitraum hinweg notwendig sein, in der es immer wieder Rückschläge und alternative Möglichkeiten der Ressourcennutzung geben wird.
3. **Lässt sich das Programm erfolgreich etablieren?** Ein Programm, das auf einem geteilten Interesse aufbaut, braucht ein Mindestmaß an Sichtbarkeit und Glaubwürdigkeit, um von den relevanten Kunden wahrgenommen zu werden. Es muss zudem relevant sein. Die Aufgabe wird vereinfacht, wenn existierende Stärken einer Marke, wie zum Beispiel eine gut besuchte Webseite, genutzt werden können. Die Sephora-Webseite zum Beispiel generiert den Kundenstrom, der die Basis-Zielgruppe der Webseite BeautyTalk bildete (die im Sinne eines geteilten Interesses Antworten in Echtzeit, einen Expertenrat, Zugang zu einer Community und alle möglichen Themen rund um Schönheit bietet). Außerdem schafft die Sephora-Marke Glaubwürdigkeit. Gleichzeitig

gilt es, auch mit der Zeit die Relevanz zu erhalten, was dadurch erreicht wird, dass der Inhalt der Webseite stets aktuell gehalten und die Einbeziehung der Kunden möglich ist und gefördert wird.

4. **Ist die Größe der Zielgruppe den Aufwand wert?** Die Größe der Zielgruppe muss für das Unternehmen von Bedeutung sein. Absolute Zahlen sind jedoch nicht das einzige Kriterium. Die Qualität der Zielgruppe ist genauso wichtig wie die Quantität. Es gibt ein Sprichwort, das besagt, dass es besser ist, von wenigen geliebt, als von vielen gemocht zu werden.

5. **Kann die Marke eine Verbindung mit dem geteilten Interesse aufbauen?** Wenn die Marke durch das geteilte Interesse aufgewertet werden soll, müssen die beiden sinnvoll miteinander verbunden sein. Wenn das Programm den Markennamen trägt, wird die Verbindung aktiv hergestellt, aber die Glaubwürdigkeit und Authentizität des Programms könnte darunter leiden. Wenn das Programm zur Etablierung des geteilten Interesses den Markennamen nicht beinhaltet, muss ein Plan entwickelt werden, der sicherstellt, dass die Verbindung zur Marke in den Köpfen der Zielgruppe hergestellt wird.

Die Nutzung existierender externer Programme

Eine klassische Make-or-Buy-Entscheidung, die in jedem Fall zu treffen ist. Ein eigenes internes Programm bedeutet, dass alle notwendigen Entscheidungen durch das Unternehmen selbst beeinflusst und kontrolliert werden können. Ein solches Programm zu etablieren kann jedoch teuer, schwierig und mitunter sogar unmöglich sein. Insbesondere dann, wenn mögliche Anknüpfungspunkte schon besetzt wurden oder wenn es dem Unternehmen an den nötigen Mitteln fehlt, um ein konkurrenzfähiges Programm zu etablieren.

Eine Möglichkeit ist es, an ein bereits etabliertes, markengeschütztes Programm anzuknüpfen, das sich durch Sichtbarkeit und Effektivität auszeichnet und die Marke mit den Kunden verbindet. Home Depot, ein Baumarktunternehmen (wie Obi und Hornbach) in den USA, suchte nach einem Programm, das es dem Unternehmen erlaubte, seine Ressourcen und Erfahrungen zu nutzen, um sozial Benachteiligten beim Bau oder beim Wiederaufbau eines Hauses zu helfen – und so einen Anknüpfungspunkt zwischen den Kunden und der Marke zu schaffen. Die Lösung war „Habitat for Humanity", ein markengeschütztes Programm mit einer nachweislichen Erfolgsbilanz im Bau von Häusern für diejenigen, die Hilfe benötigten. Home Depot unterstützte die Initiative sichtbar in Form von Baumaterial, kompetenten, freiwilligen Mitarbeitern und Hinweisen in ihren Geschäften und auf ihrer Webseite. Viele Kunden von Home Depot nahmen dieses Engagement wahr. Dabei spielt es keine Rolle, ob „Habitat for Humanity" mit Home Depot verbunden wird, nur in umgekehrter Richtung ist die Verbindung wichtig, da es das Ziel ist, die Marke Home Depot positiv zu beeinflussen.

Das Fazit

Kunden interessieren sich oft nicht für die Werbung für ein Angebot, eine Marke oder ein Unternehmen, obwohl das die Grundvoraussetzung für die Effektivität einer Kampagne ist. Eine Alternative bietet daher der Fokus auf die Interessen und Leidenschaften der Kunden, für die sie sich engagieren – und damit einen Anknüpfungspunkt zwischen den Kunden und der Marke. Die Herausforderung ist es, ein Programm zu entwickeln, das auf diesen Interessen und Leidenschaften aufbaut und durch das die Marke als Partner mit gleichen Interessen wahrgenommen wird. Es lohnt sich, diesen Weg zu gehen, da die Marke mit Energie, Sympathie und Glaubwürdigkeit aufgeladen wird. Gleichzeitig ist es die Grundlage für eine tiefergehende Beziehung mit den Kunden im Sinne einer aktiven Community. Es gibt drei Wege, um ein geteiltes Interesse zu nutzen, je nachdem, ob es in das Angebot eingebettet bzw. mit ihm verbunden werden kann oder unabhängig von ihm ist. Die Entwicklung und Investitionen in ein eigenes internes Programms können durch ein Unternehmen umfassend kontrolliert werden, aber ein externes Programm in Verbindung mit einer etablierten Marke oder Initiative wird manchmal effektiver und einfacher zu realisieren sein.

Literatur

Aaker, D. (2013). Find the shared interest: a route to community activation and brand building. *Journal of Brand Strategy, 2*(2), 136–147.

Aaker, D. (2014). *Strategic market management* (10 Aufl.). New York: Wiley.

Fournier, S., Breazeale, M., & Fetscherin, M. (2013). *Consumer-brand relationships*. Abingdon: Routledge.

Marken sollten die Digitalisierung gezielt für den Markenaufbau nutzen

12

Es macht Spaß, das Unmögliche zu tun.
– Walt Disney

Webseiten, Blogs, soziale Medien, Online-Videos, Smartphones, Mobile Apps, Big Data, das Internet der Dinge bis hin zu Industrie 4.0 bieten Unternehmen ein digitales Potenzial, das es für den Markenaufbau und die Markenführung zu nutzen gilt. Dabei haben insbesondere digitale Medien einen großen Einfluss auf Marken und den Markenaufbau, da sie:

- **Kunden miteinbeziehen.** Digitale Programme und Strategien, insbesondere, wenn diese eine Online-Community formen und involvieren, stimulieren Kunden dazu, Kommentare und Empfehlungen zu verfassen. Wenn Kunden über digitale Kanäle eingebunden werden, werden sie eher zuhören, lernen, und ihr Verhalten ändern, als wenn sie nur rein passiv mit Werbung konfrontiert oder den Namen eines Sponsors auf einer Veranstaltung wahrnehmen. Konsumenten passiv mit Werbung zu berieseln ist ein beschwerlicher Weg für die Kommunikation und für die Änderung von Einstellungen der Kunden gegenüber der Marke und den angebotenen Produkten.
- **Umfangreiche und detaillierte Inhalte kommunizieren können.** Soziale Medien sind in Bezug auf die Breite und Tiefe von Inhalten nicht eingeschränkt. Eine Webseite kann eine große Anzahl an Informationen anbieten, ein vierminütiges Video kann eine tiefergreifendere Geschichte erzählen.
- **Gezielt kommunizieren.** Digitale Medienkanäle erlauben individuelle Kommunikation und Markenkampagnen, die auf den einzelnen Konsumenten zugeschnitten sind. Ein Besucher einer Webseite beispielsweise kann deren Nutzung und das daraus resultierende Erlebnis an seine eigenen Wünsche und Bedürfnisse anpassen.
- **Vertrauen gewinnen.** Im Unterschied zu TV- oder Printwerbung erzeugen Inhalte von Webseiten oder im Internet veröffentlichte Produktbewertungen durch Kunden mehr

© Springer Fachmedien Wiesbaden 2015
D. Aaker et al., *Marken erfolgreich gestalten*, DOI 10.1007/978-3-658-06386-3_12

Vertrauen, da hierdurch mehr inhaltliche Substanz vermittelt wird und das „Verkaufs-
ziel" weniger augenscheinlich ist.[1]

Unternehmen, die digitale Medien nutzen, müssen sich jedoch deren Regeln unterordnen
und sich entsprechend verhalten. Digitale Medien erlauben einen Markenaufbau auf vier
Arten. Wie in Abb. 12.1 dargestellt wird, erweitern, verbessern und unterstützen digitale
Medien das Angebot des Unternehmens und eignen sich als neue oder ergänzende Plattformen des Markenaufbaus.

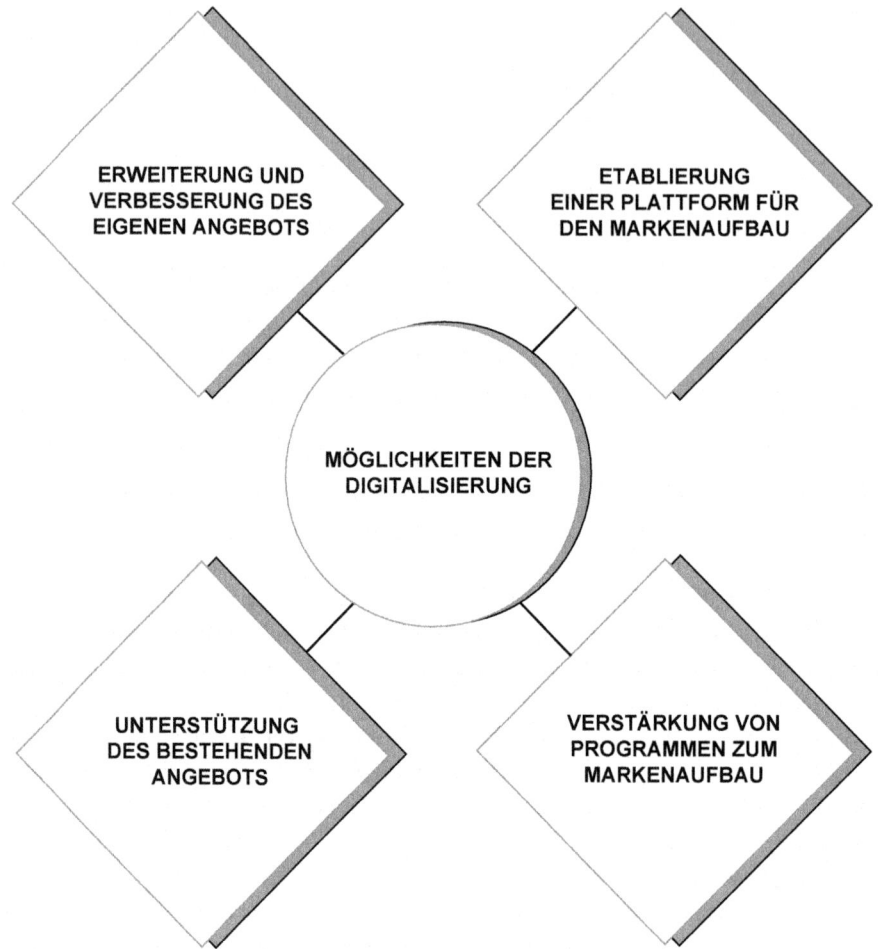

Abb. 12.1 Die Möglichkeiten der Digitalisierung

---

[1] Eine Umfrage von Nielsen mit 29.000 Internetnutzern in 58 Ländern zeigt, dass 69 % der befragten
Personen dem Inhalt von Webseiten und Onlinekommentaren, und 61 % der Werbung in digitalen
Kanälen vertrauen. Das Vertrauen steigt bis auf 84 %, wenn die Meinungen von vertrauten Freunden
oder der Familie stammt (Baar 2013).

Die digitale Erweiterung und Verbesserung des eigenen Angebots

Ein digitales Programm kann das Angebot verbessern und dieses um funktionale Vorteile erweitern. Betrachten Sie zum Beispiel Nike+, bei dem ein im Schuh eingebauter Chip die gesamte sportliche Aktivität des Athleten dokumentiert. Einige Museen stellen den Besuchern eine App als praktischen Museumsführer zur Verfügung, wodurch das Erlebnis des Museumsbesuchs bereichert wird. NASCAR, ein US-amerikanischer Motorsportverband, bietet eine App an, die es Zuschauern während des Rennens ermöglicht, den Gesprächen zwischen Fahrern und Boxenmannschaft zuzuhören – sie werden also zu „Insidern". Taxis in London und einigen anderen Städten haben eine App, die es Menschen ermöglicht, das nächstgelegene Taxi zu kontaktieren und dieses zu bitten, sie abzuholen. Einige Fluggesellschaften haben Apps, mit denen die Passagiere einchecken, Flüge überprüfen und Reservierungen ändern können. DHL, UPS und Hermes bieten Apps an, die eine Verfolgung von Sendungen ermöglichen. In all diesen Fällen wird das digitale Programm Teil des Angebots und erhöht dessen Wert. Die Digitalisierung unterstützt damit Marken, indem sie als energetisch und innovativ wahrgenommen werden oder auf diesem Weg sogar „Musthaves" geschaffen werden, die wiederum neue Produktunterkategorien definieren können.

Die Unterstützung des bestehenden Angebots

Digitale Medien können das Angebot aber auch unterstützen, indem sie es verständlicher und glaubwürdiger und den Kaufprozess weniger frustrierend machen. Sie können zu neuen Anwendungsmöglichkeiten der Produkte oder Dienstleistungen inspirieren und einen Mechanismus darstellen, der das Angebot unterstützt.

Das Angebot besser kommunizieren und damit stärken

Webseiten oder andere Plattformen, wie beispielsweise Facebook, werden von Unternehmen im Wesentlichen dazu eingesetzt, um das Angebot zu kommunizieren. Eine Webseite kann einem Kunden dabei helfen, sich über das Angebot zu informieren, insbesondere dann, wenn es komplex ist und sich fortlaufend verändert. Subway stellt neue Sandwich-Variationen oft mit einer Verkaufsförderungsaktion in digitalen Medien vor. Das Unternehmen hat mehr als 22 Mio. Facebook-Follower. Viel wichtiger jedoch als die Anzahl selbst ist das ungewöhnlich hohe Engagement der Facebook-Nutzer, die Subway's Kommunikation auf Facebook pro-aktiv verfolgen. Besucher suchen nach neuen Sandwiches und den dazugehörigen Aktionen. Walmart hat eine Webseite, die es Besuchern ermöglicht, auf Produktinformationen unzähliger Produkte zuzugreifen. Die Nutzer sind dabei stark involviert, da die Webseite es ihnen erlaubt, sehr einfach auf diejenigen Informationen zuzugreifen, die sie im Moment am meisten interessieren. Die Webseite von Walmart bietet dem Besucher einen funktionalen Nutzen, wodurch der Besucher involviert wird und letztendlich auch der Umsatz gesteigert wird. Webseiten, die das Angebot ergänzen und unterstützen, so wie es bei Subway oder Walmart der Fall ist, müssen übersichtlich und einfach in der Anwendung sein und eine einfache Navigation der Seite ermöglichen. Die Kraft der Einfachheit zeigt sich darin, wie Kundenentscheidungen beeinflusst werden. Eine Studie, die im Harvard Business Review veröffentlicht wurde, fand heraus, dass diejenigen Marken, die vergleichsweise einfach relevante Informationen vermitteln, eine weit höhere Wahrscheinlichkeit aufweisen, gekauft (86 % höhere Wahrscheinlichkeit) oder weiterempfohlen (115 % höhere Wahrscheinlichkeit) zu werden (Spenner und Freeman 2012).

Die digitale Unterstützung des Angebots und der Marke wird weiter verstärkt, wenn Kunden mit dem Unternehmen hinter der Marke oder mit anderen Kunden interagieren können. Dell betreibt eine Vielzahl von Hilfeforen mit interaktiven Möglichkeiten, wie dem Owners Club, dem altehrwürdigen Direct2Dell oder Blogs (über Interessengebiete wie Unternehmens-IT etc.).

Dem Angebot Glaubwürdigkeit verleihen

Kunden wünschen sich vertrauenswürdige und relevante Informationen über verschiedene Marken und eine Unterstützung beim Vergleich unterschiedlicher Angebote. Oft können Kundenberichte, die auf echten Erfahrungen basieren und nicht durch Hersteller oder den Handel beeinflusst werden, diesen Anspruch erfüllen. Bei Walt Disney World's „Mums Panel" beantworten zum Beispiel Mütter authentisch Fragen zum Aufenthalt in den Freizeitparks. Bei Philips' Online-Nutzerforen helfen Kunden anderen Kunden bei Fragen und Problemen mit der Nutzung einzelner Produkte. Amazon.de stellt sehr viele Rezensionen seiner Produkte zur Verfügung und hilft Kunden, die für ihre Bedürfnisse wichtigsten Rezensionen zu finden.

Expertenberichte sind ebenfalls eine Möglichkeit, einem Angebot zu mehr Glaubwürdigkeit zu verhelfen. Das US-Einkaufshaus Saks Fifth Avenue baut auf Expertenkommentare und lässt die Modejournalistin Dana Riffs den Kunden Tipps in Sachen Mode geben. Das Maggi Kochstudio bietet ein Forum, welches das Image des altehrwürdigen Experten kommuniziert. Digitale Medien geben diesen Ratschlägen eine persönliche Note.

Den Kaufprozess einfacher gestalten

Wenn Kunden nach Informationen über Marken suchen, nehmen sie im Kauf- und Entscheidungsprozess gerne Hilfe an. Sie können durch Produktinformationen, die nicht richtig für ihre Zwecke aufbereitet oder nicht einfach zu nutzen sind, frustriert und verunsichert sein. Einige Automobilmarken, die dies erkannt haben, bieten die Möglichkeit an, ihre Marke mit anderen relevanten Marken zu vergleichen und unterstützen so die Entscheidungsfindung der Konsumenten.

Alles, was die Komplexität der Kaufentscheidung reduziert, wird von Kunden angenommen. Der Diamantenhändler De Beers nutzt die sogenannten 4 Cs (cut, color, clarity und carat; d. h., Schliff, Farbe, Reinheit und Karat), um eine komplexe Kaufentscheidung zu strukturieren und seinen Führungsstatus in dieser Produktkategorie zum Ausdruck zu bringen. Informationen, die nach Relevanz sortiert sind, werden besonders geschätzt. Herbal Essences bietet eine Entscheidungshilfe basierend auf dem Haartyp und den Bedürfnissen von gefärbtem Haar an, die die Entscheidung und die Wahl der Haarpflege deutlich vereinfacht. Der deutsche Online-Modehändler Modomoto empfiehlt seinen Kunden sogar ganze Outfits basierend auf Informationen über den persönlichen Stil des Kunden.

Die Entwicklung neuer Anwendungsmöglichkeiten inspirieren

Ein Schlüssel zu mehr Wachstum kann sein, neue Anwendungsmöglichkeiten der Marke zu finden und die Kunden anzuregen, die Marke und/oder Produkte auf neue Art und Weise zu verwenden. Wie schon in Kap. 8 dargelegt, betreibt Harley-Davidson eine Webseite, auf der Harley-Davidson-Fahrer ihre Lieblingsstrecken mitsamt Kartenmaterial hochladen und veröffentlichen können. Hornbach nutzt verschiedene soziale Medien, um Kunden anzuregen, über Renovierungsmöglichkeiten ihres Hauses nachzudenken. Kosmetikunternehmen erklären auf ihren Webseiten, wie und wann man ihre Produkte verwenden soll. Derartige Interaktionen mit den Kunden wären ohne die Digitalisierung nur schwer umzusetzen.

Den Kunden in die Produktentwicklung miteinbeziehen

Wenn ein Anbieter es schafft, Kunden dazu zu motivieren, Ideen für neue und verbesserte Angebote mit dem Anbieter zu teilen oder diese zu bewerten, entstehen Kundeninteraktionen, die sowohl der Marke als auch den Kunden Vorteile bieten. „My Starbucks Idea" wurde 2008 eingeführt und hat Starbucks verändert. Die Ideen zu Stäbchen, die Kunden vor dem Verspritzen heißer Getränke schützen, zu mobilem Bezahlen, zu neuen Geschmacksrichtungen, zu fettarmen Getränken und zu Cake Pops wurden alle von Kunden generiert, auf dieser Plattform zusammengetragen und bewertet. Nicht alle Ideen (wie zum Beispiel getrennte Warteschlangen für Kaffee) zahlten sich am Ende aus, verschafften der Marke aber dennoch neue Vitalität und eine tiefere Verbindung mit den Kunden. Heineken konnte mittels eines Wettbewerbs zur Umgestaltung von Flaschen 11 Mio. Facebook-Fans anlocken (mehr als dreimal so viele Fans wie Budweiser). Der erste Wettbewerb, die nächste limitierte Flasche zu entwerfen, führte zu mehr als 30.000 eingegangenen Vorschlägen. Die Ideen, die von diesen Marken umgesetzt wurden, waren dabei weniger wichtig als der Aufbau eines kontinuierlichen Dialogs mit den Kunden und die direkten Kundenkontakte für die Mitarbeiter. Gleiche Ansätze verfolgt in Deutschland McDonalds bei der Entwicklung neuer Burger-Variationen oder die Deutsche Bank mit ihrem neuen Customer Lab in Berlin.

Die Etablierung einer Plattform für den Markenaufbau

Digitale Plattformen können eine zentrale Rolle oder sogar eine Führungsrolle beim Markenaufbau einnehmen, bei dem andere Marketingmaßnahmen eher der Unterstützung dienen. Singapore Airlines beispielsweise hat einen Videowettbewerb gesponsert, bei dem Teilnehmer Videos über ihre Lieblingsurlaubsziele in Asien einreichen konnten. Die Gewinner erhielten Flugtickets und einen Aufenthalt in einem Vier-Sterne-Hotel. Die Bundesliga-App ermöglicht es Fußballfans, Spielergebnisse und Statistiken in Echtzeit abzurufen. In beiden Fällen handelt es sich um digitale Plattformen zum Markenaufbau, die von anderen Marketingmaßnahmen unterstützt werden.

Eine digitale Plattform für den Markenaufbau bietet die Möglichkeit eines Anknüpfungspunktes mit den Kunden. In Kap. 10 wurden einige Beispiele für digitale Plattformen zum Markenaufbau vorgestellt, die die Gemeinschaft der Kunden einbezogen haben:

- Die 1-2-do.com Heimwerker-Community von Bosch, die Hobbyhandwerkern eine Plattform bietet, ihre Projekte mit anderen zu teilen und sich gegenseitig Tipps zu geben.
- Die Hej-Community von IKEA, in der sich alle, die Spaß am Einrichten und Gestalten haben, treffen und austauschen können.
- Die Maybelline Make-Up School, auf deren Webseite unzählige Schminkvideos und -tipps zur Verfügung gestellt werden.

Den Einsatz viraler Online-Videos in Betracht ziehen

Ein erfolgreiches Onlinevideo kann ebenfalls eine effiziente Maßnahme für den Markenaufbau sein. Das zu erreichen ist nicht einfach. Aber wenn es funktioniert, kann es die Kunden stimulieren, nach weiterführenden Informationen zu suchen und die Aufmerksamkeit der Zielgruppe wecken – und das oft zu einem Bruchteil der Kosten von bezahlter Werbung. DC Shoes, ein Hersteller von Schuhen, die sich an Skateboarder und Snowboarder richten, begann 2009, Videos von Stunt-Fahrern in den Straßen von San Francisco zu zeigen. Über vier Jahre hinweg wurden die Videos 180 Mio. Mal angeschaut, was einem Wert von 5 Mio. US-Dollar in bezahlter Onlinewerbung entspricht (Teixeria 2013).

Ein anderes Video von Coca-Cola unter dem Titel „Happiness Machine" wurde von mehr als 10 Mio. Konsumenten im Internet angesehen: An einem Studententreff der St. John's University kaufte eine Person eine Cola aus der „Happiness Machine" und bekam nicht nur eine Cola, sondern zu ihrer Verwunderung eine ganze Palette davon. Dann kam eine Hand aus dem Automaten und übergab Blumen, eine Cola in einem Glas voll Eis, einen Luftballonhund und letztendlich ein U-Boot-großes, meterlanges Sandwich. Der Student begann zu lachen und versuchte sogar, den Coca-Cola-Automat zu umarmen. Ähnlich erfolgreiche Beispiele lassen sich bei Volkswagen (The Fun Theorie), Mercedes-Benz (Invisible Car) und Lidl (DILL Gourmet Restaurant) finden.

Die sozialen Medien für Verkaufs- und Werbeaktionen nutzen

Digitale Medien erlauben es Unternehmen, Verkaufs- und Werbeaktionen durchzuführen, die sonst nicht möglich wären. Ford Fiesta wollte 2009 für ein 2011er-Modell des Fiestas mit europäischem Design Aufmerksamkeit und Bekanntheit erzeugen. Die Lösung war, 100 Autos an 100 im Internet aktive und einflussreiche Konsumenten im ganzen Land zu verteilen. In jedem Monat des sechsmonatigen Programms musste jeder „Agent" eine Mission erfüllen, die sich Ford ausgedacht hatte. Die Teilnehmer verbreiteten ihre Erfahrungen und Gedanken über Videos, Tweets und Blogeinträge. Das Programm brachte es auf eine halbe Milliarde Zuschauer. Dadurch erlangte Ford Fiesta eine Markenbekanntheit von mehr als 40 % und die Werbeaktion führte zu tausenden Vorbestellungen – alles ohne klassische Print-, Radio- oder Fernsehwerbung.

Die Aktion wurde dann jedes Jahr unter dem Titel „The Next Fiesta Movement" wiederholt und jedes Jahr wurden 100 Multiplikatoren ausgewählt, um daran teilzunehmen. Ein Trick des auf sozialen Medien basierenden Programms ist es, die Ergebnisse auch in der Fiesta-Werbung zu verwenden. Außerdem wurden zwei Komiker von den Kunden per Abstimmung ausgewählt, die mit einem Fiesta durch Los Angeles fuhren und sich gegenseitig mit improvisierter Stand-up-Comedy vor zufällig ausgewähltem Publikum überbieten sollten. Diese Videos wurden auf YouTube verbreitet.

Die digitale Verstärkung von Programmen zum Markenaufbau

Digitale Medien eignen sich gut dazu, um Maßnahmen zum Markenaufbau zu unterstützen und das Programm zum Markenaufbau effektiver zu gestalten. Insbesondere die Webseite bietet sich als Plattform des Markenaufbaus, angefangen von Sponsoring und Anzeigenwerbung bis hin zu Werbeaktionen und Veranstaltungen, an. Soziale Medien wie Twitter und Facebook können Konsumenten anregen, Veranstaltungen zu besuchen, auf denen das Sponsoring der Marke sichtbar wird. Erfolgreiche Werbung lebt häufig in sozialen Medien weiter und kann aktiv in diese verlängert werden.

Im Folgenden wird gezeigt, wie Sponsoring durch digitale Aktivitäten unterstützt werden kann.

Das Sponsoring unterstützen und aufwerten

Denken Sie daran, wie digitale Medien den „Red Nose Day" von ProSieben ergänzt haben. Auf der Webseite konnte man Geld spenden und beobachten, wie das Gesamtspendenvolumen anstieg, und wenn bestimmte Spendenziele erreicht wurden, unternahmen die Moderatoren des Fernsehsenders lustige Aktionen in ihren Sendungen.

Digitale Medien verstärken auch das Sponsoring von Red Bull, dem koffeinhaltigen Energy Drink, der hunderte Extremsportveranstaltungen und Wettbewerbe jedes Jahr selbst ins Leben ruft oder unterstützt. Einen absoluten Coup landete Red Bull 2012, als mehr als 8 Mio. Menschen digital zusahen, wie Felix Baumgartner über der Wüste von Neumexiko mit einem ultradünnen Heliumballon namens „Red Bull Stratos" fast 39 km in die Höhe stieg, absprang, und während seines neunminütigen freien Falls über 1300 km/h schnell wurde. Seitdem haben weitere 40 Mio. Menschen das YouTube-Video angesehen. Die digitalen Maßnahmen vor und nach dem Sprung und die Dokumentationen generierten gemeinsam mehr als 1 Mrd. Zuschauer, was einem unglaublichen Return on Investment (ROI) der Red-Bull-Investition gleichkommt, obwohl sich diese auf nur 40 Mio. US-Dollar beliefen. Ohne digitale Medien hätte diese Maßnahme nicht funktioniert.

Die ganzheitliche Nutzung der digitalen Medien und Möglichkeiten

Umfassende Kompetenzen und Fähigkeiten zur Nutzung digitaler Medien zu entwickeln, ist nicht ganz einfach. Hier einige Handlungsempfehlungen:

Die umfassenden Chancen der Digitalisierung verstehen

Digital bedeutet nicht die Nutzung *eines* Kanals – die Nutzung digitaler Medien impliziert die Nutzung einer Vielzahl verschiedener Kanäle, zwischen denen Synergien bestehen. Meistens ist es die komplementäre Nutzung verschiedener Kanäle, mit dem sich ihr Einfluss bedeutend steigern lässt. Einzelne Kanäle auszulassen würde den Gesamteinfluss digitaler Medien deutlich reduzieren.

Die Integration der digitalen Kanäle in das Marketing vorantreiben

Digitale Medien werden viel zu oft organisatorisch und konzeptionell als ein weiteres, autonomes Marketingmedium behandelt. Stattdessen sollten Unternehmen digitale Medien in die gesamte Markenaufbau- und Marketingstrategie integrieren, denn eine Schlüsselrolle der digitalen Medien besteht darin, die Programme zu ergänzen und die Angebote zu unterstützen. Sowohl von organisatorischer als auch von technischer Seite stellen sich dabei unterschiedliche Herausforderungen. Marketingteams müssen zusammenarbeiten und es muss ein Verständnis dafür entwickelt werden, wie digitale Medien zusammenhängen und wie sie als Unterstützung des Marketings eingesetzt werden können. Unternehmensprozesse, Unternehmensstrukturen, Mitarbeiter und Unternehmenskultur müssen entsprechend angepasst werden.

Wie man funktionale Unternehmensabteilungen und Unternehmensbereiche überwindet, um eine integrierte Marketingkommunikation zu erreichen, wird in Kap. 20 weiter dargelegt.

Die digitalen Möglichkeiten sowohl strategisch als auch taktisch nutzen

Unter Managern werden digitale Medien meist aus taktischer Perspektive betrachtet, was auch sinnvoll ist, sofern diese ein Angebot des Unternehmens oder den Markenaufbau unterstützen oder ergänzen. Vergessen Sie jedoch dabei nicht die Möglichkeit, ein existierendes Angebot mittels digitaler Medien zu erweitern oder zu verbessern, wodurch sich dessen Nutzen und Wert vergrößert oder eine Plattform für den Markenaufbau im digitalen Raum entsteht. In beiden Fällen erhält das digitale Programm eine strategische Dimension, was sich in der finanziellen Ressourcenausstattung widerspiegeln muss. Beschränken Sie sich dabei auch nicht selbst in Ihrem Denken, die Digitalisierung ermöglicht es bestehenden Produkten und Services, einen zusätzlichen Nutzen oder Mehrwert zu geben. Sie kann auch dazu führen, dass das Geschäftsmodell und die Unternehmensstrategie erweitert oder überdacht werden muss. Schlagworte wie „Internet of Things" oder „Industrie 4.0" zeigen dabei die Richtung und das gewaltige Potential möglicher Veränderungen auf.

Die Digitalisierung zum aktiven Experimentieren nutzen

Digitale Medien erlauben und ermöglichen das Ausprobieren und Experimentieren. Ideen können oft bereits mit kleinen Budgets verwirklicht werden. Es ist möglich, verschiedene Versionen einer Idee zu entwickeln, teilweise durch die Nutzung von Crowdsourcing, und diese schnell und effizient zu testen. Kleine Nischenzielgruppen können gezielt angesprochen werden, was mit anderen Medien kaum möglich ist. In einigen Fällen können diese kleinen Zielgruppen zu bedeutenden Kundensegmenten ausgebaut werden.

Dem Kunden über Social Media zuhören

Die Welt der digitalen Medien wird nicht durch die Marke kontrolliert. Jeder kann seine Gedanken über die Marke und seine Markenerlebnisse einbringen. Die Marke kann attackiert werden, manchmal auch durch falsche Behauptungen, und das Markenteam sollte in der Lage sein, Antworten zu geben. Es ist unerlässlich, direkt am Spiel teilzunehmen und nicht an der Seitenlinie zu sitzen, denn nur so ist das Unternehmen in der Lage, kontinuierlich mit den Kunden zu interagieren und dem mit der Digitalisierung einhergehenden Machtverlust zu begegnen. Gatorade beispielsweise hat eine zentrale Instanz für soziale Medien geschaffen, von der aus alle Kommentare über die Marke verfolgt werden. Analysen der Tonalität, wie über eine Marke gesprochen wird, können dabei einen aufschlussreichen Einblick bieten. Dabei wird diese anhand der Relation von positiven Kommentaren zu negativen Kommentaren über die Marke gemessen. Probleme, seien sie echt oder erfunden, können so umgehend entdeckt werden, sobald sie entstehen, und entsprechende Maßnahmen getroffen werden. So können Probleme der Marke aus der Welt geschaffen werden, bevor sie einen Schaden anrichten und an Fahrt gewinnen. Außerdem können dadurch Geschichten über die Marke, neue Anwendungsmöglichkeiten oder Ideen für neue Produkte ermittelt werden.

Die Reaktionsgeschwindigkeit erhöhen

Auch wenn die Markenvision einen Leitfaden bietet und Disziplin fordert, muss das Unternehmen schnell reagieren können und anpassungsfähig sein. Die digitale Welt ist schnelllebig, neue Chancen tauchen unglaublich schnell auf und verschwinden wieder. Wenn eine neue Plattform für den Markenaufbau entsteht, sei sie digital oder nicht, müssen die digitalen Kanäle unglaublich schnell darauf ausgerichtet werden.

Die Inhalte in den Mittelpunkt stellen

Im Internet geht es nur um Inhalte. Eine fundierte Markenvision, digitale Fähigkeiten und ein Budget sind nicht genug. Kreative Ideen, die zu durchschlagenden Programmen führen, sind erforderlich. Es sollten mehr Mittel und Quellen zur Ideenfindung und Identifikation verwendet und eingesetzt werden. Die „Happiness Machine" von Coca-Cola zum Beispiel war eine Idee eines Brainstormingwettbewerbs. Andere Unternehmen nutzen Crowdsourcing (siehe auch Kap. 10), bei dem interessierte Teilnehmer Ideen in kreativen Wettbewerben einreichen können.

In sozialen Medien werden ständig neue Inhalte veröffentlicht. Nur wenn die Inhalte unterhaltsam sind oder das Interesse der Kunden wecken, werden sie auch an andere Konsumenten weitergeleitet. Dabei werden viele Inhalte in sozialen Medien von den Konsumenten selbst erstellt und hochgeladen. In sozialen Medien veröffentlichte Inhalte über Coca-Cola werden von mehr als 150 Mio. Menschen angeschaut. Von diesen Inhalten werden aber nur 20 % von Coca-Cola selbst und 80 % von Konsumenten erstellt und veröffentlicht (Tripodi 2011). Dies bedeutet, dass eine Marke Inhalte erstellen und veröffentlichen sollte, die dann von den Konsumenten selbst in sozialen Medien verbreitet und weitergeleitet werden. Außerdem sollte eine Marke die Konsumenten dazu anregen, Inhalte über die Marke zu erstellen und zu verbreiten.

Die formulierten Ziele (nach Möglichkeit) messbar machen

Die Ziele, die eine Marke in digitalen Medien verfolgt, müssen klar definiert sein. Nutzt die Marke digitale Medien, um die Umsätze der Marke, deren Bekanntheit, die von der Marke ausgehende Energie oder die Loyalität der Konsumenten zu steigern? Wie können Marketingmaßnahmen in digitalen Medien gemessen werden, wenn kurzfristige Erfolgsindikatoren wenig Aussagekraft besitzen und andere Faktoren wie Werbung und Sponsoring das Ergebnis verfälschen können?

Dennoch wird es hilfreich sein, die Ziele der Marke in den digitalen Medien klar zu formulieren. Messbar sind dabei zum Beispiel die Effizienz und Fähigkeit von Marketingmaßnahmen, Seitenaufrufe einer Webseite zu generieren. Die Anzahl der Seitenaufrufe ist jedoch eine passive Kennzahl. Werden Besucher hingegen in die Inhalte einer Webseite involviert, beispielsweise durch das Kommentieren, das Re-Tweeten, das Verknüpfen mit anderen Webseiten oder das Kaufen eines Angebotes, ist es für ein Unternehmen möglich, die Bekanntheit einer Marke oder die von der Marke ausgehende Energie zu steigern oder den Kundenstamm auszubauen.

Das Fazit

Die Digitalisierung ermöglicht, Kunden einzubeziehen, erlaubt die Veröffentlichung reichhaltiger multimedialer Inhalte, ermöglicht eine genaue Ausrichtung auf unterschiedliche Kundensegmente und erzeugt Vertrauen. Sie hilft dabei, Marken aufzubauen, indem sie das Angebot erweitert, bestehende Angebote verbessert, Plattformen für den Markenaufbau schafft und/oder andere Marketingmaßnahmen ergänzt. Eine erfolgreiche Digitalisierung bedeutet die Integration einer Vielzahl von Kanälen, eine integrierte Marketingkommunikation, digitale Medien, sowohl taktisch als auch strategisch zu nutzen, aber auch zu experimentieren, zuzuhören, was Konsumenten in sozialen Medien sagen, die Veröffentlichung von interessanten Inhalten und die Messung des Erfolgs.

Literatur

Baar, A. (17 September 2013). Nielsen: consumers trust WOM over other messaging. *Marketing Daily*.

Spenner, P., & Freeman, K. (2012). To keep your customers, Keep it simple. *Harvard Business Review, 90,* 109–114.

Teixeria, T. (June 2013). How to profit from "lean advertising". *Harvard Business Review, 91(6)* 23–25.

Tripodi, J. (2011). Coca-Cola Marketing Shifts from Impressions to Expressions. blogs.hbr.org, April 27, 2011.

Marken sollten auf Konsistenz und Nachhaltigkeit bei der Markenbildung setzen

13

Ein Diamant ist ein Stück Kohle, das seiner Aufgabe treu geblieben ist.
– Thomas A. Edison

Die Veränderung und Anpassung einer Markenstrategie sowie deren Umsetzung zählen zu den wichtigsten Entscheidungen, die Markenstrategen treffen müssen. Eine (zeitlich) unpassende Veränderung der Markenstrategie kann zu einem Rückschlag für die Marke und das Unternehmen werden. Wenn sich die Umstände und die Marktsituation jedoch nachhaltig verändern, ist eine Anpassung der Markenstrategie unumgänglich und die Gefahr einer falschen Entscheidung für die Marke oder das Unternehmen wächst. Deshalb ist es wichtig, zu verstehen, wann eine Veränderung gerechtfertigt ist und wie eine objektive und gründliche Entscheidungsvorbereitung aussehen sollte.

Die fünf wichtigsten Gründe für die Änderung einer bestehenden Markenstrategie

Es gibt fünf Gründe, warum und wann eine Veränderung und Anpassung der Markenstrategie notwendig wird.

Erstens, es gibt Hinweise darauf, dass die bestehende Markenstrategie schlecht konzipiert ist oder nicht umgesetzt werden kann. Vielleicht wurde ein falsches Kundensegment, ein falsches Leistungsversprechen oder eine falsche Anwendung des Produktes oder der Dienstleistung avisiert. Oder das Markenversprechen kann nicht überzeugend kommuniziert werden.

Es ist oft vergebens und sogar gefährlich, eine falsch konzipierte Strategie weiterzuverfolgen. Die Marke und das Unternehmen werden darunter leiden und die Entwicklung

© Springer Fachmedien Wiesbaden 2015
D. Aaker et al., *Marken erfolgreich gestalten*, DOI 10.1007/978-3-658-06386-3_13

und Umsetzung einer besseren Markenstrategie wird nur hinausgezögert. Das ist ein eindeutiges Signal dafür, dass die Markenstrategie neu ausgerichtet werden muss.

Aber, es ist nicht immer einfach zu bestimmen, wann der richtige Zeitpunkt gekommen ist, um eine bestehende Strategie aufzugeben oder zu verändern. Können kurzfristige Indikatoren der Marktentwicklung den langfristigen Erfolg messen und vorhersagen? Sind schwache Leistungen und Aussichten etwa durch ein eingeschränktes Angebot oder fehlende Innovationskraft und nicht durch eine falsche Markenstrategie bedingt? Die meisten Unternehmen sind nicht in der Lage, ohne Innovationen zu wachsen. Die Märkte sind dafür einfach zu gesättigt. Manchmal wird dabei der Markenstrategie die Schuld zugeschoben, obwohl eigentlich die Umsetzung der Markenstrategie das Problem ist.

Zweitens, die Umsetzung der Markenstrategie sticht nicht aus der Masse hervor oder findet keinen Anklang. Um die Strategie zum Leben zu erwecken, braucht es eine innovativere Form der Umsetzung. Das ist eine Herausforderung, die nur dann zu meistern ist, wenn das Markenversprechen überzeugend und ein Team in der Lage ist, kreative und ausdrucksstarke Programme zu kreieren, die im Markt auf entsprechende Resonanz treffen.

Aber, die Umsetzung mag diesen Anforderungen schon nahekommen und muss vielleicht nur ein wenig verändert oder erweitert werden, um zu funktionieren. Oder die Umsetzung der Markenstrategie braucht ein wenig mehr Zeit, um ihre Wirkung zu entfalten und an Schwung zu gewinnen. Außerdem mag eine für das Angebot und das Markenversprechen bessere Umsetzung der Markenstrategie nicht realisierbar sein. Neue Arten und Formen zu testen, wie die Markenstrategie umgesetzt werden kann, ist in manchen Fällen einfach sinnlos.

Drittens, der Markt verändert sich fundamental und die Annahmen, die der Markenstrategie und ihrer Umsetzung zugrunde liegen, sind nicht mehr länger gültig. Die Kunden haben ihre Präferenzen geändert. Die Strategie und deren Umsetzung mögen durchdacht sein, aber die Zielgruppe löst sich auf oder das Angebot ist für das Kundensegment kaum noch relevant. Wenn weniger Kunden Brathähnchen, Geländewagen oder bestimmte Aktien kaufen, muss die Marke eventuell neu positioniert und die Umsetzung überdacht werden. Kentucky Fried Chicken erkannte zum Beispiel, dass es seinen Namen in KFC abändern sollte, um sich besser von Colonel Sanders' Fried Chicken (Vorgänger von KFC) abgrenzen zu können.

Aber, die scheinbare Bedrohung durch einen Trend oder eine Innovation eines Wettbewerbers kann nur von kurzer Dauer sein, auch wenn dafür zunächst viel Aufmerksamkeit entsteht. Zahlreiche Innovationen erzeugen in Märkten für kurze Zeit viel Aufsehen, verschwinden dann aber schnell wieder oder verlieren an Relevanz. Als elektrische Rasierapparate in den 1930er-Jahren eingeführt wurden, dachte man, dass man Nassrasierer nicht mehr brauchen würde, aber das traf nicht zu. Doch auch wenn eine Bedrohung real ist, bedeutet das nicht zwangsläufig, dass die Markenstrategie geändert werden sollte. Der alte Grundsatz „Schuster, bleib bei Deinen Leisten ", der sich in der Vergangenheit bewährt hat, ist häufig eine bessere Lösung als die Änderung und Anpassung der Markenstrategie.

In Kap. 15 wird dargelegt, wie man auf Bedrohungen aus dem Markt reagieren sollte.

Viertens, die Unternehmensstrategie entwickelt sich weiter oder verändert sich. Das Produktsortiment wird um Produkte in anderen Produktkategorien erweitert oder neue

Kundensegmente werden erschlossen. Gillette gibt es jetzt zum Beispiel auch für Frauen und Opel bzw. VW entwickelten Produkte für Kunden, die kleinere, weniger teure Autos wollen. Oder die Marke könnte erweitert werden. General Electric (GE) hat seine Angebotspalette auf vielversprechende Produktsegmente ausgedehnt und die Marke musste für die neuen Geschäftsfelder weiterentwickelt werden. Das Markenversprechen kann sich ebenfalls verändern. Schlumberger, das weltweit größte Unternehmen für Erdölexplorations- und Ölfelddienstleistungen, verkauft jetzt ganzheitliche Lösungen anstelle von individuellen Dienstleistungen. Diese Veränderung der Unternehmensstrategie bedeutet, dass die Markenstrategie und deren Umsetzung durch die Marke nicht ausreichend unterstützt werden. Die Markenstrategie muss also auf der Unternehmensstrategie aufbauen und diese unterstützen. Sie kann nicht unabhängig gemanagt werden.

Aber, wie viel Veränderung braucht es? Muss die Markenvision und deren Umsetzung vollkommen neu gestaltet werden? Oder kann sie durch kleine Modifikationen oder eine Neuausrichtung angepasst werden? Können die existierende Markenvision und ihre Umsetzung weiterentwickelt werden und das Fundament für eine neue Markenausrichtung bilden? Kann die Markenstrategie in eine neue Richtung gelenkt werden, ohne eine komplett neue Markenstrategie zu entwickeln?

Fünftens, sofern die Marke und das Angebot nicht mehr genug Kraft und Energie ausstrahlen oder es diesen an Sichtbarkeit fehlt, erscheinen sie müde und nicht mehr zeitgemäß. Folglich verliert die Marke an Relevanz, insbesondere für jüngere Käufer und diejenigen Kunden, die anderen Marken aufgeschlossen gegenüberstehen. Entsprechend muss die Marke mit neuer Energie aufgeladen werden, es bedarf aber keiner Veränderung der Markenvision oder deren grundsätzlicher Umsetzung. In Kap. 16 werden Maßnahmen vorgestellt, die dabei helfen, der Marke neue Kraft und Energie zu geben.

Aber, eine komplette Neuausrichtung und Neueinführung der Marke ist möglicherweise unnötig oder sogar unmöglich. Eine verhältnismäßig geringfügige Änderung der Markenvision und ihrer Umsetzung spendet der Marke ausreichend Energie, um ihre Differenzierung zu erhöhen. Wie grundlegend und tief greifend ist das Problem fehlender Kraft und Energie? Was sind die Optionen? Ist es ein Angebotsproblem? Wenn ja, wird jegliche Anstrengung der Marke aussichtslos sein. Im Falle von Automarken, die an Relevanz verloren haben und eine Neuausrichtung benötigen, wird für gewöhnlich ein neues Modell gebraucht, das sichtbar technisch und funktional besser ist. Ohne diese sichtbaren Änderungen, wie beispielsweise durch Innovationen, wird der Markenaufbau nicht erfolgreich sein.

Die Vorteile einer nachhaltigen Markenstrategie

Die Markenbotschaft ist bei den meisten starken Marken sichtbar konsistent. Joe Tripodi, Chief Marketing Officer (CMO) von Coca-Cola, sieht den Erfolg der Marke Coca-Cola in der Konsistenz der Markenbotschaft über einen langen Zeitraum hinweg (Tripodi 2011).

Das Logo und die Gestaltung der Verpackung von Coca-Cola existiert schon mehr als ein Jahrhundert, ebenso die Markeneigenschaften „positiv", „optimistisch" und „fröhlich". Sponsoring durch Coca-Cola ist für die Ewigkeit bestimmt. Die Verbindung zu Olympia geht zurück bis in die 1920er-Jahre und diejenige zum Fußballsponsoring bis in die 1950er-Jahre. Coca-Cola hatte schon immer einen Platz bei Familiengeburtstagen, in Urlauben und bei Sommerveranstaltungen. Die Markenmanager von Coca-Cola bemühten sich kontinuierlich darum, die Marke neu zu beleben und zeitgemäß aufzuladen, was u. a. die Neugestaltung der Coca-Cola-Flaschen, neue Werbeaktionen oder auch die „Happiness Machine" (s. Kap. 12) umfasst – der Markenkern bleibt jedoch erhalten und die entsprechenden Markenprogramme werden weitergeführt.

Konsistenz zahlt sich aus mehreren Gründen aus. Erstens braucht es Zeit, bis eine Maßnahme zur Markenpositionierung oder zum Markenaufbau an Fahrt gewinnt. Denken Sie an gut positionierte Marken wie Corona Bier, VISA, BMW, Aldi, Singapore Airlines oder IKEA. Die Konsistenz ihrer Markenbotschaft und Markenvision über mehrere Jahrzehnte hinweg hat sich bezahlt gemacht, schuf klare und starke Markenwerte und führte zu loyalen Kunden. Die Marke neu zu positionieren oder eine existierende Positionierung zu ändern ist kurzfristig schwierig, egal wie durchdacht die Umsetzung und wie groß das Budget ist.

Des Weiteren kann eine über die Zeit hinweg konsistente Markenvision die Positionierung der Marke zementieren. Für Konkurrenten ist es dann nahezu unmöglich, eine Marke und deren über die Jahre hinweg aufgebaute Positionierung zu kopieren. Subaru dominiert den Allradantrieb, VISA ist grenzenlos und „besitzt" eine weltweite Verbreitung und die Papiertaschentuchmarke Tempo steht für Sanftheit. Wettbewerber werden in ihren Möglichkeiten durch diese Marken eingeschränkt und müssen einen anderen, häufig weniger effektiveren Weg beschreiten, um die Kunden zu erreichen. Die Absicht eines Wettbewerbers, Tempo aus der Sanftheitsposition zu verdrängen, ist schwierig umzusetzen. Schlimmer noch: Die Bemühungen des Wettbewerbers, Sanftheit zu kommunizieren, könnten als Botschaft von Tempo wahrgenommen werden.

Drittens hat jede Veränderung das Potenzial, das zu schwächen, was schon aufgebaut worden ist. Kunden sind grundsätzlich nicht fähig oder ausreichend motiviert, Änderungen zu folgen, und nehmen Veränderungen, die das Gewohnte entfernen, oft negativ wahr. Es gab zum Beispiel regelrechte Kundenaufstände wegen kleiner Veränderungen von Logos. GAP zum Beispiel musste den Wechsel zu einem neuen Logo, das zeitgemäßer gestaltet war, sogar zurücknehmen.

Und schließlich ist Konsistenz auch kosteneffizient. Wenn eine starke Positionierung einmal aufgebaut und erreicht wurde, ist es schwer, von dieser verdrängt zu werden, und verhältnismäßig einfach und kostengünstig, diese zu aufrechtzuerhalten, da Sie diese nur verstärken und kein Neuland mehr betreten müssen. Eine Veranstaltung oder ein prominenter Markenbotschafter, die fest mit der Marke verbunden sind, können eine Aussage machen, die einfach zu verstehen und zu merken ist und mit der Marke verbunden wird. Außerdem müssen Sie nicht nach einer neuen Positionierung suchen und in neue, kreative Marketingmaßnahmen investieren, was eine teure und unsichere Investition ist.

Die der Argumentation zu Grunde liegende Logik ist schlüssig. Konsistenz ist ein Grundstein für starke Marken. Es muss einen triftigen und gut überprüften Grund geben, um eine Markenstrategie oder ihre Umsetzung zu verändern. Verantwortliche Manager müssen sicherstellen, dass das wahre Problem nicht in den Produkten oder Dienstleistungen des Unternehmens, einer Innovation der Wettbewerber oder Marktveränderungen besteht, die nicht durch eine Anpassung der Markenstrategie oder ihrer Umsetzung gelöst werden können.

Der notwendige Widerstand gegen die zwanghafte Suche nach Veränderung

Mit Sicherheit ist es für jede Marke das Ziel, eine effektive Markenvision zu etablieren und umzusetzen. Die Markenvision ist das Kennzeichen jeder erfolgreichen Marke. Warum werden trotz dieser Tatsache Marken ohne jeglichen Grund fortlaufend geändert? Die Antwort darauf sind organisatorische Anreize, die existierenden Prozesse und Werte in einem Unternehmen fortlaufend zu verändern.

Da sie dafür ausgebildet wurden und da es einfach Spaß macht, wollen Marketingexperten die Dinge stets verändern. Marketingexperten sind intelligente, kreative Menschen, die Probleme aufspüren und lösen oder Markttrends entdecken und darauf eine Antwort finden. Das zu machen, was letztes Jahr gemacht wurde, ist einfach nicht so aufregend wie etwas ganz Neues zu entwickeln. Coca-Cola zum Beispiel gestaltet jedes Jahr eine komplett neue Werbekampagne inklusive neuem Slogan. Zuletzt nutzte Coca-Cola in Deutschland die „Trink eine Coke mit…"-Kampagne. Zuvor hat Coca-Cola in Deutschland mit „Mach dir Freude auf!" geworben.

Außerdem scheint der Weg, um beruflich voranzukommen, nur über außerordentliche Marketingfähigkeiten zu gehen, und nicht über die Fähigkeit, Dinge gut zu implementieren, die von anderen entwickelt wurden. Das bedeutet, dass die Markenvision häufig umformuliert und deren Umsetzung neu ausgerichtet wird, wie beispielsweise mithilfe einer neuen Agentur oder einer anderen Form von Veranstaltungen. Das Ziel von Marketingexperten ist es, im Unternehmen Erfolg zu haben und so gleichzeitig ihr Berufsleben und ihr Selbstbild auf ein neues Niveau zu heben.

Dabei ist das Markenteam mit der existierenden Strategie und ihrer Umsetzung übermäßig stark konfrontiert. Aufgrund dessen fühlt es sich von der Markenstrategie und ihrer Umsetzung gelangweilt oder sogar genervt und nimmt fälschlicherweise an, dass es Kunden genauso geht. Die Werbeikone Rosser Reeves sagte einst, dass er, sollte er die zweitbeste Werbung haben, immer gewinnen würde, da sich die Konkurrenz irgendwann langweilt und deshalb ihre Werbung ändern wird. Als er gefragt wurde, was seine Agentur dem Kunden in Rechnung stelle, wenn sie wieder und wieder dieselbe Werbung zeige, antwortete er, dass es teuer sei, die Manager des Kunden zu überzeugen, die Werbung nicht zu verändern.

Diejenigen, die eine Marke gestalten, etablieren und verantworten, stehen unter dem Druck, die Marke kontinuierlich weiterzuentwickeln. Dennoch sind die Entwicklung und der Einfluss der Marke fast immer ungenügend. Das Umsatzwachstum erreicht die Vorgaben nicht und die Profitabilität der Angebote oder des Unternehmens ist immer ein Thema, insbesondere, wenn es Renditeziele zu erreichen gilt. Dies führt zu der unmittelbaren Schlussfolgerung, dass etwas geändert werden muss. Da Änderungen im Bereich des Unternehmens oder des Angebots schwierig, teuer oder sogar unmöglich sind, werden die Markenstrategie und ihre Umsetzung schnell zu einem Kandidaten für Veränderungen.

Hohe Ansprüche können eine Falle sein, wenn das Markenteam ohne Grund und Erfolg nach Perfektion und einer signifikanten Steigerung der Leistung strebt, obwohl dies zu erreichen sehr unwahrscheinlich ist. Es ist in gewisser Weise wie die ewige Suche nach dem Jungbrunnen: eine zwanghafte und sinnlose Verschwendung von Ressourcen. Menschen, die in der Lage sind, großartige Ideen zu entwickeln, gibt es nur wenige, und Angebote und ein Marktumfeld, die es ihnen erlauben, aufzublühen, gibt es noch seltener. Außerdem muss sich ein potenzieller „Gewinner" durch eine teure und risikoreiche Festlegung auf einen Markt beweisen. Wenn das erzielte Ergebnis keine bedeutende Verbesserung darstellt, oder noch schlimmer, zum Misserfolg wird, kann dies zu einem großen Rückschlag für die Marke werden.

Das Fazit

Markenkonsistenz erlaubt den Aufbau einer effektiven Markenpositionierung, ermöglicht es der Marke, diese Positionierung wirklich zu besetzen, macht den Kunden die Auswahl einfacher und führt zu Kosteneffizienz. Die Basis dafür ist eine klare Markenvision, die sich immer wieder innovativ, frisch und zeitgemäß umsetzen lässt. Nicht alle Marken sind mit solch einer Vision gesegnet, aber die Vorteile sind nur allzu klar.

Markenkonsistenz bedeutet aber auch nicht strategischen Starrsinn in Bezug auf die Aufrechterhaltung der Vision oder deren fortlaufend schwache Umsetzung. Es gibt wichtige Gründe, eine Markenstrategie zu ändern, wenn diese oder ihre Umsetzung schwach oder mangelhaft ist, bei Veränderungen des Marktes oder der Unternehmensstrategie oder wenn die Marke keine Energie mehr besitzt. Eine Änderung der Markenstrategie sollte aber wirklich gerechtfertigt sein. Falsche Anreize für Veränderungen sollten deshalb identifiziert werden und man sollte ihnen widerstehen. Um sich vor vorschnellen und ungerechtfertigten Entscheidungen für die Änderung einer Markenstrategie zu schützen, sollte die Diskussion und Bewertung möglicher Veränderungen so objektiv und umfangreich wie nur irgend möglich sein. Eine fundamentale Änderung der Strategie sollte nicht dem Instinkt oder dem Ehrgeiz eines Einzelnen überlassen werden.

Literatur

Tripodi, J. (July–August 2011). Open Coke. *The HUB*, S. 26–30.

Marken brauchen eine starke interne Verankerung

14

Die (Unternehmens-)Kultur verspeist die Strategie zum Frühstück.
– Peter Drucker

Testen Sie Ihr Unternehmen, indem Sie Ihren Mitarbeitern die folgenden zwei Fragen stellen: Wofür steht Ihre Marke und was ist ihr Versprechen? Und wie kümmern Sie sich um dessen Einlösung? Wenn Ihre Mitarbeiter diese beiden Fragen nicht beantworten können, sollten Sie wenig Hoffnung haben, dass die Unternehmens- und Markenstrategie erfolgreich umgesetzt werden. Das Ziel interner Markenführung ist es daher, sicherzustellen, dass alle Mitarbeiter die Markenvision kennen und, besonders wichtig, sich für deren Einlösung auch wirklich einsetzen. Eine starke interne Marke bietet dabei zahlreiche Vorteile:

Erstens kann eine klare, stringente und starke interne Marke Mitarbeitern und Geschäftspartnern eine Richtung vorgeben und sie motivieren. Eine Marke zum Leben zu erwecken, bringt eine Vielzahl an Entscheidungen mit sich und eine klare Markenvision ist dabei eine Orientierungshilfe. Mitarbeiter und Teams können dadurch besser einschätzen, ob eine Entscheidung oder eine Marketingmaßnahme zur Marke passen. Dadurch ist es möglich, das Risiko zu reduzieren, die Marke durch ungeeignete Assoziationen zu beschädigen.

Zweitens inspiriert die interne Marke die Mitarbeiter, die Marke mit kreativen und bahnbrechenden Maßnahmen und Ideen aufzubauen.

Es besteht die Tendenz, dass bisherige Marketingmaßnahmen und die Verteilung des Budgets als ein Fahrplan für die Zukunft betrachtet werden. Eine motivierte Belegschaft, die analysiert, in welchen Marktsegmenten die Markenbotschaft im Markt nicht ankommt, kann innovative neue Marketingprogramme entwickeln, die den Unterschied ausmachen.

© Springer Fachmedien Wiesbaden 2015
D. Aaker et al., *Marken erfolgreich gestalten*, DOI 10.1007/978-3-658-06386-3_14

Drittens sind Mitarbeiter, die sich mit einer starken Marke identifizieren, motivierter mit anderen Menschen über die Marke zu sprechen. Egal, ob der Mitarbeiter ein Verkäufer im Einzelhandel ist, der mit einem Kunden spricht, ein Berater, der Mitarbeiter anderer Unternehmen berät, ein Bankangestellter, der mit den Kunden interagiert, ein Techniker eines Automobilherstellers, der über Twitter mit seinen Followern redet, oder ein Manager eines Haushaltsgeräteherstellers, der mit einem Nachbarn spricht: Es besteht immer die Möglichkeit einer einflussreichen Kommunikation, die sich potenziell viral verbreiten könnte. Das setzt natürlich voraus, dass die Mitarbeiter die Markenvision kennen und sich mit dieser identifizieren.

Viertens kann eine Marke mit einer Vision, die ein höheres Ziel verfolgt, den Mitarbeitern Bedeutung und sogar Erfüllung in ihrer Arbeit vermitteln. Das höhere Ziel könnte zum Beispiel sein, „wahnsinnig gute" Produkte herzustellen, das Leben der Kunden zu verbessern oder nachhaltiger zu werden. Es kann ein gemeinsames Ziel sein, das Kraft und Energie ausstrahlt und dazu führt, dass Mitarbeiter produktiver und engagierter werden.

Fünftens kann eine interne Marke die Unternehmenskultur unterstützen, die als Grundlage einer Markenstrategie und ihrer Umsetzung notwendig ist. Eine Unternehmenskultur umfasst die Werte, die dem Angebot zugrunde liegen. Eine Markenvision enthält neben den angebotsfokussierten Dimensionen oft einige dieser Werte und kann deshalb nicht nur die Unternehmenskultur unterstützen, sondern liefert auch die Grundlage für diese, indem sie die Unternehmenskultur mit der Marken- und Unternehmensstrategie verbindet.

Auch wenn eine interne Markenführung wichtig ist, gibt es Umstände, unter denen diese für den Erfolg oder sogar das Überleben des Unternehmens unverzichtbar wird, zum Beispiel aus folgenden Gründen:

- Das Fehlen eine Markenvision oder die Ineffektivität der Markenvision hat nachgewiesenermaßen den Erfolg der Unternehmensstrategie beeinflusst.
- Es gab eine Fusion mit oder die Übernahme eines anderen Unternehmens und es müssen zwei Strategien, Kulturen und Marken integriert werden, und das manchmal sehr schnell.
- Die Unternehmensstrategie oder die Führungsmannschaft wurde ausgetauscht, weshalb sich das Unternehmen in eine andere Richtung weiterentwickelt.

Alle drei Fälle bergen in sich sowohl eine Chance als auch eine Herausforderung. Es besteht die Möglichkeit, die neue interne Marke mit all der dafür notwendigen Aufmerksamkeit einzuführen bzw. neu aufzuladen. Die Herausforderung dabei ist, alles richtig zu machen und so umzusetzen, dass die Markenvision kein leeres Versprechen bleibt.

Die interne Marke zum Leben zu erwecken beginnt mit zwei Imperativen. Erstens muss es eine klare, stringente und starke Markenvision geben, die nachweislich realisierbar und im Markt erfolgreich ist. Zweitens muss das Topmanagement die interne Marke unterstützen. Das Topmanagement muss davon überzeugt sein, dass eine starke interne Marke für den Erfolg der Unternehmensstrategie unverzichtbar ist. Wenn der Chief Executive Officer (CEO) und das Management die interne Marke nicht unterstützen, wird es schwer werden, diese zum Leben zu erwecken und diese im Unternehmen auch zu leben. Das Management sollte daher unbedingt in die Entwicklung der Markenvision eingebunden oder mit den Kunden in Kontakt gebracht werden, um die Wettbewerbssituation besser zu verstehen.

Die interne Kommunikation der Marke

Aber wie vermitteln Sie die Markenvision Ihren Mitarbeitern? Vorweg gilt es zu erwähnen, dass die interne Kommunikation der Marke auf die Position und Rolle der Mitarbeiter im Unternehmen angepasst werden sollte. So gilt es, verschiedene Programme der Kommunikation beispielsweise für das obere Management, für Mitarbeiter mit direktem Kundenkontakt und für diejenigen, die intern die Markenbotschaft vertreten, zu entwickeln und diese entsprechend auszurichten.

Auf jeder Unternehmensebene sollten die Mitarbeiter drei Phasen durchschreiten. In der ersten Phase „lernen" die Mitarbeiter, was sich hinter der Markenvision verbirgt und worin sich diese von anderen Marken unterscheidet. In der zweiten Phase gilt es, einen „Glauben" an die Idee, das Versprechen und den Erfolg der Marke und der Markenvision zu entwickeln. In der dritten Phase gilt es, die Markenvision mit „Leben" zu füllen und ein Verfechter der Vision nach innen und nach außen zu werden.

Um die Markenvision zu er-„lernen" und diese den Mitarbeitern zu vermitteln, sollten alle Kommunikationswege, wie beispielsweise Newsletter, Workshops und der persönliche Einsatz von Markenbotschaftern und Topmanagern, genutzt werden. Ein Markenbuch oder eine Markenkarte sind als Erinnerung hilfreich, wenn sie von der richtigen Unternehmenskultur begleitet werden. Ein Markenbuch ist kein Regelbuch, das Ge- und Verbote beispielsweise zum Einsatz von Schriftarten enthält, sondern soll eine inspirierende und informative Botschaft vermitteln, die auf visuellen und begrifflichen Metaphern und Geschichten beruht, die der Markenvision Anfassbarkeit verleihen.

Eine Markenkarte, auf der die zentralen Elemente der Vision in einer geeigneten Form dargestellt und erläutert werden, kann sehr überzeugend sein, gerade wenn sich der CEO oft darauf bezieht.

Das „Lernen" und Vermitteln der Marke sollte über die Kommunikation der Vision hinausgehen. Den Mitarbeitern sollte auch der Zusammenhang zwischen Markenvision und Unternehmensstrategie dargelegt und verdeutlicht werden, wie die Vision zum Leben erweckt wird. Führungskräfte, die das „Warum und Wieso" hinter der Unternehmensstrategie sowie die Rolle der internen Markenvision erklären, spielen dabei eine wichtige Rolle. Mitarbeiter werden auch dadurch motiviert, die Marke und deren Bedeutung zu „lernen", wenn man ihnen die Diskrepanz zwischen der angestrebten Markenvision und der momentanen Realität aufzeigt. Herausforderungen wie „Das Kundenerlebnis passt nicht zur Marke", „Die Innovationen sind nicht ausreichend" oder „Es braucht ein Programm, um dem höheren Ziel der Marke Kraft zu verleihen" sollten ausführlich diskutiert werden. Aber vorsichtig, wenn der Fokus auf die Markenvision übertrieben wird, besteht die Gefahr, bei den Mitarbeitern eine „Ich bin dagegen"-Haltung zu erzeugen.

Zum Aufbau und der Entwicklung des „Glaubens" an die Markenvision gilt es, umfangreiche Kommunikationsveranstaltungen durchzuführen und, viel wichtiger noch, der Markenvision Substanz zu geben, indem man den Mitarbeitern die Verpflichtung des Unternehmens auf die Markenvision signalisiert. Den „Glauben" an die Markenvision aufzubauen und zu entwickeln, kann in zwei Schritten erfolgen. Im ersten Schritt gilt es, sichtbare Maßnahmen zu ergreifen, um deren Erfolg herbeizuführen. Dies könnte beispielsweise ein Trainingsprogramm zur Veränderung der Unternehmenskultur, ein Innovationsplan für die angebotenen Produkte oder Dienstleistungen, ein Werbeprogramm oder die Verbesserung des Kundenerlebnisses sein. Diese Maßnahmen erfordern entsprechende Investitionen.

In einem zweiten Schritt gilt es, die Bewertung und Incentivierung von Menschen und Programmen auf die Markenvision auszurichten. Bewertungen und Incentivierungen beeinflussen das Verhalten. Als IBM in den frühen 1990er-Jahren in großen finanziellen Schwierigkeiten steckte und beinahe in sieben Sparten aufgeteilt wurde, hat Lou Gerstner eine Markenvision entwickelt, die zum Ziel hatte, den Kunden integrierte Lösungen anzubieten – Lösungen, die das ganze Unternehmen der Kunden überspannten.

Um eine Kultur der Kooperation in einer Silo-Organisation aufzubauen, sollte bei der Bewertung der Mitarbeiter weniger die finanzielle Performance der Abteilungen, sondern mehr ihre Fähigkeiten, über die Abteilungsgrenzen hinweg zu kooperieren, berücksichtigt werden. Dies ist ein bedeutendes Signal an das Unternehmen.

Die „Leben"-Phase, in der die Mitarbeiter zu einem bestimmten Verhalten motiviert werden sollen, ist die schwierigste und wichtigste Phase. In dieser Phase gilt es, über die Kommunikation hinaus ein bestimmtes Verhalten zu erzeugen. Workshops können dabei eine entscheidende Rolle spielen. Teilnehmer können gebeten werden, Folgendes zu tun:

- Stellen Sie die Dimensionen der Markenvision grafisch dar.
- Bewerten Sie bestehende Marketingmaßnahmen in Bezug darauf, wie gut sie zur Marke passen.
- Beschreiben Sie einen typischen Kunden aus jedem Kundensegment hinsichtlich seiner Persönlichkeit, Urlaubswahl, Bücher, die er gerne liest etc.
- Entwickeln Sie durch den Einsatz von Kreativtechniken neue Marketingmaßnahmen, um die Marke aufzuwerten. Überdenken Sie die „schlechtesten Ideen" und suchen Sie nach Lösungen, wie man diese verbessern kann. Oder denken Sie quer, indem Sie beispielsweise ein zufällig ausgewähltes Objekt, wie einen Hammer, als Ausgangspunkt nutzen.
- Fragen Sie sich, wie Sie die Aufgaben in Ihrem Job in Zukunft anders und besser lösen können, um die Marke insgesamt voranzubringen.
- Trainieren und Untersuchen Sie die Interaktion mit Kunden anhand von Rollenspielen.

Arbeitsgruppen können bei der Beeinflussung des Verhaltens eine Rolle spielen. Microsoft zum Beispiel etablierte die „Microsoft Green Teams", die nach Möglichkeiten suchen, Initiativen zu „grüner" Technologie und Energiesparprogrammen sowohl mit den Kundengruppen und deren Arbeitsweise zu verknüpfen als auch stärker intern bei Microsoft zu propagieren. Solche Teams können ihre eigenen Initiativen entwickeln und umsetzen und, noch wichtiger, Entscheidungsträger miteinbeziehen.

Mitarbeitern und Angestellten direkten Kundenkontakt zu verschaffen, ist eine weitere Möglichkeit, um der Markenvision eine höhere Priorität zu verleihen. Führungskräfte von Procter & Gamble (P&G) sind beispielsweise regelmäßig in direktem Kontakt mit Kunden, sei es bei ihnen zu Hause oder in Verkaufsläden (indem sie die Kunden durch den Einkauf begleiten oder als Kundenberater hinter dem Tresen agieren). Einige Unternehmen motivieren ihre Mitarbeiter, regelmäßig über Twitter, Facebook oder andere digitale Medien mit den Kunden in Kontakt zu treten. Wenn ein Manager mit den Kunden direkt interagiert und so ihre Probleme und Wünsche im direkten Kontakt erfährt, wird die Bedeutung und Notwendigkeit einer internen Marke deutlich. Eine Verbindung zwischen der Marke und den Angestellten kann auch indirekt entstehen. Manchmal ist es einfacher, die Verbindung über ein spezifisches Markenprogramm herzustellen. Heineken zum Beispiel nutzte ein internes Tischfußballturnier, um Begeisterung für das UEFA-Champions-League-Sponsoring zu entfachen, eines der wichtigsten Markenaufbauprogramme von Heineken. Mehr als achttausend Mitarbeiter nahmen an dem Turnier bereits teil und 85 % der Teilnehmer fanden, dass Fußball die zentralen Elemente der Marke „Heineken" vermittelt. Ein anderes Unternehmen ließ die Mitarbeiter ein riesiges Wandbild gestalten, das die Markenwerte darstellte und prominent in der Firmenzentrale aufgehängt wurde.

Um diesen Prozess zu unterstützen, sollte es „Marken-Champions" geben – eine Person oder ein Team, der/das für die Marke verantwortlich ist und ihre Fahne im Unternehmen hochhält. Diese „Marken-Champions" sollten interne Vermittler der Marke sein, die die Markenvision an Kollegen weitergeben und sie motivieren, die Marke auf kreative Art und Weise anderen nahezubringen. Die „Marken-Champions" sollten die Marke auch vor Zweckentfremdung oder unsinnigen und nutzlosen Maßnahmen im Rahmen von Markenerweiterungen, Co-Branding, Werbeaktionen, Sponsoring und anderen Programmen schützen. Die „Marken-Champions" sollten Teams von Markenbotschaftern zusammenstellen. Menschen, die die Marke überall im Unternehmen repräsentieren. Jeder einzelne Markenbotschafter sollte innerhalb des Unternehmens glaubwürdig sein, Initiative zeigen und eine ausgeprägte Fähigkeit besitzen, andere Kollegen zu begeistern.

Wenn Angestellte und Mitarbeiter basierend auf der Markenvision ausgewählt oder an das Unternehmen gebunden werden, wird es viel einfacher, die Marke innerhalb des Unternehmens zu kommunizieren und Energie ausstrahlen zu lassen. In Kap. 5 wurde Zalando.com als Unternehmen vorgestellt, dessen Dienstleistungen ein „Wow"-Erlebnis aufgrund der außergewöhnlichen und etwas verrückten Einstellung erzeugen. Zalando.com stellt nur Mitarbeiter ein, die zu diesen Werten passen. Fragen in Bewerbungsgesprächen zielen darauf ab, ob der Bewerber schon einmal etwas Verrücktes gemacht hat. Während der Probezeit werden die Angestellten danach bewertet, ob sie zu den „verrückten" Werten passen. Ein anderes Unternehmen, in dem die Markenvision ein Kriterium der Einstellung von Mitarbeitern ist, ist Harrah's. Mit dem Ziel, Menschen anzustellen, die besonders fröhlich und optimistisch sind, gestaltet Harrah's die Vorstellungsgespräche wie bei „Deutschland sucht den Superstar", in denen eine Jury die jeweiligen Finalisten auswählt.

Die Kraft von Geschichten zur Etablierung interner Mythen

Unverkennbare Geschichten – solche, die die Marke in ihrem Innersten beschreiben und den Lauf der Zeit überdauert haben – können eine große Unterstützung bieten, wenn es darum geht, die Marke zum Leben zu erwecken. Geschichten sind generell mächtige Instrumente der Kommunikation, an die sich Menschen lange erinnern. Geschichten können sowohl einfache als auch komplexe Botschaften auf eine involvierende, einprägsame und vor allem glaubwürdige Art und Weise kommunizieren.

Eine entsprechende Geschichte reflektiert das Erbe eines Unternehmens, kreiert ggf. einen Mythos und stellt eine authentische Erzählung über die Entstehung der Marke dar. 1912 entwickelte Leon Leonwood Bean, der es leid war, beim Jagen nasse Füße zu bekommen, einen Stiefel mit wasserdichten Gummisohlen und leichtem Lederobermaterial. Die Stiefel erfüllten ihren Zweck so gut, dass er sie zum Verkauf anbot. Als die ersten 100 Paar Stiefel, die über den Postweg verkauft wurden, ein Problem mit den Nähten hatten, erstattete das Unternehmen L.L. Bean den Kunden den Kaufpreis und fing von vorne an. Diese Entscheidung begründete die legendäre L.L. Bean „100 % Zufriedenheitsgarantie" und etablierte den Ruf der Marke, für Qualität und Ehrlichkeit zu stehen.

Der Gründer von Blockhouse, Eugen Block, hatte von Anfang an eine klare, gut formulierte Markenvision, die beschrieb, wofür Blockhouse stehen sollte – kulinarische Expertise, seriöse Köche, funktionale Produkte, das beste Angebot der Produktkategorie und einen Stil, der Geschmack und Flair widerspiegelt. Dieses Erbe ist die Grundlage dessen, wonach das Unternehmen geleitet wird.

Geschichten können sich auch auf außergewöhnlichen Entscheidungen oder Handlungen von Mitarbeitern oder auf nicht alltäglichen Kundenerlebnisse, die der Marke Antriebskraft und Emotionen verleihen, beziehen. Die berühmte Geschichte eines Nordstrom-Mitarbeiters, der in Alaska einen gebrauchten Reifen zurückgenommen hat, obwohl Nordstrom noch nie Reifen verkauft hatte (auch wenn der Nordstrom-Geschäftsstandort einst ein Reifengeschäft beherbergt hatte), zeigt, wie die Rücknahmegarantie und Kundenorientierung die Marke Nordstrom antreibt. Johnson & Johnson's Kundenorientierung zeigte sich, indem sie ihre Produkte aus den Läden zurückriefen und die Verpackung neu designten, als die Angst bestand, die Produkte könnten mit Tylenol vergiftet sein. Damit machten sie den Kunden klar, dass ihnen ihr Ruf, für Vertrauen und Sicherheit zu stehen, wichtiger war, als die Kosten einer Rückrufaktion.

Die Innovationskraft intern mit Leben zu füllen, ist entscheidend für die meisten Unternehmen. Geschichten über neue Produkte, die sich später als Grundlage ganzer Produktplattformen herausstellten, illustrieren die Innovationskraft und werden zu Treibern des Unternehmens. Ein Meilenstein in der Entwicklung von Frosch Putzmitteln und Haushaltsreinigern war die durch Sandoz verursachte Chemiekatastrophe im Jahre 1986. Damals brannte eine Lagerhalle in Basel komplett aus. Um diese Halle schonend reinigen zu können, verwendete man fettlösende Öle, hergestellt aus Orangenschalen. Frosch erkannte das Potenzial dieser Technik und brachte als erster Anbieter Anfang der 1990er-Jahre ökologisch abbaubare Putzmittel auf der Basis von Orangen heraus. Der Orangen-Universalreiniger ist noch heute ein Verkaufsschlager. Die Geschichte, wie aufgrund eines Produktionsfehlers die schwimmende Ivory-Seife entdeckt wurde, zeigt, dass Procter & Gamble (P&G) in der Lage ist, neue Produkte zu identifizieren und diese erfolgreich im Markt zu platzieren. Die Post-its von 3M entstanden, da ein 3M-Techniker für ein Notenheft ein Lesezeichen benötigte, das nicht zu Boden flatterte, während er sang. Er fand heraus, dass solch ein Produkt am besten mit einem minderwertigen Klebstoff versehen wird. Dies bedeutet, dass, wenn eine Innovation nicht den gewünschten Nutzen stiftet und die Zielvorgabe nicht erfüllt, eine Änderung der Nutzung oder Ziele eine ganz neue Perspektive für das Produkt eröffnet.

In manchen Fällen ist es hilfreich, immer neue Geschichten zu generieren, um eine Marke lebendig und jung zu halten. Wenn ein Unternehmen beispielsweise seinen Gründer verloren, die Unternehmensstrategie geändert oder eine Fusion durchlebt hat, mag dieses Unternehmen keine Geschichten aus der Vergangenheit mehr erzählen können. In solchen Fällen gilt es, neue unverkennbare Geschichten zu entdecken oder zu erfinden.

Um für verschiedene Situationen jeweils eine passende Geschichte zur Marke griffbereit zu halten, sollte eine Liste oder Datenbank mit allen Geschichten erstellt werden.

Eine Erfahrung, die der US-amerikanische Mineralölkonzern Mobil (seit 1999 ExxonMobil) gemacht hat, ist besonders lehrreich. Um Marketingprogramme und Maßnahmen zu identifizieren, die am besten die Führungsqualität, die Partnerschaft und das Vertrauen zur Marke repräsentieren, startete Mobil einen Wettbewerb für Mitarbeiter. Der Gewinner wurde zu einer Veranstaltung eingeladen, die von Mobil gesponsert wurde, wie zum Beispiel dem „Indy 500", und erhielt dort VIP-Status. Mehr als 300 Beiträge wurden eingereicht und so wurden zahlreiche Mitarbeiter im ganzen Unternehmen in die Umsetzung der Markenvision miteinbezogen. Ein nützlicher Nebeneffekt war die Generierung von Geschichten, die genutzt werden konnten, um die Markenvision auszuarbeiten, ihr Tiefe und Emotion zu verleihen und so eine Quelle für neue unverkennbare Geschichten zu schaffen.

Es ist eine Herausforderung für das Management, die Geschichten der Marke sichtbar und lebendig zu halten. Eine Möglichkeit ist, Geschichten oder Überliefertes im Intranet des Unternehmens oder auf der Webseite der Marke zu veröffentlichen. Eine weitere Möglichkeit besteht darin, die wichtigsten Geschichten mit Symbolen zu versehen. L.L. Bean wartet mit einer gigantischen Statue des ersten Stiefels auf. HP besitzt immer noch die Garage in Palo Alto, in der Bill Hewlett und David Packard das Unternehmen gegründet haben, und hat sie in ein virtuelles Museum verwandelt, in dem die ersten Produkte, wie beispielsweise ein Tonfrequenzgenerator, gezeigt werden. Das Markenmanagement sollte auch in Erwägung ziehen, eine Veranstaltung oder eine bestimmte Form der Wiedererkennung mit der Geschichte zu verbinden.

Die Verbindung der internen und externen Perspektive

Es ist wichtig, die externe nicht von der internen Markenführung zu trennen. Die externe und interne Markenführung stehen in einer engen Beziehung zueinander und können sich gegenseitig verstärken, wenn sie abgestimmt und die gemeinsamen Elemente klar ersichtlich sind. Manchmal kann die externe und interne Markenführung sogar identisch sein, was es einfacher macht, Synergien zu realisieren.

Die externe Marke, die oft mit einem großen Budget und einem kreativen Kommunikationsprogramm ausgestattet ist, ist auch für die Mitarbeiter sichtbar. Die externe Markenführung der Fluggesellschaft United Airlines, „Friendly Skies", zielte auch darauf ab, die Mitarbeiter zu beeinflussen, indem das Markenversprechen sichtbar gemacht und den Mitarbeitern gezeigt wurde, wie das Markenversprechen die Kunden beeinflusst, wenn es auf einem Flug von United Airlines eingelöst wird.

Die interne Marke wird die Bemühungen, die externe Marke voranzubringen, direkt beeinflussen. Sie kann nach Höherem streben als die externe Marke, kann Dimensionen enthalten, die das Unternehmen erreichen möchte, wofür ihm aber noch die nötigen Fähigkeiten fehlen. Um eine angestrebte Dimension zu erreichen, bedarf es möglicherweise einer Änderung der Unternehmenskultur, der Entwicklung neuer Kompetenzen oder einer Veränderung des Angebots. Die Einbeziehung angestrebter Markenelemente kann Mitarbeiter dazu inspirieren und motivieren, aktiv auf dieses Ziel hinzuarbeiten. Im Bereich des externen Markenaufbaus müssen solche angestrebten Markenelemente zurückgestellt werden, bis die Marke in der Lage ist, diese auch zu leisten.

In einer Studie, in der die 500 größten Firmen Schwedens untersucht wurden, hatten diejenigen Firmen, die die Markenvision nach innen und nach außen betonten, einen signifikant höheren Gewinn (14,4 %) als jene, die die Markenvision primär dazu nutzten, sie nach innen zu kommunizieren (11,3 %), jene, die eine Marke primär als ein Mittel betrachteten, um ein Angebot extern zu bewerben (9,6 %), und jene, die einer Markenvision zynisch gegenüber standen (8,0 %) (Gromark und Melin 2007).

Das Fazit

Starke Marken werden von innen nach außen entwickelt. Um eine starke Marke zu etablieren, müssen Mitarbeiter und Geschäftspartner die Markenvision verstehen und sich gezielt zum Leben erwecken. Eine klare, die Mitarbeiter motivierende interne Marke dient dabei als Orientierungshilfe bei der Erstellung von Marketingprogrammen, die die Marke voranbringen und solche Programme zu vermeiden, die die Einlösung des Markenversprechens untergraben. Eine starke interne Marke zu etablieren, beinhaltet die drei Phasen „Lernen", „Glauben" und „Leben", die auf die wichtigsten Angestellten des Unternehmens, wie beispielsweise das Management, Mitarbeiter mit direktem Kundenkontakt und interne Markenbotschafter, ausgerichtet sein sollten. Dabei sollte die Kraft von Geschichten über die Vergangenheit der Marke oder des Unternehmens genutzt werden, um die Marke auf eine anschauliche und authentische Art und Weise auch nach innen aufzuladen.

Literatur

Gromark, J., & Melin, F. (2007). *Brand Orientation Index – A Research Project on Brand Orientation and Profitability in den 500 größten Unternehmen Schwedens, dargestellt in Nicholas Ind, Living the Brand* (3. Aufl., S. 66). London: KoganPage.

Teil IV
Die Relevanz der Marke erhalten und bewahren

Marken laufen ständig Gefahr an Kundenrelevanz zu verlieren

15

> *Rotkäppchens Weg durch den Wald wurde von einem Riesen*
> *versperrt und ihr Begleiter schlug einen anderen Weg vor.*
> *Rotkäppchen: ‚Meine Mutter hat mich gewarnt, niemals vom Weg*
> *abzuweichen.' Begleiter: ‚Der Weg ist von dir abgewichen.'*
> *– Stephen Sondheim, Into the Woods*

Das Ziel jeder Marke sollte es sein, einen Markt zu besetzen, darin zu wachsen und diesen nach Möglichkeit sogar zu dominieren. Sie sollte aber auch danach streben, nicht über Zeit irrelevant zu werden. Die Gefahr, der sich die meisten Marken ausgesetzt sehen, ist, dass ein wichtiges oder wachsendes Kundensegment die Marke nicht mehr als relevante Option oder Alternative betrachtet (Aaker 2013).

Dabei gibt es drei Bedrohungen, aufgrund derer eine Marke an Relevanz verlieren kann:

- Die Produkt(unter)kategorie verliert aus Sicht der Kunden an Relevanz.
- Ein Reputationsschaden führt dazu, dass der Absatz der Marke einbricht.
- Die Marke verliert (schleichend) an Kraft und Energie.

Die abnehmende Relevanz der Produktkategorie aus Sicht des Kunden

Eine erhebliche Gefahr dynamischer Märkte besteht darin, dass die Kunden nicht mehr das kaufen wollen, wofür eine Marke in ihrer Wahrnehmung steht. Neue Produktunterkategorien (oder -kategorien) entstehen zum Beispiel, wenn die Innovationen der Wettbewerber zu sogenannten „Must-haves" werden. Neue Trends, wie zum Beispiel gesunde

© Springer Fachmedien Wiesbaden 2015
D. Aaker et al., *Marken erfolgreich gestalten*, DOI 10.1007/978-3-658-06386-3_15

Ernährung, fördern einige Produktunterkategorien und haben einen negativen Einfluss auf den Absatz in anderen.

Wenn ein Kundensegment mehr Hybrid-Limousinen anstelle von SUVs nachfragt, ist es schlichtweg egal, wie positiv Kunden über einen SUV denken, den eine Marke anbietet. Es mag sein, dass Kunden Ihre SUV-Marke immer noch respektieren und glauben, dass sie die beste Qualität und das beste Preis-Leistungs-Verhältnis bietet. Kunden können die Marke sogar lieben und sie Freunden, die sich für SUVs interessieren, weiterempfehlen. Und sollten sie jemals einen weiteren SUV kaufen, so werden sie genau diese Marke kaufen. Aber die Marke wird für sie als Käufer einer Hybrid-Limousine nicht mehr relevant sein. Auch dann nicht, wenn ihre bevorzugte SUV Marke ebenfalls Hybrid-Limousinen herstellen würde, da sie im Hybridmarkt keine entsprechende Glaubwürdigkeit besitzt.

Auf diese Art und Weise an Relevanz zu verlieren, ist heimtückisch, da der Verlust an Relevanz leise und still voranschreitet und von Unternehmen oft nicht unmittelbar festgestellt wird, oder ein zunächst leichter Absatzverlust falsch interpretiert wird. Die Gefahr durch diese Form der Bedrohung, an Relevanz zu verlieren, besteht permanent – auch wenn die Marke stark, die Kunden loyal, und das Angebot, das von Innovationen geprägt ist, noch nie besser war. Ironischerweise kann Markenstärke sogar zu einer Belastung werden, wenn sich der Markt verändert. Erinnern Sie sich an die Analyse des japanischen Biermarkts in Kap. 7? Als Asahi 1986 das Asahi Super Dry einführte, verlor Kirin Lager in kurzer Zeit mehr als 10 % Marktanteil. Kirin, der König unter den Lagerbieren Japans, hatte bis dahin mehr als 25 Jahre lang einen Marktanteil von über 60 %. Die Reputation von Kirin, berühmt für Lagerbier zu sein, machte es dem Unternehmen unmöglich, der Veränderung mit der Einführung eines Kirin Dry-Biers zu begegnen. Es mangelte der Marke Kirin schlicht an Glaubwürdigkeit.

Die ultimative Tragödie ist es jedoch, mit ansehen zu müssen, wie alle Anstrengungen, für die Marke Sichtbarkeit und Differenzierungsmerkmale zu schaffen, die Gunst der Kunden zu gewinnen und Stärke auszustrahlen, aufgrund fehlender Relevanz umsonst waren. Denken Sie an ein Telefonzellenunternehmen, das die besten Standorte kontrolliert hat, oder eine Zeitung mit dem besten Vertriebsnetz. Davon auszugehen, dass Markenschwäche ein Problem der Markenpräferenz sei, kann zu sinnlosen, am Ziel vorbeischießenden Initiativen führen, die das wahre Problem nicht lösen.

Es gibt fünf Strategien, einer abnehmenden Relevanz der Produktkategorie aus Kundensicht zu begegnen:

Die Chancengleichheit mit dem Wettbewerb wiederherstellen

Jede Marke muss den Kunden eine Alternative zum „Must-have" eines Wettbewerbers anbieten. Dabei gilt, dass das Produkt oder die Dienstleistung dessen Leistungsmerkmalen möglichst nah kommen muss, damit die Marke nicht länger als Alternative bei der Kaufentscheidung ausgeschlossen wird. McDonald's wurde von Starbucks im Frühstücks- und Snackbereich bedroht, woraufhin McDonald's die McCafé-Linie einführte, die für viele

Kunden als gleichwertige Alternative zu Starbucks in Bezug auf die Kaffeequalität angesehen und damit auch als Alternative in der Kaufentscheidung nicht mehr ausgeschlossen wurde.

Um als echte Alternative akzeptiert zu werden, ist es notwendig, dass das entsprechende Leistungsversprechen glaubwürdig ist und auch so von den Kunden wahrgenommen wird. Wenn die Unternehmenskultur, das Markenguthaben oder die Fähigkeiten des Unternehmens dies nicht leisten können, wird es schwierig, die Marke als Alternative zu positionieren.

Den Wettbewerb rechts überholen und einen Innovationszyklus überspringen

Wenn man sich nicht damit zufrieden gibt, lediglich ein gleichwertiges Produkt anzubieten, sollte man den Versuch wagen, eine neue Produkt(unter)kategorie mit einer möglichst bahnbrechenden Innovation zu besetzen und so die etablierten Wettbewerber zu überholen. Nike ermöglicht mit seinen Nike+ Schuhen und dem iPod Sensor, beim Laufen Musik zu hören und gleichzeitig Informationen über das Training aufzuzeichnen. Der miCoach von Adidas übersprang die Innovation von Nike mit Funktionen wie dem Coach Circle (der Läufer mit einem Trainer verbindet), dem Smart Run (einem Trainer am Handgelenk) und zusätzlichen Hilfeseiten (um Antworten auf Trainingsfragen zu bekommen). Cisco schloss bestehende Lücken in seiner Produktpalette durch die Übernahme anderer Unternehmen. Cisco fügte den neuen Produkten dann Systemvorteile von Cisco hinzu, um überzeugende neue Innovationen zu kreieren, die Cisco halfen, seine Wettbewerber zu überholen.

Die Strategie, andere zu überholen, erfordert oft eine bedeutende oder marktverändernde Innovation, die nicht einfach zu finden ist. Außerdem wird es selbst mit einer eindrucksvollen Innovation schwierig sein, in einem Markt zu bestehen, in dem ein Wettbewerber womöglich Vorteile durch Skaleneffekte hat.

Die Marke repositionieren

Eine weitere Möglichkeit besteht darin, die Marke neu zu positionieren, um damit die Relevanz des Leistungsversprechens unter den gegebenen Marktumständen zu erhöhen. Anfang 2014 startete das deutsche Traditionsunternehmen Opel die Kampagne „Umparken im Kopf", um sich der Vorurteile zu entledigen, altmodisch und langweilig zu sein. Die Imagekampagne feierte große Erfolge und konnte viele Kunden davon überzeugen, dass Opel ein innovatives und modernes Unternehmen ist, das nur nach außen hin falsch wahrgenommen wird. Dieselbe Strategie verfolgte Old Spice mit seiner skurrilen „Celebrating Men" Kampagne, die eine der erfolgreichsten Social Media Kampagnen aller Zeiten ist.

Es ist jedoch eine Herausforderung, genug Substanz zu bieten, um in der neuen Position auch glaubwürdig zu erscheinen und die Marke strategisch repositionieren zu können. Opel und Old Spice war es möglich, die neue Positionierung mit Leben zu füllen und den Kunden den erwarteten Nutzen zu bieten.

Die eigene Strategie und deren Umsetzung optimieren

Anstatt die Strategie zu verändern, können Sie auch das bestehende Leistungsversprechen grundsätzlich beibehalten und einfach besser machen. Wie in Kap. 13 angemerkt, wurde in den 1930er-Jahren der Nassrasierer vom elektrischen Rasierapparat und den damit verbundenen Vorteilen bedroht. Nur aufgrund zahlreicher Innovationen war es Gillette möglich, die neue Kategorie zurückzudrängen und weiter zu wachsen. JimBlock, ein Tochterunternehmen von Blockhouse, das sich mit seinen erstklassigen Burgern eine loyale Stammkundschaft erarbeitet hat, folgte nicht den Gesundheitstrends der anderen Fast-Food-Restaurants. JimBlock setzte stattdessen auf kompromisslose Qualität und Service, unter der Annahme, dass ein rentables Kundensegment den Gesundheitstrend ignorieren und ein anderes in regelmäßigen Abständen „sündigen" würde.

Das Risiko besteht jedoch darin, dass die neue Unterkategorie auf einem wirklich nachhaltigen Trend basiert, den zu ignorieren sich als verhängnisvoll erweisen könnte.

Die Produktkategorie verkaufen oder aufgeben

Wenn keine der ersten vier dargestellten Strategien realisierbar ist, verbleibt nur die Alternative, die Investitionen herunterzufahren oder aus der betroffenen Produktkategorie ganz auszusteigen. Diese Strategie impliziert gleichzeitig die Umverteilung der Investitionen von einer rückläufigen hin zu einer wachsenden Produktkategorie. Procter & Gamble (P&G) ist zum Beispiel aus der Produktion von Lebensmitteln ausgestiegen und hat stattdessen in die Produktkategorien Kosmetika und Hautpflege investiert, in denen Wachstum und Gewinnmargen größer sind. Siemens investierte in Technologien wie erneuerbare Energien und medizintechnische Produkte und deinvestierte im Gegenzug Geschäftsbereiche, die sich in gesättigten Märkten bewegten. In einem Geschäftsbereich die Investitionen zu reduzieren oder den Geschäftsbereich ganz aufzugeben, ist ein schmerzhafter, aber lebensnotwendiger Prozess, um in dynamischen Märkten zu bestehen und weiterhin erfolgreich zu sein.

Es besteht jedoch das Risiko, dass in einem Geschäftsbereich die Investitionen reduziert werden, sich der ausschlaggebende Trend aber abschwächt, stabilisiert oder sogar umkehrt und so der Markt genau in dem Moment wieder attraktiv wird, wenn die Marke wichtige Marktanteile bewusst aufgegeben hat.

Es ist also nicht einfach, die Zukunft vorherzusagen. In den späten 1960er-Jahren gab es in den USA dutzende Artikel und Berichte über die „schecklose Gesellschaft" und dass sich Unternehmen dieser „Tatsache" stellen müssen. Die Anzahl ausgestellter Schecks nahm aber in den 1970er- und 1980er-Jahren sogar noch zu und nahm erst in den frühen 1990er-Jahren ab. Selbst im Jahr 2010 wurde in den USA noch immer häufiger mit einem Scheck als mit einer Kreditkarte bezahlt. Wie Yogi Berra zu sagen pflegte: „Die Zukunft ist nicht das, was sie sein sollte."

Die richtige Reaktion auswählen

Welche Strategie die beste ist, um die Relevanz der Marke in einer Produktkategorie zu erhalten, hängt stark vom Kontext ab. Vor der Auswahl einer Strategie gilt es jedoch, drei Fragen zu beantworten: Wie groß ist die Bedrohung der Markenrelevanz und der ihr zugrunde liegende Trend? Ist das Unternehmen in der Lage, ein in der Wahrnehmung der Konsumenten gleichwertiges Produkt anzubieten oder mittels einer bahnbrechenden Innovation die Konkurrenz sogar zu überholen? Ist das Unternehmen in der Lage, ein neues Produkt einzuführen, die hierzu benötigten Fähigkeiten aufzubauen und im Markt zu bestehen?

Der Reputationsschaden als Grund für einbrechende Absätze

Die Marke kann auch an Relevanz verlieren, wenn sie durch ein Qualitätsproblem der Produkte, das Verhalten der Angestellten oder eine Marketingmaßnahme geschwächt wird, woraufhin ein wichtiges Kundensegment die Marke ablehnt und keinen Grund mehr sieht, die Marke weiterhin zu kaufen. Perrier hatte einst ein Problem mit der Hygiene und Qualität des angebotenen Wassers, das an den Grundfesten der Markenpositionierung rüttelte und Perriers Image und Vertrieb negativ beeinflusste. Einige Kunden meiden Nike, da sie annehmen, dass Arbeiter in Fabriken von Nike ausgebeutet werden. Bei Nestlé kam es einst zum Kaufboykott, da Nestlé Babynahrung als Ersatz für Muttermilch anbot, die die Gesundheit der Babys bedrohte und gar zum Tod führte, wenn arme Familien keinen Zugang zu sauberem Wasser hatten. Der Kaufboykott der Konsumenten dauerte mehr als drei Jahrzehnte an. Sogar nebensächliche Produkteigenschaften können zu einem Verlust der Markenrelevanz führen. Einige amerikanische Kunden kaufen zum Beispiel diverse deutsche Automarken nicht, da sie keine Getränkehalter haben.

Es gibt zwei Ansätze, um die Markenrelevanz zu erhöhen und den Grund, ein Produkt nicht mehr zu kaufen zu beseitigen: 1) die Markenschwächen widerlegen, indem man sie offen anspricht, und 2) die Diskussion auf eine andere Ebene zu verlagern:

Die wahrgenommenen Markenschwächen widerlegen

Um die Jahrtausendwende herum kämpfte Hyundai im US-amerikanischen Markt gegen die Wahrnehmung an, dass koreanische Autos von minderer Qualität und die Marke langweilig seien. Folglich musste Hyundai zwei unterschiedliche Gründe dafür aus der Welt schaffen, warum die Kunden die Marke nicht in Betracht zogen und kauften.

Ein 1998 begonnenes Programm führte zunächst zu einer Verbesserung der Qualität und somit zu hochqualitativen Autos. Damit gelang es Hyundai, sich von den untersten in die obersten Ränge des J. D. Power-Kundenzufriedenheitsbarometers zu katapultieren. Obwohl sich die Qualität der Autos verändert hatte, bestand die Wahrnehmung weiter, bis Hyundai eine Kommunikationsoffensive über die Qualität der angebotenen Autos startete. Hyundai bot eine Garantie über die ersten 10 Jahre oder 100.000 Meilen Gebrauch an, die sogenannte „Hyundai Advantage", die als „Amerikas beste Garantie" vermarktet wurde. Diese Garantie veranschaulichte Hyundais Qualität auf konkrete Weise und generierte so eine enorme Sichtbarkeit. Das Qualitätsimage der Marke verzeichnete entsprechend einen starken Anstieg und der Hyundai Genesis gewann den Preis „Auto des Jahres 2009" der Detroit Auto Show. Gut platzierte Werbemaßnahmen während des Superbowls, der Fußballweltmeisterschaft und anderen prestigeträchtigen Veranstaltungen unterstützten die Bemühungen.

Hyundai wurde darüber hinaus als „langweilig" wahrgenommen, da Hyundai viel nachahmte und durch wenig aufregende Designs auffiel, denen das Besondere fehlte. Zwei Maßnahmen wurden entwickelt, um dieses Image zu korrigieren. Eine Maßnahme war das Hyundai Sicherheitsprogramm, mit dem Hyundai versprach, jedes Auto zurückzukaufen, dessen Besitzer während der Finanzkrise 2008 seinen Job verloren hatte. Dieses Programm wurde als eine kreative und mitfühlende Reaktion auf die wirtschaftliche Unsicherheit in den USA wahrgenommen. Ein anderes Programm unter dem Namen „Fluidic Sculpture", führte zu einem Designansatz, der zu optisch attraktiveren Autos führte und so für die Marke aus einem Nachteil einen Vorteil machte.

Nachdem die Markenschwächen beseitigt waren, erarbeitete sich Hyundai fast aus dem Nichts einen Marktanteil von 5 % im US-Automobilmarkt. Vielleicht ebenso erstaunlich ist, dass die Marke so sehr an Relevanz gewann, dass ca. 30 % der US-amerikanischen Bevölkerung angeben, die Marke Hyundai bei ihrem nächsten Autokauf in Erwägung zu ziehen.

Die Diskussion auf eine andere Ebene verlagern

Eine Markenschwäche oder ein Imageproblem direkt anzugehen und zu beweisen, dass sie nicht mehr oder noch nie existiert hat, ist verlockend. Ein Problem könnte jedoch darin bestehen, dass es der Marke an Glaubwürdigkeit fehlt, um eine wahrgenommene Markenschwäche zu beseitigen. Daher kann es in manchen Fällen sinnvoller sein, die Eigenschaften und die Perspektive, aus der heraus ein Produkt von den Kunden bewertet und diskutiert wird, zu verändern. Dadurch verliert die wahrgenommene Markenschwäche an Relevanz und steht nicht mehr im Zentrum der Diskussion.

Walmart wurde 2005 von 8 % der US-amerikanischen Bevölkerung boykottiert und hatte in allen Kundensegmenten ein sehr schlechtes Image. Der Grund dafür war die schlechte Behandlung von Walmart-Mitarbeitern und -Lieferanten, der Bezug und Verkauf vorwiegend in China produzierter Produkte und die aggressive Art, mit der Walmart versuchte, Einzelhändler aus dem Markt zu drängen. Walmart erkannte jedoch, dass Maßnahmen, die die Probleme direkt angingen, die Probleme meist noch größer und sichtbarer machten. Den Fokus der öffentlichen Wahrnehmung hingegen auf andere Themen zu lenken, erschien eine sinnvollere Lösung.

Es begann alles auf einem Campingausflug 2004, während dessen der Vorstandsvorsitzende Rob Walton aufgefordert wurde, die Schirmherrschaft für ein Umweltprogramm zu übernehmen. Hieraus entwickelte sich eine groß angelegte Nachhaltigkeitsinitiative, die Mitarbeiter, Filialen, Warenlager, Lieferanten, Kommunen und Kunden umfasste. Vierzehn Teams – die sich aus Walmart-Führungskräften, Lieferanten, Umweltschutzgruppen und Regulierungsbehörden zusammensetzten – wurden gebildet, um die Nachhaltigkeit des Filialmanagements, der Logistik, der Verpackungen und der Nutzung von Forstprodukten zu garantieren. Anbieter umweltfreundlicher Produkte oder Verpackungen, von Lachsfischern in Alaska bis hin zu Unilever (dessen Kompaktwaschmittel weniger Raum und Verpackungsmaterial benötigten als vergleichbare Produkte), wurden nicht nur bevorzugt, sondern auch gefördert und unterstützt.

Dadurch konnten signifikante Energieeinsparungen und eine überraschend große Reduktion der Kosten realisiert werden. Außerdem stellte sich heraus, dass das Angebot biologisch angebauter Lebensmittel und Kleidung aus Biobaumwolle von den Kunden in den Filialen sehr gut angenommen wurde. Ein Maßnahmenprogramm, das gestartet wurde, um etwas Gutes zu tun, wurde so letztendlich zu einer sehr profitablen Investition.

Das Programm lies die Marke als sozialverantwortlich erscheinen – teilweise durch Kommunikationsmaßnahmen und Botschaften an die Kunden, teilweise durch überzeugende Ergebnisse – beides Aspekte, die erhebliche Aufmerksamkeit erzielten.[1] Die veränderte Wahrnehmung der Marke Walmart kann dabei am besten anhand der Überschrift eines Artikels beschrieben werden: „Es wird schwerer, Walmart zu hassen" (Ross 2010). Auch der Dialog zwischen der Marke Walmart und ihren Kunden wurde beeinflusst. Es gab alternative Gesprächsthemen anstelle der zuvor wahrgenommenen Markenschwäche. Für Walmart war die Herausforderung, die Marke für Konsumenten und Kunden relevanter zu machen, damit abgemildert, aber noch nicht gelöst. Jedoch war der Weg klar, der beschritten werden musste, um die Relevanz der Marke weiter zu erhöhen Und es war mit Sicherheit eine wichtige Veränderung, wenn man bedenkt, wie es ein paar Jahre zuvor um die Marke bestellt war.

---

[1] Persönliche Mitteilung von John Gerzema, der anmerkte, dass Walmart 2008 auf der Sozialverantwortungsskala auf Platz 12 von 3000 Marken, die durch die Young & Rubicam-BrandAsset®-Valuator-Datenbank beobachtet werden, gewählt wurde.

Die Möglichkeit einer defensiven Reaktion nicht von vornherein ausschließen

Die meisten Manager versuchen, das Angebot zu verbessern und dieses mit positiven Eigenschaften zu versehen und weiterzuentwickeln. In vielen Fällen sind Manager jedoch erfolgreicher, wenn sie Schwächen der Produkte beheben und so die Marke für eine breitere Zielgruppe relevant machen. Es genügt jedoch nicht, zu versuchen, Schwächen rein funktional zu beheben. Manager müssen Wege finden, diese Veränderungen auf glaubwürdige Art und Weise an die relevanten Zielgruppen zu vermitteln, die die Marke schon längst beerdigt haben und daher für die Kommunikation der Marke nur schwer empfänglich oder unerreichbar sind (d. h. die Marke ist der Zielgruppe vertraut, wird aber bei der Kaufentscheidung nicht berücksichtigt). Dafür wird eine Geschichte über die Produkte, das Unternehmen oder eine Initiative benötigt, und im Zuge dessen kann eine Marke wie Fluidic Sculpture oder ein sichtbares Programm wie die Nachhaltigkeitsinitiative von Walmart unterstützend wirken.

Der schleichende Kraftverlust der Marke

Eine dritte Bedrohung, durch die eine Marke an Relevanz verlieren kann, ist, wenn die Marke keine Kraft und Energie mehr ausstrahlt. Energie auszustrahlen ist äußerst wichtig für die Relevanz einer Marke. Eine Kraft und Energie ausstrahlende Marke ist für Kunden sichtbarer und gewinnt dadurch im Moment der Kaufentscheidung an Relevanz. Eine Marke, die keine Energie mehr ausstrahlt und nicht mehr sichtbar ist, wird in der Informationsflut heutiger Märkte untergehen und bei Kaufentscheidungen nicht mehr berücksichtigt werden. Eine Marke, die keine Energie mehr ausstrahlt, wird außerdem als müde, altmodisch und langweilig wahrgenommen und daher von den Kunden nicht mehr akzeptiert.

Im nächsten Kapitel werden drei Methoden vorgestellt, um einer Marke Kraft und Energie zu geben: Der Marke durch ein neues Angebot neue Vitalität zu verschaffen, der Marke durch Marketingmaßnahmen neue Energie zu verleihen und eine markengeschützte Quelle der Energie finden oder entwickeln, aufgrund derer die Marke an Ausstrahlung gewinnt.

Das Fazit

Es ist ein großartiges Gefühl zu gewinnen, aber es kann genauso zum Erfolg eines Unternehmens beitragen, den Relevanzverlust einer Marke in einem wichtigen Marktsegment zu verhindern. Die Relevanz der Marke aufrechtzuerhalten ist für gewöhnlich einfacher und kosteneffizienter, als sich auf einen großen Coup in der Zukunft zu verlassen, und bildet in der Regel das Fundament für den zukünftigen Erfolg der Marke.

Eine Marke kann auf drei Arten an Relevanz verlieren. Die erste Bedrohung stellt die sukzessive Verkleinerung oder Änderung einer bestehenden Produktunterkategorie dar. Das Schrumpfen einer bestehenden Produktkategorie kann jedoch auf mehrere Arten verhindert werden: Die Lücke zur Konkurrenz in der Wahrnehmung von wesentlichen Produkteigenschaften schließen und als gleichwertig wahrgenommen werden, die Konkurrenz mit bahnbrechenden Innovationen „rechts überholen" und hinter sich lassen, die Marke repositionieren, die eigene Strategie und deren Umsetzung optimieren, die Investitionen reduzieren oder gar ganz aus dem Geschäftsbereich aussteigen. Die zweite Bedrohung eines möglichen Reputationsschadens kann durch das Widerlegen der Schwächen der Marke, das Verlagern der Diskussion auf eine andere Ebene oder manchmal auch durch Aussitzen neutralisiert werden. Die dritte Bedrohung besteht darin, dass die Marke keine Energie mehr ausstrahlt, worauf wir im nächsten Kapitel weiter eingehen werden.

Die Herausforderung ist, sich diesen Bedrohungen der eigenen Relevanz bewusst zu werden und diese feinfühlig zu adressieren. Ein Verlust an Relevanz kann i. d. R verhindert werden, wenn dieser identifiziert und in sämtlichen Dimensionen verstanden wurde. Wie bei einer ernsthaften Krankheit ist es umso einfacher, dem Verlust an Relevanz entgegenzuwirken oder ihn zu verhindern, je früher das Problem erkannt wurde. Es zu identifizieren ist aber nicht immer einfach. Es setzt Fähigkeiten in der Marktforschung, die Fähigkeit aus Daten Erkenntnisse zu ziehen, und Menschen voraus, die vorsichtig und strategisch auf Marktveränderungen und entstehende Markenschwächen reagieren.

Literatur

Aaker, D. (2013). *Three threats to brand relevance: Strategies that work.* San Francisco: Jossey-Bass.

Ross, A. S. (28. Februar 2010). Green project making it harder to hate Walmart. *San Francisco Chronicle.*

> *Eine Beziehung, so sehe ich es, ist wie ein Hai. Sie muss sich stetig nach vorne bewegen, sonst stirbt sie. Und was wir hier vor uns haben, ist ein toter Hai.*
> *– Woody Allen, Annie Hall*

Jede Marke muss Kraft und Energie ausstrahlen, um für ihre Kunden attraktiv zu sein und zu bleiben. Entsprechend sollte eine Marke mindestens eine der folgenden Eigenschaften besitzen:

- **Die Marke ist interessant und aufregend.** Es gibt einen Grund, über eine Marke zu reden (Beispiele: AXE, Formel 1, Pixar, Red Bull).
- **Die Marke ist einnehmend und fesselnd.** Menschen fühlen sich mit der Marke verbunden und sie ist Teil einer von ihnen geschätzten Aktivität oder ihres Lebensstils (Beispiele: LEGO, Disney, Starbucks, Google, Amazon).
- **Die Marke ist innovativ und dynamisch.** Die Marke ist in der Lage, „Must-have"-Innovationen zu etablieren, die neue Produktunterkategorien definieren oder fortlaufende Anschlussinnovationen ermöglichen (Beispiele: Apple, Toyota, GE, Amazon).
- **Die Marke ist passioniert und werteorientiert.** Die Marke verkörpert ein höheres Ziel, das die Kunden für sie einnimmt (Beispiele: Alnatura, Frosch, Ben & Jerry's).

Eine Marke, die keine Kraft und Energie ausstrahlt, hat drei potenzielle Schwächen: Erstens wird es ihr an Sichtbarkeit fehlen und folglich wird sie weniger häufig berücksichtigt, was jedoch eine notwendige Voraussetzung ist, um relevant zu sein. Zweitens kann eine fehlende Ausstrahlung dazu führen, dass die Marke als langweilig, müde, altmodisch und nicht mehr zeitgemäß wahrgenommen wird. Die Marke passt nicht länger zum Selbstbild oder zum Lebensstil der Kunden, hat geringeren selbstdarstellenden und sozialen

© Springer Fachmedien Wiesbaden 2015
D. Aaker et al., *Marken erfolgreich gestalten*, DOI 10.1007/978-3-658-06386-3_16

Nutzen – und ist quasi „von gestern". Drittens kann ein Mangel an Kraft und Energie dazu führen, dass wichtige Elemente des Markenimages verloren gehen. Reale Fälle zeigen, wie schnell es zum Niedergang einer Marke kommen kann.

Die Datenbank des Young & Rubicam Brand Asset Valuator (BAV) beinhaltet Daten und Informationen zu 75 Kennzahlen von über 40.000 Marken in 40 Ländern von 1993 bis heute. Das Buch „The Brand Bubble" von John Gerzema und Ed Lebar legt mithilfe der BAV-Datenbank dar, dass sich Markenwerte, gemessen an der Vertrauenswürdigkeit, dem Ansehen, der wahrgenommenen Qualität und der Markenbekanntheit, über die Jahre hinweg stark geändert haben und insgesamt gefallen sind (Gerzema und Lebar 2008). Zum Beispiel fiel in einem Zeitraum von zehn bis zwölf Jahren, der Mitte der 1990er-Jahre begann, die Vertrauenswürdigkeit der erfassten Marken um fast 50 %, deren Ansehen um 12 %, Wahrnehmung der Markenqualität um 24 % und bemerkenswerterweise fiel sogar die Markenbekanntheit um 24 %. Der Markenwert ist seit dieser Analyse weiter gefallen und der Verlust hat sich sogar beschleunigt.

Marken, deren Markenwert nicht gefallen ist, sind Marken, die Kraft und Energie ausstrahlen. Sie konnten nicht nur ein starkes Markenimage aufrechterhalten, sondern auch ihre Finanzkennzahlen verbessern. Steigt die Ausstrahlung der Marke, führt dies nachweislich zu einer Steigerung der Präferenz und Nutzung von Produkten. Ein BAV-Modell von Bob Jacobson von der Universität Washington und Natalie Mizik von der Columbia Universität zeigt, dass bei Marken mit großer Ausstrahlungskraft die ausgestrahlte Energie auch zu steigenden Aktienkursen und Aktiengewinnen führt (wobei die Analyse anhand von Marken wie General Electric (GE) und IBM durchgeführt wurde, die einen signifikanten Anteil des Umsatzes der analysierten Unternehmen ausmachen) (Mizik und Jacobson 2008). Inzwischen hat das BAV-Konsortium von Young & Rubicam (Y&R) die Messung der Markendifferenzierung, die nun „energieausstrahlende Differenzierung" genannt wird, neu definiert, da der Einfluss der Markendifferenzierung ohne die von der Marke ausgehende Kraft und Energie nicht vollständig erklärt werden kann.

Aber wie kann man einer Marke mehr Kraft und Energie geben? Es gibt drei Wege, die jede Marke prüfen sollte: die Revitalisierung durch ein neues Angebot, die Aufladung durch neue Marketingmaßnahmen oder Identifizierung einer anderen internen oder externen „Energiequelle".

Die Revitalisierung der Marke durch ein neues Angebot

Die Ausstrahlung einer Marke zu erhalten gelingt am besten durch die fortlaufende Entwicklung und Einführung von Innovationen. Dove, Toyota oder Samsung bieten kontinuierlich neue Innovationen an, die für die Marke Interesse wecken, Sichtbarkeit schaffen und ihr Kraft und Energie geben.

Gesunde Marken neue oder zusätzliche Energie ausstrahlen zu lassen, ist für jedes Unternehmen eine kontinuierliche Herausforderung. Es ist jedoch eine weit größere Herausforderung, Marken neue Ausstrahlungskraft zu geben, die an Markenstärke verloren haben und deren Energie verblasst ist. In einem solchen Fall kann eine bedeutsame Produkt- oder

Dienstleistungsinnovation eine entscheidende Rolle spielen. Wenn sich die Marke in einer Produktkategorie befindet, in der Kunden von dieser selbstdarstellenden und sozialen Nutzen erwarten, ist eine bedeutende Innovation unerlässlich, um die Marke glaubwürdig von den Konkurrenten zu differenzieren. Ohne die Botschaft, die eine Innovation vermitteln kann, kann der Marke keine neue Ausstrahlungskraft verliehen werden.

Cadillac konnte die Marke durch eine Verbesserung der Qualität und ein entsprechendes Marketing wiederbeleben. Ein entscheidendes Element der Revitalisierung der Marke war jedoch ein neues, preisgekröntes Auto, der CTS. Dieses Auto war eine Innovation, die mit dem historischen Prestige der Marke verbunden wurde, das in die Irrelevanz abzudriften drohte. Das Erbe einer Marke zu nutzen und sie zugleich innovativ erscheinen zu lassen, kann das Schlüsselelement der Markenrevitalisierung sein. Es ist einfacher, eine „müde" Marke wiederzubeleben, als eine neue Marke zu erschaffen. Im Falle von Cadillac jedoch hätte die Revitalisierung ohne ein neues Modell keinen Erfolg gehabt.

Die Aufladung der Marke durch neue, innovative Marketingmaßnahmen

Eine bedeutsame und sichtbare Innovation auf den Markt zu bringen, ist für die meisten Marken nicht kontinuierlich möglich. In einigen Produktkategorien, wie beispielsweise Hot Dogs oder Versicherungen, die entweder von Angeboten überladen, langweilig oder beides zugleich sind, ist es schwierig, der Marke durch neue, innovative Produkte neue Ausstrahlungskraft zu verleihen. In solchen Situationen gelingt es eher, der Marke über außergewöhnliche Marketingmaßnahmen neue Energie und Ausstrahlung zu verleihen. Folgende Marketingmaßnahmen veranschaulichen dies:

- **Werbung, die Kunden involviert**. Denny's bot an einem Tag mehr als 2 Mio. Grand Slam-Frühstückspakete kostenlos an, begleitet durch eine Super Bowl-Werbung im Fernsehen und in Onlinemedien. Das kostenlose Frühstücksangebot stach aus der Masse anderer Werbeaktionen heraus.
- **Werbung, der Kunden nicht widerstehen können.** Old Spice macht Werbung mit Isaiah Mustafa – einem ehemaligen NFL-Star und Schauspieler mit attraktivem, athletischem Körper –, der Frauen erzählt, dass er „der Mann sei, der riecht, wie ihr Mann riechen könnte". Die Werbung wurde in zwei Jahren von 44 Mio. Menschen im Internet angeschaut und verhalf Old Spice zu einer echten Revitalisierung und einer Führungsposition im Markt noch vor konkurrierenden Marken wie dem „sportlichen" Right Guard und dem „sexy" AXE.
- **Die Eroberung des Einzelhandels.** Der Apple Store spielt eine wichtige Rolle für den Erfolg der Produkte und der Marke Apple, da er Kraft und Energie ausstrahlt, und wirklich zur Marke passt. Nike, Panasonic und Sony eröffneten ebenfalls Stores, die dazu dienen, ihre Marken und Produkte auf attraktive und einheitliche Art und Weise zu präsentieren.

- **Das Verfolgen eines höheren Ziels.** Ein höheres Ziel kann Mitarbeiter und Kunden bewegen und aktivieren, wie in Kap. 5 anhand von Faber-Castell (und deren Ziel, Eltern und Lehrern zu helfen, inspirierte und kreative Kinder großzuziehen), dem Anspruch von Apple (großartige Produkte herzustellen) und der gesellschaftlichen Verantwortung des Babynahrungsmittelherstellers Hipp (der nur biologisch erzeugte Rohstoffe verarbeitet) erläutert wurde.
- **Ein virales Video.** Wie in Kap. 12 beschrieben, engagierte DC Shoes mehrere Stunt-Fahrer, um virale Videos zu drehen, und Coca-Cola erhöhte die Ausstrahlungskraft der Marke mit dem „Happiness Machine"-Video.

Von den zu Beginn des Kapitels genannten vier Eigenschaften, die einer Marke Energie und Ausstrahlungskraft verleihen, ist als einnehmend und fesselnd wahrgenommen zu werden, am effektivsten. Dies kann durch ein Werbeangebot, das Konsumenten involviert, erreicht werden. Um in dieser Dimension Erfolg zu haben (wie in Kap. 11 beschrieben), sollte man eine inhaltliche Verbindung zwischen der Marke und den Interessen bzw. Leidenschaften der Kunden schaffen – sprich, diejenigen Interessen und Aktivitäten, die einen wichtigen Teil der Identität, der Werte und des Lebensstils der Konsumenten widerspiegeln. Denken Sie zum Beispiel an die Webseite von Krankenkassen wie der AOK, DAK oder Techniker Krankenkasse, auf der es aktuelle, medizinische Informationen über Krankheiten, Symptome, Medikamente, Ergänzungsmittel, Tests und allgemeine Gesundheitsthemen gibt. Oder die Webseiten von einigen Regionalparks, auf denen man sich die besten Wanderwege aus der Perspektive des Wanderers ansehen kann.

Die Identifizierung einer geeigneten internen oder externen Energiequelle

Eine dritte Methode, um der Marke zu mehr Ausstrahlungskraft und Energie zu verhelfen, ist es, eine andere Quelle der Energie zu identifizieren und diese dann mit der Marke zu verbinden. Es gibt zwei Arten von Energiequellen: eigene, interne markengeschützte Energiequellen und externe markengeschützte Energiequellen.

Die Entwicklung einer eigenen Energiequelle initiieren

Eine eigene markengeschützte Energiequelle kann ein Produkt, Programm, Sponsoring oder Symbol sein, das aufgrund der davon ausgehenden Ausstrahlung und Assoziation eine Marke signifikant aufwertet, und von einem Unternehmen selbst entwickelt und kontrolliert wird.

Eine weitere Option für markengeschützte Energiequellen sind geteilte Interessen zwischen einer Marke und ihren Kunden, wie sie in Kap. 11 vorgestellt wurden. Ein Beispiel dafür sind die Coca-Cola Trucks, die zu Weihnachten durch ganz Deutschland touren und lokale Events veranstalten. Ein anderes Beispiel ist das Krombacher Regenwald-Projekt, das der Marke zu einer Ausstrahlungskraft verhalf, die durch das Produktangebot selbst nicht erreicht werden könnte. Weitere Beispiele sind Kunden involvierende digitale Communities, wie beispielsweise die Bosch Heimwerker-Community oder IKEA's Hej-Community.

Eine interne markengeschützte Quelle der Energie kann auch ein Symbol oder eine Person sein. Symbole wie der Schwäbisch Hall Fuchs, das Michelin-Männchen oder das Maggi Kochstudio verfügen über eine enorme Sichtbarkeit und heben gleichzeitig relevante Eigenschaften der Marke hervor. Der Gründer und Chief Executive Officer (CEO) von Virgin, Richard Branson, trug mit seinen haarsträubenden Aktionen wesentlich zur Ausstrahlung und Persönlichkeit der Marke Virgin bei.

Die Möglichkeit einer Kooperation mit anderen Marken nutzen

Eine interne markengeschützte Energiequelle zu entwickeln, die bei den Zielgruppen Anklang findet, der Marke Energie und Ausstrahlung verleiht und diese aufwertet, ist häufig schwierig und zudem sehr kostspielig. Es kann Jahre dauern, bis sich die Ausstrahlungskraft voll entfaltet und auch im Markt konkrete Wirkung zeigt – während die Unternehmensrealität oft nach schnellen Erfolgen verlangt. In einem Markt, in dem Wettbewerber starke Marken mit hoher Ausstrahlungskraft besitzen, kann es sogar unmöglich sein, die gewünschte Wirkung zu erzielen. Eine Alternative ist daher, eine externe Energiequelle zu finden – zum Beispiel eine Marke eines anderen Unternehmens. Dabei geht es im Wesentlichen darum, eine geeignete, bereits etablierte Marke zu finden und sie mit der eigenen Marke zu verbinden.

Das Angebot an externen Marken, die noch nicht mit Wettbewerbern verbunden sind und die das Potenzial haben, der eigenen Marke Ausstrahlung zu verleihen, ist beinahe unendlich. Mit etwas Kreativität lässt sich eine entsprechende Marke relativ einfach identifizieren.

Es besteht jedoch die Herausforderung, die entsprechende Markenkooperation zum Vorteil für beide Marken zu gestalten und zu managen. Eine externe markengeschützte Energiequelle kann hierbei auf verschiedene Arten geschaffen werden, wobei Sponsoring und Testimonials als Vehikel der Kooperation am besten geeignet sind.

Sponsoring kann, wenn es richtig eingesetzt wird, einer Marke neue Energie verleihen und sogar eine neue Wahrnehmungsdimension hinzu addieren, indem aufgrund des Sponsorings mit der Marke ein höheres Ziel verbunden wird. Home Depot zum Beispiel unterstützt (wie in Kap. 11 beschrieben) die Initiative Habitat for Humanity. FedEx rief den FedEx Cup ins Leben, ein Golfturnier, in dem die 30 besten Golfer um einen Hauptpreis von 10 Mio. US-Dollar kämpfen. Die altehrwürdige Reifenmarke Pirelli bezieht aufgrund des Sponsorings der Formel 1 die Kunden ein und signalisiert damit ein geteiltes Interesse, das durch eine kreative, die Kunden involvierende Webseite unterstützt wird.

Ein anderer Weg führt über ein Testimonial – eine Persönlichkeit, die zeitgemäß, sichtbar und authentisch ist, oft in den Medien vorkommt und zur Marke passt. Ein Beispiel sind die Klitschko-Brüder, die sehr viel für die Marken Milchschnitte, Warsteiner, Tchibo und McFit erreicht haben. Ein Testimonial kann auch ein Symbol sein, wie zum Beispiel das HB-Männchen, das von 1957 bis 1984 für die Zigarettenmarke „HB" warb, oder der rosarote Panther, der von Owens Corning, einem Isolationsunternehmen, verwendet wurde. Diese Symbole verschaffen einer Marke in einer langweiligen Produktkategorie Ausstrahlungskraft und Sichtbarkeit.

Die Erfolgsfaktoren für die Auswahl der geeigneten Energiequelle verstehen

Eine markengeschützte Energiequelle sollte die folgenden Eigenschaften aufweisen, um im Markt erfolgreich zu sein:

- **Die Quelle der Energie strahlt selbst Energie aus.** Eine energiespendende Marke muss zu allererst einmal selbst Energie ausstrahlen. Wie gut die Marken auch zusammenpassen mögen und wie geschickt die Ausführung auch sein mag, wenn es der Energiequelle an eigener Energie fehlt, wird die Investition vergebens sein. Außerdem sollte die durch die Energiequelle zur Verfügung gestellte Energie nachhaltig und von Dauer sein. Die Erwartung an die als Quelle der Energie dienende Marke sollte sein, dass sich ihre Ausstrahlungskraft im Laufe der Zeit erhöht oder zumindest stabil bleibt.
- **Die Quelle der Energie schafft eine emotionale Verbindung.** Eine Marke und nicht eine Aneinanderreihung von funktionalen Fakten schafft eine emotionale Verbindung mit Kunden oder potenziellen Kunden. Eine emotionale Botschaft ist ausdrucksstärker und einfacher zu verstehen. Pedigree's Werbung „Liebevolles Zuhause gesucht" mit Bildern von liebenswerten Hunden löste eine emotionale Reaktion bei den Kunden aus und verlieh der Pedigree-Marke eine Ausstrahlungskraft, die aus der Marke mehr als eine Marke für Hundefutter machte.
- **Die Quelle der Energie ist authentisch.** Marketing- und Werbemaßnahmen sollten nicht gekünstelt oder kommerziell wirken. Wenn das Ziel der Marketingmaßnahmen die Werbung für ein angebotenes Produkt oder eine Dienstleistung ist, entsteht ein Gefühl der Glaubwürdigkeit. Das Zahnmobil von Colgate, das sozial benachteiligten Menschen ambulante Behandlungen, Prophylaxe und Beratung ermöglicht, passt sehr gut zu der Marke Colgate. Dabei erscheint die Marke umso glaubwürdiger, je mehr sich das Unternehmen zum Teil der Marketingmaßnahmen macht und aktiv Mitarbeiter, Mittel und Fähigkeiten einbringt – wie es zum Beispiel Home Depot mit der Verbindung zu Habitat for Humanity gemacht hat – anstatt einfach nur als Sponsor aufzutreten.
- **Die Quelle der Energie ist mit der Dachmarke verbunden.** Eine markengeschützte Energiequelle kann ihre Aufgabe, der Dachmarke Ausstrahlungskraft zu verleihen, nur erfüllen, wenn sie auch eine direkte Verbindung zur Dachmarke hat. Es gibt drei

Möglichkeiten, diese Verbindung herzustellen. Eine Möglichkeit ist, wenn die Dachmarke, wie beim Ronald McDonald-Haus, zu einem Element des Namens wird. Eine zweite Möglichkeit ist, eine Marketingmaßnahme auszuwählen, die so gut zur Marke passt, dass eine Verbindung leicht hergestellt werden kann. Ein Wasserschutzprogramm bietet sich z. B. für Marken wie Starbucks oder Coca-Cola an. Eine dritte Möglichkeit besteht darin, die Verbindung zwischen einer Marke und der Energiequelle durch umfangreiche Mittel Schritt für Schritt zu etablieren. Dies ist jedoch sehr teuer und häufig auch schwierig, da Konsumenten keine Motivation haben, eine derartige Verbindung (ohne klare inhaltliche Verbindung) zu verinnerlichen.

- **Die Quelle der Energie wird als langfristiger Vermögenswert betrachtet.** Auch eine externe markengeschützte Energiequelle sollte als Aufbau eines langfristigen Vermögenswerts betrachtet werden und ein Unternehmen sollte in der Lage sein, entsprechende Investitionen zu finanzieren. Die Quelle der Energie sollte dabei aus sich selbst heraus „leben" und mehr als ein Platzhalter sein. Das Krombacher Regenwald-Projekt ist eine Energiequelle, die bereits über einen langen Zeitraum existiert und sich kontinuierlich selbst erneuert hat.
- **Die Quelle der Energie wird als Teil des Markenportfolios gemanagt.** Als langfristige Markenwerte sind markengeschützte Energiequellen (seien sie interner oder externer Natur) Teil des Markenportfolios mit einer festgelegten Rolle und Beziehung zu den anderen Marken innerhalb des Portfolios. Sie sind keine alleinstehenden Marken. Die entsprechenden Verbindungen müssen gemanagt werden, insbesondere die Verbindung zwischen der Energiequelle und der Dachmarke.

Das Fazit

Marken, die von sich aus Relevanz besitzen und Energie ausstrahlen, sind rar. Und solche, die gar zu viel Energie ausstrahlen, findet man nur selten. Der schleichende Verlust von Relevanz und damit Energie ist eine Epidemie in der Welt der Marken. Die Relevanz zu erhalten und die Marke immer wieder neu aufzuladen, sollte daher für jede Marke Priorität haben. Zu geringe Ausstrahlungskraft bedeutet zu geringe Sichtbarkeit und Aufmerksamkeit der Konsumenten beim Einkauf. Die Marke wird damit zunehmend als unzeitgemäß, langweilig und als „nicht das Richtige für mich" wahrgenommen, womit ein Verfall des Markenimages einhergeht. Neue Vitalität kann durch neue Angebote, inspirierende Marketingmaßnahmen oder andere interne oder externe Quellen der Energie erreicht werden, die der Marke neue Ausstrahlungskraft geben.

Literatur

Gerzema, J., & Lebar, E. (2008). *The Brand Bubble* (Chapter 2). San Francisco: Jossey-Bass.

Mizik, N., & Jacobson, R. (2008). The financial value impact of perceptual brand attributes. *Journal of Marketing Research, 45*(1), 15–32. (February).

Teil V
Das Markenportfolio als Ökosystem betrachten und managen

Marken brauchen eine Portfoliostrategie 17

Das Ganze ist mehr als die Summe seiner Teile.
– Aristoteles

Eine wahre Geschichte: Ein Softwarehersteller besaß eine so verwirrende Ansammlung von Marken und Angeboten, dass selbst die eigenen Mitarbeiter den Kunden nicht sagen konnten, was sie genau anboten. Außerdem war die Benennung neuer Produkte schwierig, da die Gefahr bestand, dass die Verwirrung nur noch größer würde. Nur selten bestehen in Bezug auf Markenportfolios derart große Probleme. Solche Probleme bremsen aber die Unternehmensstrategie aus und machen den Aufbau neuer Marken ineffizient und ineffektiv.

Viele Unternehmen besitzen mehrere Marken, einige haben hunderte oder sogar tausende Marken. Ein grundlegendes Problem dabei ist häufig, dass jede dieser Marken oft unabhängig von den anderen Marken gestaltet und entwickelt wurde. Das Markenportfolio sollte jedoch aktiv gemanagt werden, woraus sich folgende Aufgaben ergeben:[1]

- **Klarheit und Transparenz** statt Verwirrung, sowohl intern im Unternehmen als auch extern im Markt.
- **Synergien** realisieren, die sich aus den verschiedenen Marken und markengestaltenden Maßnahmen ergeben, um die Sichtbarkeit der Marken zu erhöhen, konsistente Assoziationen zu schaffen und Kosteneffizienz zu erreichen.
- **Relevanz** für die einzelnen Marken schaffen, um dem Angebot Sichtbarkeit und Glaubwürdigkeit auf bestehenden und potentiellen Märkten zu geben.

---

[1] Mehr Details zu den Inhalten dieses und der folgenden beiden Kapitel finden Sie in David Aaker (2004).

D. Aaker et al., *Marken erfolgreich gestalten*, DOI 10.1007/978-3-658-06386-3_17

- Ein **starkes Fundament** schaffen, das Grundlage eines erfolgreichen Unternehmens bildet.
- **Existierende Markenwerte und –assoziationen** nutzen und auf neue Produkte und Produktmarken übertragen.
- Allen Marken eine **klare Rolle** zuweisen.

Eine effektive Markenportfoliostrategie zu entwickeln, ist eine anspruchsvolle Aufgabe. In einzelnen Angeboten stecken häufig verschiedene Marken, wie zum Beispiel die „Mercedes-Benz E-Klasse in der Ausstattungslinie ELEGANCE® mit PRE-SAFE®-Bremsen". Und jede dieser angebotsdefinierenden Marken ist oftmals in komplexer und ggf. subtiler Weise mit weiteren Mercedes-Modellen verbunden.

Es ist jedoch schwierig, allgemeine Richtlinie für die Entwicklung einer Portfoliostrategie zu formulieren, da das Markenportfolio jedes einzelnen Unternehmens einzigartig ist und je nach Kontext und Situation unterschiedliche Maßnahmen und Strategien Berücksichtigung finden sollten. Zusätzlich muss das Portfolio und die Strategie kontinuierlich angepasst, verbessert und verändert werden, da die Portfoliostrategie parallel zu einer gemeinhin dynamischen Unternehmensstrategie weiterentwickelt werden muss.

Es gibt jedoch zwei Entscheidungen bei der Gestaltung des Markenportfolios, die es unbedingt zu verstehen und zu berücksichtigen gilt, um mit dem Markenportfolio die gesetzten Ziele zu erreichen und die Bedeutung der einzelnen Marken innerhalb des Portfolios zu veranschaulichen und zu definieren:

1. Wie soll ein neues Produkt oder eine neue Dienstleistung benannt werden? Sollen Submarken oder Empfehlungsmarken eine Rolle spielen?
2. Welche Marken haben innerhalb des Portfolios Priorität? Welche Marken sind von strategischer Bedeutung und welche sollten nicht weiter unterstützt oder sogar aussortiert werden?

Die Bandbreite der Markenbeziehungen zur Etablierung eines neuen Angebots

Ein Angebot muss von einer oder mehreren Marken, von denen jede eine festgelegte Rolle und Funktion einnimmt, dargestellt werden. Diese Rollen sind die entscheidenden Bausteine einer Portfoliostrategie. Folgende Rollen und Funktionen gibt es:

- **Dachmarke** – das primäre Kennzeichen des Angebots, der Referenzpunkt. Optisch wird sie für gewöhnlich an erster Stelle stehen.
- **Empfehlungsmarke** (Endorser oder Endorsement Brand) – dient dazu, dem Angebot Glaubwürdigkeit und Substanz zu verschaffen (Lancôme unterstützt zum Beispiel Produktmarken wie das Parfum Miracle). In den meisten Fällen soll eine Empfehlungsmarke die Strategie, die Menschen, die Ressourcen, die Werte und das Erbe eines Unternehmens hinter dem Angebot repräsentieren.

- **Submarke** – erweitert oder ändert die Assoziationen einer Dachmarke in einer bestimmten (Produkt-)Kategorie (z. B. Porsche Carrera). Sie fügt Assoziationen, wie beispielsweise Produkteigenschaften (z. B. Kit Kat Chunky), eine Markenpersönlichkeit (z. B. Apple iPad), eine Produktkategorie (z. B. Milka Toffee) oder sogar eine gewisse Ausstrahlung (z. B. Nike Force), hinzu.
- **Deskriptor** – beschreibt das Angebot, meist in Bezug auf die Funktion oder ein Segment (z. B. Siemens Energy, Siemens Healthcare, Siemens Industry und Siemens Infrastructure & Cities). Auch wenn sie üblicherweise keine Marken, sondern eher beschreibender Natur sind, spielen sie eine entscheidende Rolle in jeder Portfoliostrategie.

Den Einfluss auf die Kaufentscheidung verstehen

Die Funktion und Rolle als Kaufentscheidungstreibers reflektiert den Grad, zu dem eine Marke die Kaufentscheidung oder die Nutzung eines Produktes bzw. einer Dienstleistung beeinflusst. Wenn eine Person gefragt wird, „Welche Marke haben Sie gekauft (oder zuletzt genutzt)?", wird die Antwort die Marke sein, die die Rolle des primären Kaufentscheidungstreibers einnimmt. Wenn Fahrer von Jeep Wrangler antworten, dass sie einen Jeep und nicht die Submarke Wrangler fahren, so bedeutet dies, dass Jeep und nicht Wrangler der Kaufentscheidungstreiber war. Während meist Dachmarken die dominierende Funktion und Rolle des Kaufentscheidungstreibers innehaben, ist es in manchen Fällen nicht ausgeschlossen, dass Submarken, Empfehlungsmarken und markengestützte Deskriptoren die Funktion und Rolle des Kaufentscheidungstreibers übernehmen – wenn auch in unterschiedlicher Intensität. Daher ist es äußerst wichtig, die Rolle und Funktion von Kaufentscheidungstreibern zu verstehen, um die Angebotsmarke entsprechend entwickeln und managen zu können.

Die Bandbreite der Markenbeziehungen gezielt nutzen

Ein zentraler Aspekt einer Markenportfoliostrategie ist, ob und wie man ein neu erworbenes oder intern entwickeltes Angebot benennen oder ein existierendes Angebot umbenennen kann. Wie in Abb. 17.1 dargestellt wird, gibt es hierzu vier Möglichkeiten, die die Bandbreite der zur Verfügung stehenden Optionen darstellen:

Eine neue Marke. Die unabhängigste Option ist, eine neue Marke zu schaffen und zu etablieren, unbeeinflusst von Dachmarkenassoziationen, die gegebenenfalls nicht hilfreich oder sogar schädlich sein könnten. Wenn neue Marken etabliert werden, handelt es sich um die Strategie der „Markenfamilie" oder auch „House of Brands". Procter & Gamble (P&G) besitzt eine Markenfamilie mit mehr als 80 Marken, die nur lose mit P&G und untereinander verbunden sind.

MARKENROLLE	DACHMARKE MIT DESKRIPTOR	DACHMARKE MIT SUBMARKE	NEUE MARKE, VON DER DACHMARKE UNTERSTÜTZT	NEUE MARKE
Entfernung von der Dachmarke	Keine	Gering	Groß	Maximal

Abb. 17.1 Bandbreite der Markenbeziehungen

Markenfamilien erlauben es Unternehmen, Marken klar auf funktionalen Nutzen ausgerichtet zu positionieren und Nischensegmente zu dominieren. Es müssen keine Kompromisse bei der Positionierung der Marke eingegangen werden, um die Nutzung der Marke in anderen Produktkategorien zu ermöglichen. Die Marke ist durch ein fokussiertes Markenversprechen direkt mit den Kunden des Nischensegments verbunden. In der Shampoo-Kategorie hat Procter & Gamble (P&G) zum Beispiel verschiedene Marken wie Head & Shoulders (Antischuppenshampoo), Pantene (lässt das Haar glänzen), Herbal Essences (von der Natur inspiriert) und Wella Allure (Profiqualität). Jede dieser Marken besitzt ein eigenes und differenzierendes Leistungsversprechen.

Markenfamilien wie jene von Procter & Gamble (P&G) verhindern jedoch Skaleneffekte, die entstehen, wenn man eine Marke in verschiedenen Produktkategorien verwendet. Diejenigen Marken, die die notwendigen Investitionen selbst nicht rechtfertigen (insbesondere die dritte oder vierte P&G-Marke in einer Kategorie), sind durch Stillstand oder Verfall bedroht. Eine weitere Einschränkung ist der Verlust der Übertragbarkeit der Marke in andere Produktkategorien, Kundensegmente oder Märkte, da fokussierte Marken hierfür nur sehr eingeschränkt genutzt werden können.

Empfehlungsmarke. Die zweite Option ist die Schaffung und Etablierung von Empfehlungsmarken (Endorsements), wobei die Angebotsmarke, wie beispielsweise Actimel, von der existierenden Dachmarke Danone unterstützt und „empfohlen" wird. Die Empfehlungsmarke vermittelt Glaubwürdigkeit und bildet eine Rückversicherung, dass die empfohlene Marke ihrem Leistungsversprechen gerecht wird. Eine Empfehlungsmarke (Actimel) ist nicht vollkommen unabhängig von ihrem Fürsprecher (Danone), aber sie genießt beachtliche Freiräume, um eigene Produktassoziationen und eine Markenpersönlichkeit zu entwickeln, die anders als die des Fürsprechers sind.

Die Empfehlungsmarke nimmt für gewöhnlich nur eine untergeordnete Funktion und Rolle bei der Kaufentscheidung ein. Wenn die Fürsprecher-Marke stark und das neue Angebot unbekannt ist, nimmt der Einfluss der Empfehlungsmarke bei der Kaufentscheidung allerdings zu.

Auch der Fürsprecher kann in manchen Fällen davon profitieren. Zum Beispiel kann ein erfolgreiches neues Produkt mit Ausstrahlungskraft oder ein Angebot, das zu einem Marktführer wird, die Empfehlungsmarke aufwerten. Als Nestlé die Marke KitKat, eine führende Schokoladenmarke in Großbritannien, gekauft hat, wurde KitKat als Empfehlungsmarke eingesetzt, um das Image von Nestlé in Großbritannien aufzubessern.

Submarke. Die dritte Option ist, eine Submarke zu etablieren, wie beispielsweise Coca-Cola Zero oder VW Golf. Die Submarke erweitert oder verändert die Assoziationen der Dachmarke. Sie kann eine andere Persönlichkeit oder ein anderes Markenversprechen als die Dachmarke erhalten, bietet jedoch nicht so viel Freiraum wie eine Empfehlungsmarke.

Eine Submarke kann die Dachmarke ausweiten und es ihr ermöglichen, in Markt- oder Kundensegmente vorzudringen, zu denen sie bislang keinen Zugang hatte. Die Submarke Black Crown ermöglicht es Budweiser zum Beispiel, im Biermarkt die Produktkategorie Premium Lager zu betreten, die Submarke Evolution Kit ermöglicht es Samsung, Fernsehzuschauern einen Weg zu bieten, über den sie mit ihrem TV interagieren können, und die Submarke Venus half Gillette, für Frauen relevant zu werden.

Es ist jedoch notwendig, die Funktion und Rolle der Submarke in der Kaufentscheidung genau zu verstehen, um eine Submarke erfolgreich zu nutzen. Wenn die Submarke eine entscheidende Rolle und Funktion in der Kaufentscheidung einnimmt, dann lohnt sich die Investition in den Markenaufbau. Wenn die Submarke eine unbedeutende Rolle und Funktion in der Kaufentscheidung einnimmt, ist dies nicht der Fall. Die Rolle einer Submarke wird häufig überspitzt dargestellt, und Unternehmen sind überrascht, wenn Analysen darlegen, dass die Rolle und Funktion der Submarke in der Kaufentscheidung gering und der Markenaufbau eine wertlose Investition war.

Deskriptor. Die vierte Option besteht darin, das neue Produkt oder die neue Dienstleistung unter einer bestehenden Dachmarke mit einem Deskriptor, der die Angebotskategorie beschreibt, anzubieten, wobei die Dachmarke eine entscheidende Funktion und Rolle bei der Kaufentscheidung einnimmt. Der Deskriptor spielt dabei eine untergeordnete Rolle bei der Kaufentscheidung. BMW nutzt eine Dachmarkenstrategie, wobei die angebotenen Modelle als BMW 3, BMW 7, BMW X1, BMW M etc. bezeichnet werden. DHL bietet DHL Paket, DHL Express und DHL Logistik an. Die deskriptorbasierte Markenfamilie nutzt eine etablierte Dachmarke maximal aus, benötigt lediglich eine Mindestinvestition in jedes neue Angebot und erhöht möglicherweise die Klarheit und die Synergien der Marken innerhalb des Portfolios. Daher gilt es, die Option und Strategie einer Dachmarke als Erstes und mit höchster Priorität in Betracht zu ziehen. Die Wahl einer anderen Strategie benötigt überzeugende Argumente.

Eine Dachmarke hat jedoch auch zwei wesentliche Nachteile. Erstens: Wenn die Dachmarke an die Bedürfnisse verschiedener Produktkategorien angepasst wird, kann es passieren, dass eine Dachmarke ohne Submarke und Empfehlungsmarke mit entsprechendem Markenversprechen keinen Anklang bei den Kunden in der Produktkategorie findet und daher einen Wettbewerbsnachteil hat. Zweitens geht die Dachmarke auch das Risiko ein, dass ein negatives Ereignis oder negative Publicity in einer spezifischen Kategorie die Dachmarke übergreifend und nachhaltig beeinträchtigen können.

Hybride Strategien. In der Realität gibt es nur wenige reinrassig verfolgte Strategien, die meisten Portfoliostrategien sind Hybridstrategien. Kraft wird zum Beispiel als Dachmarke für Käse, Mayonnaise und Salatdressing verwendet, wird aber auch als Empfehlungsmarke für Marken wie Philadelphia und Miracle Whip genutzt. L'Oréal besitzt eine Reihe von Dachmarken, einschließlich Maybelline New York, L'Oréal Paris und Garnier, aber jede dieser Marken hat Submarken und markengeschützte Inhaltsstoffe. BMW hat das Modell M (Sportwagen) und i (Elektro) mit Submarken inklusive eigener Markenpersönlichkeit und Assoziationen ausgestattet, die sich von der Markenpersönlichkeit und Assoziationen der Dachmarke BMW unterscheiden.

Die richtige Auswahl treffen

Um für ein neues Angebot die richtige Markenstrategie zu ermitteln, gilt es, die folgenden drei Fragen zu diskutieren und zu beantworten:

- Wertet die existierende Dachmarke das neue Angebot auf?
- Wertet das neue Angebot die Dachmarke auf?
- Existiert ein überzeugender Grund dafür, eine neue Marke zu kreieren – sei es eine alleinstehende Marke, eine Empfehlungsmarke oder eine Submarke?

Im Optimalfall zieht die Dachmarke Nutzen und Ausstrahlungskraft aus dem neuen Angebot und vergrößert diese gleichzeitig. Wenn dies nicht realisierbar ist, sollte ein optimaler Abstand zwischen der Dachmarke und dem neuen Angebot gesucht werden. Ein gewisser Abstand wird durch eine Submarke geschaffen, mehr Abstand durch eine Empfehlungsmarke und der größte Abstand durch eine neue Marke.

Möglicherweise gilt es, einige Markenrisiken einzugehen, insbesondere, wenn eine überzeugende Unternehmensstrategie auf dem Spiel steht. Wir sollten uns nicht der Illusion hingeben, dass es das Ziel ist, Marken zu etablieren und zu schützen. Vielmehr sollte es das Ziel sein, ein überzeugendes Markenportfolio zu schaffen und zu nutzen, um dadurch die Unternehmensstrategie erfolgreich umzusetzen. Marken sind Instrumente der Unternehmensstrategie und kein Selbstzweck.

Die Priorisierung der einzelnen Marken innerhalb des Portfolios

Die Funktion und Rolle der Marke gilt es nicht nur bezüglich des Angebots, sondern auch innerhalb des Portfolios zu definieren, was Konsequenzen für die Prioritäten- und Ressourcenallokation hat. Die Entscheidung, ob einer Marke der Status einer strategischen Marke zugeteilt wird, ist dabei von besonders großer Bedeutung.

Eine strategische Marke ist eine Marke mit strategischer Bedeutung für das gesamte Unternehmen. Es ist eine Marke, die große Ausstrahlungskraft hat, behalten soll und deshalb jegliche benötigten Mittel zur Verfügung gestellt bekommt. Die Bestimmung strategischer Marken ist ein entscheidender Schritt, um Mittel zum Markenaufbau denjenigen Marken zuzuteilen, die strategisch die höchste Bedeutung haben.

Es gibt drei Arten von strategischen Marken:

- **Gegenwärtige Power-Marken.** Gegenwärtige Power-Marken generieren derzeit beträchtliche Umsätze und Gewinne für das Unternehmen. Eine gegenwärtige Power-Marke ist eine bereits große, dominante Marke, wie beispielsweise Microsoft Windows oder Coke Zero, die ihre Position in der Zukunft ausbauen oder beibehalten werden.
- **Zukünftige Power-Marken.** Zukünftige Power-Marken sind Marken, denen es möglich sein wird, in Zukunft beträchtliche Umsätze und Gewinne zu generieren, wie beispielsweise Glacéau Vitaminwater von Coca-Cola. Zukünftige Power-Marken können derzeit klein oder noch nicht in den Markt eingeführt sein, sind aber aufgrund ihres Potenzials und ihrer zukünftigen Position innerhalb des Markenportfolios von hoher Relevanz.
- **Unterstützende Marken (Linchpin Brands).** Diese Marken beeinflussen den zukünftigen Umsatz und die zukünftige Marktposition nur indirekt. Unterstützende Marken verfügen jedoch über eine Hebelwirkung und das Potenzial, Assoziationen und Images auf zukünftig zentrale Geschäftsfelder des Unternehmens zu übertragen. Sie sind häufig wichtige Unterscheidungsmerkmale einer Marke, wie sie in Kap. 8 beschrieben werden. Hilton Rewards ist eine unterstützende Marke der Hilton-Hotelkette, da sie deren zukünftige Fähigkeit repräsentiert, ein bedeutendes und entscheidendes Segment der Hotelbranche zu kontrollieren – und zwar Reisende, die großen Wert auf Treueprogramme legen und an diesen aktiv teilnehmen.

Neben strategischen Marken gibt es Marken, die ebenfalls die Verteilung der Mittel und Ressourcen stark beeinflussen, wie:

- **Nischenmarken.** Diese Marken dominieren einen Nischenmarkt, werden aber keine Power-Marken.
- **Flügel- bzw. Zweitmarken (Flanker Brands).** Diese Marken werden kreiert, um einen Wettbewerber zu neutralisieren. Eine Premium-Marke könnte zum Beispiel eine Marke in einem Niedrigpreissegment einführen, um einen Niedrigpreiskonkurrenten auszubremsen. Diese Marken haben keine Profitabilitätsanforderungen zu erfüllen, sind jedoch nützlich, um die Marktmacht eines Wettbewerbers zu reduzieren.
- **Cash Cow-Marken.** Diese Marken bedienen ein rentables Geschäftsfeld, das auf einem zentralen Kundensegment basiert, haben aber nur noch geringe Wachstumsmöglichkeiten. In solche Marken sollte nur wenig oder gar nicht investiert werden. Stattdessen sollten sie genutzt werden, um die notwendigen Einnahmen zu generieren, die wiederum für den Aufbau anderer Marken verwendet werden können.

Häufig besteht das Problem, dass zukünftige Power-Marken und Linchpin-Marken, die keine oder nur geringe Umsätze generieren, zu geringe finanzielle Unterstützung erhalten. Die gegenwärtigen Power-Marken ziehen das gesamte Budget und die Macht auf sich. Oft fehlen Unternehmen Mechanismen, um das Markenportfolio übergreifend aus einer Adlerperspektive zu betrachten, weshalb in gegenwärtige Power-Marken zu viel und in Marken mit Zukunftspotenzial zu wenig investiert wird. Das optimistische Wunschdenken von Markenmanagern führt zudem dazu, dass zu vielen Marken ein strategisches Potenzial zugeschrieben wird. Dadurch werden einige Marken Mittel erhalten, die besser an anderer Stelle investiert wären.

Das Markenportfolio bewerten und konsolidieren

Es gibt noch ein anderes Problem, das darin besteht, zu viele Marken ohne klare Funktion und Rolle im Markenportfolio zu führen. Viele Unternehmen „entdecken" heute, dass sie zu viele Marken besitzen. Die Konsequenzen sind Ineffizienz und Verwirrung bis hin zur Unfähigkeit, neue Angebote einzuführen und das Markenportfolio effektiv zu managen. Der Grund hierfür liegt meist in ungeregelten Prozessen bei der Entscheidung für und dem Aufbau neuer Marken. Es gibt keine Einzelperson oder Gruppe, die die Befugnis hat, die Einführung einer neuen oder gekauften Marke oder Submarke zu genehmigen oder abzulehnen – basierend auf einer objektiven Bewertung, ob die Einführung einer weiteren Marke wirklich berechtigt ist und eine fortlaufende finanzielle Unterstützung rechtfertigt.

Das Markenportfolio zu verkleinern und die Funktionen und Rollen der einzelnen Marken klar festzulegen ist daher das Ziel eines Portfoliobewertungs- und Konsolidierungsprozesses – einer objektiven Analyse der Stärken und des Nutzens existierender Marken und deren Funktion und Rolle im Markenportfolio. Neben der Verkleinerung eines zu großen Portfolios, identifiziert und beschützt dieser Prozess auch strategische Marken, insbesondere zukünftige Power-Marken und Linchpin-Marken. Dies ist nur dann möglich, wenn schwierige Entscheidungen, die interne Auseinandersetzungen mit sich ziehen, im Unternehmen strukturiert gemanagt und kontrolliert werden können.

In einem ersten Schritt gilt es, die Marken zu identifizieren, die bewertet werden sollen. Die Bewertung kann alle Marken und Submarken umfassen, der Fokus liegt jedoch meist auf einer Gruppe vergleichbarer Marken. Bei General Motors (GM) könnten zum Beispiel die Hauptmarken Chevrolet, Buick, Cadillac, GMC und Opel analysiert werden. Je nach Kontext können die Submarken, die zu einer Dachmarke gehören, in die Analyse miteinbezogen werden. Bei Opel sind dies zum Beispiel der Adam, Corsa, Insignia und Zafira. Wenn Marken ähnliche Funktionen und Rollen teilen, wird es einfacher, ihre relative Stärke zu beurteilen.

In einem zweiten Schritt findet eine Bewertung jeder Marke bezüglich verschiedener Kriterien statt:

- **Markenwert** – Wie hoch ist die Markenbekanntheit, wahrgenommene Qualität, Differenzierung und Relevanz der Marke? Erhöhen oder reduzieren sie den Wert des neuen Angebots? General Motors (GM) führte die Marke Oldsmobile unter anderem deshalb nicht weiter, da neue Modelle schlechter bewertet wurden, wenn das Oldsmobile-Logo auf den Autos prangte. Wie hoch ist die Kundenloyalität? Welche Rolle spielt die Marke bei der Kaufentscheidung? Ist sie ggf. nicht mehr als ein Deskriptor, der wenig Markenwert besitzt?

- **Leistungsangebot** – Wie stark sind Umsatz, Wachstumsaussichten, Marktposition und Profitabilität der unter der Marke angebotenen Produkte oder Dienstleistungen? Hat die Marke eine Chance, im Wettbewerb zu bestehen? Ist die Marke ein Marktführer in ihrem Bereich bzw. ihrer Nische oder nimmt sie nur einen dritten oder vierten Platz ein?
- **Strategische Ausrichtung** – Passt die Marke zur strategischen Vision des Unternehmens? Kann die Nutzung der Marke auf andere Produktkategorien ausgeweitet werden? Trägt sie zum Wachstum des Unternehmens bei? Treibt sie die Marktposition voran?
- **Optionen der Markengestaltung** – Kann der Markenwert auf eine andere Marke übertragen werden? Oder kann die Marke mit anderen Marken verschmolzen werden?

In einem dritten Schritt werden, basierend auf der Bewertung jeder einzelnen Marke, die entsprechend notwendigen Investitionen bestimmt. Die höchste Priorität erhalten dabei die strategischen Marken. Bei Nestlé sind dies zwölf globale Marken, beispielsweise Nescafé für Kaffee, Nestea für Tee, Purina für Tierfutter und eine Reihe regionaler oder länderspezifischer Marken, wie beispielsweise Bübchen, die in ihren jeweiligen Märkten eine strategische Position einnehmen. Diese Marken sind von strategischer Bedeutung und werden daher einem Markenverantwortlichen zugewiesen, der den Einsatz der Marke und die Marketingprogramme, mit denen der Markenaufbau gestaltet wird, kontrolliert. Der Markenverantwortliche ist autorisiert, eine nachhaltige strategische Perspektive umzusetzen.

Marken mit besonderen Funktionen und Rollen, wie beispielsweise Nischenmarken oder Zweitmarken (Flanker Brands), sind bei der Zuteilung finanzieller Mittel von zweitrangiger Bedeutung. Die geringste Bedeutung und finanzielle Unterstützung erhalten Marken, die nur als Cash Cows gelten und eine Marktposition einnehmen, die lediglich gehalten, aber nicht ausgebaut oder gar zurückgefahren werden soll. In diesen Fällen generieren die Marken Umsätze, die an anderer Stelle genutzt werden können.

Die verbleibenden Marken werden zu Eliminierungskandidaten. Wenn das zugrundeliegende Geschäftsumfeld unattraktiv ist oder nicht mehr zur Marke passt, sollte die Marke verkauft oder aufgegeben werden. Wenn das Geschäftsumfeld rentabel ist, die Marke aber keinen Beitrag leistet, dieses auch zu nutzen, gibt es zwei Möglichkeiten für die Marke: Sie könnte zu einem Deskriptor werden, da die Marke keine Rolle bei der Kaufentscheidung der Konsumenten spielt und daher keine Mittel erhalten sollte. Tatsächlich könnte der Name in einen Deskriptor umgeändert werden. Dell änderte eine Vielzahl an Markennamen wie „E-Support" und „Fragen Sie Dudley!" in „Expertenservice" und „Online Sofortantworten." Eine weitere Möglichkeit ist die Fusion der Marke mit einer anderen Marke oder der Transfer ihres Markenwertes auf eine andere Marke. Microsoft kombinierte zum Beispiel die Produkte Microsoft Word, Microsoft PowerPoint, Microsoft Excel und Microsoft Outlook zu Microsoft Office, das damit zu einer strategischen Marke wurde. Palmolive transferierte den Wert von Palmolive-Spülmittel auf Palmolive-Seife und Palmolive-Creme.

In einem vierten Schritt wird die Strategie implementiert. Die Implementierung der Strategie kann abrupt oder schrittweise vollzogen werden. Eine abrupte Implementierung kann eine Veränderung der Unternehmens- und Markenstrategie signalisieren und bietet die einmalige Chance, eine für den Kunden sichtbare und glaubwürdige Veränderung herbeizuführen. Als die amerikanische Norwest Bank die Wells Fargo Bank kaufte und den bisherigen Namen Norwest in Wells Fargo änderte, nutzte die Norwest Bank die Möglichkeit, neue Fähigkeiten und Assoziationen zu kommunizieren, um dadurch das Angebotsspektrum zu erweitern.

Wenn das Risiko besteht, existierende Kunden zu vergraulen oder zu verwirren, sollten die Kunden schrittweise von einer zur anderen Marke geführt werden. In einer mehrjährigen Transformation führte zum Beispiel Vodafone die Marke Mannesmann D2 in die Marke Vodafone über.

Das Fazit

Marken sind selten allein und unabhängig. Jedes Unternehmen muss daher sein Markenportfolio als Ökosystem betrachten, das sich durch Klarheit, Synergien, Relevanz, Erweiterungsmöglichkeiten und gut definierte Markenrollen auszeichnet, statt Verwirrung zu stiften und so sich bietende Gelegenheiten zu verpassen. Dazu ist es wichtig, die Rolle und Funktion der einzelnen Marken bei der Kaufentscheidung zu verstehen. Je nach Grad der intendierten Nähe oder Distanz zur Dachmarke bieten sich dabei Submarken, Empfehlungsmarken oder die Etablierung einer ganz neuen Marke, die dann keinerlei Verbindung zur Dachmarke mehr hat.

Die Rolle als Kaufentscheidungstreiber spiegelt die Stärke der Marke wider und zeigt, inwieweit die Marke in der Lage ist, die Kaufentscheidung zu beeinflussen und das Kundenerlebnis zu definieren. Ein optimal gemanagtes Markenportfolio beruht auf der Fähigkeit, die strategisch wichtigen Marken zu identifizieren und deren Ausstattung mit Ressourcen sicherzustellen. Zu diesen strategischen Marken zählen gegenwärtige Power-Marken, zukünftige Power-Marken und Unterstützungsmarken. Darüber hinaus gilt es, die zusätzlichen Nischen-, Flügel- und Cash Cow-Marken zu managen und die übrigen Marken, basierend auf einer objektiven Analyse, aus dem Portfolio zu entfernen. Wenn das Markenteam das Markenportfolio als Ökosystem mit einer klaren Strategie managt, wird es überdurchschnittliches Wachstum erreichen. Das Ganze wird dann zu mehr als der Summe seiner Teile[1].

Literatur

Aaker, D. (2004). *Brand portfolio strategy*. New York: Free Press.

Marken können gedehnt und in neue Produktkategorien und Marktsegmente entwickelt werden

18

Marken bilden Markteintrittsbarrieren, sind aber auch ein Weg zum Eintritt.
– Edward Tauber

Fast drei Jahrzehnte lang stand Walt Disney für Cartoons, wie die Mickey Mouse-Serie, und Trickfilme, wie Schneewittchen, Bambi und Cinderella. 1955 wurde dann aber wohl eine der bedeutendsten Markenerweiterungen der Unternehmensgeschichte vorgenommen, als das erste Disneyland eröffnet wurde, das Unterhaltung für die ganze Familie anbot. *Attraktionen wie „Magic Mountain"*, „It's a small world", „Tom Sawyer Island" und viele andere einzigartige Sensationen öffneten ihre Pforten. Ungefähr zur gleichen Zeit wurde die „Wonderful World of Disney" TV-Sendung zum Leben erweckt, um die Freizeit- und Themenparks und die darum erweiterte Marke Disney zu unterstützen.

Die Disney-Marke entwickelte sich von der Cartoon- oder Trickfilm-Marke weiter und schuf durch erinnerungswürdige Familienerlebnisse eine tiefergehende Beziehung mit ihrem Publikum. Der Erfolg von Disneyland ermöglichte Disney, in weitere Märkte zu expandieren, wie Disney-Filme ohne Animationen, Disney-Läden, ein Disney-Kreuzfahrtschiff, Disney-Hotels, Disney-Musicals, Disney-TV-Sendungen, einen Disney-Fernsehkanal und vieles mehr.

All diese Erweiterungen führten zu Synergien im Markenaufbau, die nicht nur Disneys Markenvision in Bezug auf Kinder, Familien und die Schaffung magischer Momente, sondern auch die große und wachsende Markenfamilie, angefangen von Donald Duck bis hin zum König der Löwen, unterstützten.

Um die Unternehmensstrategie erfolgreich umzusetzen, gilt es daher, mit Marken Vermögenswerte aufzubauen und zu nutzen, die zugleich den Kern der Strategie bilden. In den meisten Unternehmen ist der mächtigste Vermögenswert die Marke. Eine Markenerweiterung kann eine Marke stärken und ausweiten, indem sie ein neues Angebot in einer

© Springer Fachmedien Wiesbaden 2015
D. Aaker et al., *Marken erfolgreich gestalten*, DOI 10.1007/978-3-658-06386-3_18

anderen Produktkategorie unterstützt und damit zum Wachstum des Unternehmens beiträgt. Eine etablierte Marke zu erweitern, ist häufig eine Alternative zu der risikoreichen und kostenintensiven Option, eine neue Marke zu kreieren und zu etablieren.

Markenerweiterungen wie jene von Disney führen zu neuen Geschäftsfeldern und schaffen neuen Wert für die Marke. Markenerweiterungen können aber auch scheitern oder gar die bestehende Marke beschädigen. Diese drei Möglichkeiten gilt es bei Markenerweiterungen zu verstehen.

Die Unterstützung der Angebotsausweitung durch die Marke

Ein etablierter Markenname kann einem neuen Angebot helfen, indem er den Zeitbedarf für einen Markteintritt verkürzt, Ressourcen einspart und zugleich die Erfolgschancen des neuen Angebots erhöht. Eine etablierte Marke vermittelt Glaubwürdigkeit sowie eine lange Tradition in der Erfüllung des Markenversprechens und in manchen Fällen auch Zugang zu einem bestehenden Kundenstamm. Ihr größter Vorteil ist jedoch, dass sie dem neuen Angebot Bekanntheit und hilfreiche Assoziationen gibt.

Die Bekanntheit der Marke für die neue Produktkategorie nutzen

Wenn man einen neuen Markt betritt, besteht die erste Aufgabe darin, sichtbar zu werden, um berücksichtigt und infolgedessen relevant zu werden. Es ist viel einfacher, eine etablierte Marke, wie beispielsweise Disney, in eine neue Produktkategorie, wie Babykleidung, einzuführen, als eine unbekannte Marke in dieser Produktkategorie aufzubauen. Für Konsumenten gilt es, nur eine bekannte Marke mit einer neuen Kategorie zu verbinden, und sie müssen sich nicht einen neuen Markennamen merken, der mit der Produktkategorie verbunden ist.

Die Markenassoziationen auf das neue Angebot übertragen

Eine Marke weckt Assoziationen, die dem neuen Angebot zu einem Nutzen- und Leistungsversprechen verhilft.

- **Relevanz in der Produktkategorie** – IBMs Erfahrung mit Computern half dem Unternehmen, im Bereich der IT-Lösungen neue Dienstleistungen anzubieten. Starbucks wird stets mit einem besonderen Kaffeeerlebnis verbunden, das dem Starbucks-Kaffeehersteller Verismo und der Starbucks-Eiscreme-Marke Dreyer's zugutekam. Colgate-Zahnpasta verhalf Colgate-Zahnbürsten zu Glaubwürdigkeit.

- **Funktionaler Nutzen der Produktmerkmale** – Der Geschmack von Milka ist einzigartig und der Einfluss von Baldiparan auf den Schlaf wird durch die Anlehnung an Baldrian erklärt. Mr. Clean Autowäsche verfügt über ein aussagekräftiges Symbol.
- **Technologische Glaubwürdigkeit** – Duracell Durabeam-Taschenlampen und die Duracell Powermat profitieren beide vom Ansehen der Duracell-Batterien. Meister Proper vermittelt glaubwürdig, zu wissen, wie man reinigt. General Electric (GE) nutzte die Glaubwürdigkeit auf dem Gebiet der Turbinentechnologie, um sich auf dem Markt für Düsentriebwerke zu etablieren.
- **Unternehmenswerte** – Seitenbacher, gegründet 1980, baute eine Marke für Müsli mit natürlichen Zutaten auf, die von Konsumenten aufgrund ihrer ernährungsbezogenen Vorteile gekauft werden. Die Marke Seitenbacher wurde auf Müsliriegel, Suppen und sogar Öle erweitert, wobei in der Markenkommunikation stets die gesunden Inhaltsstoffe des jeweiligen Produktes betont werden.
- **Markenpersönlichkeit/selbstdarstellender Nutzen** – Die Persönlichkeit und der Lebensstil von Caterpillar-Nutzern beeinflusst das Image der Kleidung und Schuhe von Caterpillar.

Wenn die Marke Assoziationen hervorruft, die stark mit einer Produktkategorie verbunden sind, ist das Erweiterungspotenzial eingeschränkt. Wenn der Wert einer Marke jedoch auf eher abstrakten Assoziationen beruht, kann die Marke viel flexibler verwendet werden. Einige zentrale Markenassoziationen, wie technologische Glaubwürdigkeit, Unternehmenswerte, Markenpersönlichkeit, Selbstbild der Konsumenten (AXE), Stil (Calvin Klein), gesunde Ernährung (Seitenbacher, Alnatura) und Lebensstil (Nike), werden nicht mit einer bestimmten Produktkategorie verbunden und strahlen daher weiter aus als ein Produkt, das an produktspezifische Merkmale gebunden ist.

Die Steigerung des Markenwertes durch die Angebotsausweitung

Bei den meisten Markenerweiterungen liegt der Fokus darauf, sicherzustellen, dass die Markenerweiterung auch erfolgreich ist. Eine mindestens genauso wichtige und manchmal sogar wichtigere Überlegung sollte jedoch sein, wie die Erweiterung die Marke beeinflusst.

Erweiterungen geben der Marke mehr Sichtbarkeit und erweitern die Assoziationen. Giorgio Armani, ein großer Name in der Modeindustrie, hat sich in viele weitere Produktkategorien gewagt, unter anderem Brillen, Uhren, Kosmetik und sogar Hotels (Armani Hotel Dubai), exklusive Möbel (Armani/Casa), Konditorwaren (Armani/Dolci) und Blumen (Armani Flowershop). Der Name Armani wird dadurch noch sichtbarer. Diese Sichtbarkeit ist gut für die Marke, denn es ist Sichtbarkeit, die sonst nicht existieren würde. Mit der Marke immer wieder konfrontiert zu werden, impliziert dabei Marktakzeptanz und Markttauglichkeit. Studien haben gezeigt, dass Konsumenten von Marken beeindruckt sind, wenn diese in mehreren Produktkategorien vertreten sind.

Markenerweiterungen erhöhen auch die Ausstrahlung einer Marke, was die Sichtbarkeit der Marke zusätzlich erhöht, insbesondere, wenn die Markenerweiterung erfolgreich und innovativ ist. Dove erweiterte seine Marke, die mit Seifen und Feuchtigkeit assoziiert wird, in die Produktkategorien Duschlotion, Deodorant, Reinigungstücher oder Shampoo. Jede erfolgreiche Markenerweiterung beinhaltete sichtbare Innovationen und erhöhte die Ausstrahlung und Sichtbarkeit der Marke Dove. Die ursprüngliche Seifenmarke konnte ihren Umsatz aufgrund der Vitalität der Markenerweiterungen verdoppeln. Ariel nutzte Innovationen auf ähnliche Weise. Der sehr erfolgreiche Ariel Fleckentferner-Stift umgibt Ariel mit einer Aura von Innovation und Erfolg.

Eine Markenerweiterung kann auch den Spielraum einer Marke erweitern und Assoziationen hinzufügen, die auf weitere Produktkategorien übertragen werden können. Als IKEA in den Hausbau expandierte, eröffnete sich dem Unternehmen eine neue Möglichkeit zu wachsen und zugleich das Image der Marke zu erweitern. Der Erfolg von Virgin Airlines hat die Virgin-Marke komplett neu definiert, die bis dahin mit einem trendigen Musikunternehmen verbunden war. Dies ermöglichte es Virgin, über 300 verschiedene Geschäftsfelder, unter anderem Virgin Money und Virgin Trains, unter einer Marke zu vereinen.

Und schlussendlich ermöglichen Markenerweiterungen ein größeres Budget für das Marketing und den Aufbau von Marken. Kostspielige Marketingmaßnahmen, wie Sponsoring und Veranstaltungen, sind leichter und kosteneffizienter zu realisieren, wenn die Marke über eine größere Absatzbasis verfügt.

Die Behinderung der Angebotsausweitung durch eine bestehende Marke

Die Fähigkeit einer Marke, eine Erweiterung zu unterstützen, hängt von der Markenstärke ab und auch davon, ob die Marke in die neue Produktkategorie passt und dort glaubwürdig erscheint. Falls dies nicht der Fall ist, kann es passieren, dass die Marke der Erweiterung schadet anstatt ihr zu helfen:

- Harley-Davidson musste erkennen, dass die Marke nicht für die Vermarktung von Weinkühlern geeignet ist, möglicherweise da sich Motorradfahrer für derartige Produkte nicht interessieren.
- Die „Tailored Classics"-Anzuglinie von Levi Strauss scheiterte daran, dass die Marke Levi's mit legerer Kleidung, groben Materialien und der freien Natur verbunden wird.
- Bei einigen Getränken passten die Geschmacksassoziationen nicht mit der Markenerweiterung zusammen, wie beispielsweise bei Lifesaver Soda (schmeckt wie Süßigkeiten), Frito-Lay Lemonade (salzige Limonade) und Colgate Kitchen Entrees (Zahnpastageschmack).
- Die Swatch-Automarke Smart litt anfangs darunter, dass die Glaubwürdigkeit der Marke Swatch im Bereich bunter Uhren nicht auf Autos übertragbar war.

- Bausch & Lomb, der Spezialist für Kontaktlinsen, entschied sich, sein Image im Bereich Forschung und Entwicklung und der wahrgenommenen Qualität der Produkte zu nutzen und in die Produktkategorie Mundwasser zu expandieren, scheiterte jedoch am fehlenden Kundennutzen.
- Sony und Apple waren nicht in der Lage, in das gewerbliche Kundensegment vorzustoßen, und Cisco, IBM und andere haben gleichzeitig Probleme damit, im Privatkundensegment Fuß zu fassen, was teilweise an der Markenpersönlichkeit und den produktkategoriespezifischen Kompetenzen liegt, die jede dieser Marken aufgebaut hat.

Die dargestellten Probleme sind aber nicht immer symmetrisch. Knorr schaffte es beispielsweise, die eigene Marke auf Tiefkühlkost auszuweiten. Die Kompetenz im Bereich Convenience Food war dabei die Basis einer glaubwürdigen Positionierung in diesem Segment. Im Gegensatz dazu wäre es für Frosta wahrscheinlich nur schwer möglich, sich im Bereich von Tütensuppen, etc. zu etablieren, da die Produkte so klar mit Tiefkühlkost assoziiert werden.

Die Beschädigung der Marke durch die Angebotsausweitung

Der Markenname hat bei vielen Unternehmen eine zentrale Funktion und nimmt eine wichtige Rolle ein. Eine unkluge oder schlecht umgesetzte Erweiterung kann der Marke schaden, insbesondere wenn die Erweiterung nicht sofort, sondern eher unbemerkt scheitert.

Das Risiko, bestehende Markenassoziationen zu verwässern

Die Markenassoziationen, die durch eine Erweiterung entstehen, können das klare Image einer Marke aufweichen, das zuvor von entscheidender Wert war, und zugleich die Glaubwürdigkeit der Marke in ihrer bisherigen Produktkategorie reduzieren. Die undisziplinierte und übermäßige Verwendung der Marken Lacoste und Gucci untergrub deren Image und die Fähigkeit, den Konsumenten selbstdarstellenden Nutzen zu bieten. Beide Marken erholten sich nur langsam und mit großen Kosten.

Es gilt jedoch, zwischen dem Hinzufügen und dem Aufweichen von Assoziationen zu unterscheiden. Wenn die bestehenden Assoziationen stark sind, werden Erweiterungen, die der Marke Assoziationen hinzufügen, die in keinerlei Widerspruch stehen, die ursprünglichen Assoziationen nur sehr unwahrscheinlich beeinflussen. Wenn Michelin Schneeketten anbietet, wird das nicht die Glaubwürdigkeit und Relevanz des Reifengeschäfts beeinflussen.

Die Gefahr, unerwünschte Merkmalsassoziationen zu kreieren

Eine Markenerweiterung generiert für gewöhnlich neue Markenassoziationen, wovon einige der Marke in ihrem ursprünglichen Zusammenhang potenziell schaden können. Möglicherweise schadeten die Black & Decker-Kleingeräte dem Elektrowerkzeugimage der Marke Black & Decker oder die Lipton-Suppe dem Image der Marke Lipton für hochwertige Tees.

Eine etablierte Marke zu erweitern, birgt Risiken, da die Marke beschädigt oder sogar zerstört werden kann, anstatt gestärkt, bereichert und zu mehr Leistung befähigt zu werden. Die Marke zu erweitern, kann mit Risiken behaftet sein. Das Endergebnis hängt vom Erfolg der Erweiterung, der Art der Neuausrichtung der Marke und der Fähigkeit des Unternehmens ab, die Strategie erfolgreich umzusetzen.

Die Herausforderung, das neue Leistungsversprechen einzulösen

Jede Markenerweiterung ist ein Risiko für den Markenwert, wenn sie das zentrale Markenversprechen nicht erfüllen kann. Das trifft insbesondere auf Erweiterungen zu, die den loyalen Kundenstamm der Marke bedienen. Wenn Black & Decker seine Marke aus der Produktkategorie Elektrowerkzeuge in die Produktkategorie Küchengeräte erweitern würde, könnte eine negative Wahrnehmung der Küchengerätelinie potenziell das Image der Black & Decker-Elektrowerkzeuge beeinflussen, da sich der Zielmarkt und die Kundensegmente beider Produktkategorien überschneiden. Die Marke ist besonders verwundbar, wenn sie vertikal nach unten erweitert wird – dieses Thema wird im nächsten Kapitel behandelt.

Ein negativer Vorfall, der einer Marke zugeschrieben wird, ist wahrscheinlicher und wird potenziell mehr Schaden anrichten, wenn die Marke auf viele Produktkategorien ausgeweitet wurde.

Dem Automodell Audi 5000 wurde in den USA unterstellt, „plötzlich und unkontrolliert" zu beschleunigen, wobei diese Anschuldigung mit an Sicherheit grenzender Wahrscheinlichkeit nicht der Wahrheit entsprach. Trotzdem bremste dieses Gerücht nicht nur den Audi 5000, sondern das gesamte Audi-Produktportfolio für mehr als zwei Jahrzehnte aus.

Die Bedrohung durch eine Kindesmissbrauchsklage verhinderte, dass die Marke Fisher-Price in den Markt der Kinderbetreuung eintrat, da die Gefahr bestand, dass das bereits existierende, breite Angebot für Kinder dadurch beeinträchtigt würde.

Die Identifizierung potenzieller Kandidaten für Markenerweiterungen

Sobald ein Konzept oder ein Prototyp für ein neues Produkt oder eine neue Dienstleistung vorliegt, stellt sich die Frage, ob eine existierende Marke erweitert werden kann, um dem neuen Angebot die benötigte Markenunterstützung zu bieten. Analysen, die darlegen, was die Marke dem neuen Angebot bieten kann und was sie wiederum von ihm zurückbekommt, sind bei dieser Entscheidung hilfreich. Das neue Angebot sollte dazu mit und ohne Marke von potenziellen Konsumenten bewertet werden. Die Differenz in den Antworten zeigt dann, welchen Wert die Marke beisteuert (oder abzieht). Zugleich kann der Einfluss des neuen Angebots auf die Marke gemessen werden.

Wenn noch kein Konzept für ein neues Angebot vorliegt, gilt es, eine Produktkategorie zu wählen, in die die Marke potenziell erweitert werden kann. Hierfür eignet sich eine vierstufige Vorgehensweise.

Der Prozess beginnt mit der Bestimmung der Markenassoziationen, da die Markenerweiterung auf diesen aufbauen sollte. Es existieren verschiedene Methoden, die es erlauben, Markenassoziationen und deren jeweilige Stärke zu ermitteln und herauszuarbeiten. Eine Methode besteht darin, potenzielle Kunden zu bitten, aus einer Reihe von Kategorien einige auszuwählen, die gut zu einer Marke passen, und wiederum einige zu wählen, die nur schlecht zu dieser Marke passen, und anschließend ihre Auswahl zu begründen. Auf diese Weise können die einfach und die schwierig übertragbaren Assoziationen ermittelt werden.

Die Deutsche Post AG ruft möglicherweise Assoziationen wie die Postkutsche, das Postgeheimnis, Zuverlässigkeit und Unternehmergeist hervor. Mit McDonald's assoziieren Konsumenten hingegen Kinder, Familie, den Big Mac, Ronald McDonald und McCafé.

Im nächsten Schritt werden Produktkategorien identifiziert, die potenziell für eine Markenerweiterung infrage kommen. Dazu sollte für jede Assoziation eine Kategorie gefunden werden, in der diese relevant und wertvoll sein könnte. Die Deutsche Post AG könnte zum Beispiel überlegen, ihr Angebot auf Tresore oder absolut sichere Onlinekommunikation zu erweitern (wie mit der EPost mittlerweile geschehen), und McDonald's könnte Kinderspielzeug oder Familienkreuzfahrten anbieten.

In einem dritten Schritt werden die potenziellen Kategorien bewertet. Ist die Produktkategorie attraktiv? Wird die Produktkategorie auch in Zukunft attraktiv bleiben? Wächst sie? Sind die Gewinnmargen interessant? Wie sieht das Wettbewerbsumfeld in der spezifischen Produktkategorie aus? Besitzt das Unternehmen die nötigen finanziellen Mittel, um im Wettbewerb zu bestehen?

Abschließend muss das potenzielle Angebot identifiziert und bewertet werden. Nur selten sind „Me-too"-Angebote erfolgreich. Es gibt Dutzende Studien, die belegen, dass einzig und allein wirklich differenzierende Produkte oder Dienstleistungen mit einem entsprechenden Markterfolg korrelieren. Man sollte sich nicht der Illusion hingeben, dass eine Marke, egal wie stark und relevant sie ist, in einer neuen Kategorie ohne ein entsprechend innovatives und überzeugendes Angebot erfolgreich sein kann. Die Marke kann ein innovatives Angebot nur mit einem überzeugenden Leistungsversprechen ausstatten.

Die Markendehnung als langfristige Aufgabe verstehen

Eine Entscheidung zu einer Markenerweiterung wird häufig aus dem Augenblick heraus und mit einer kurzfristigen Perspektive getroffen. Bei einer strategischeren Markengestaltung sollte der Fokus eher auf Marken, die einen bestimmten Bereich abdecken, liegen und nicht auf Markenerweiterungen. Eine solche „Bereichsmarke" überspannt mehrere Produktkategorien, auf die sie Assoziationen zur Differenzierung der Produkte und Dienstleistungen überträgt. Dove besitzt zum Beispiel mit der Assoziation „Feuchtigkeit" eine Bereichsmarke, die die Dove-Produkte in zahlreichen Produktkategorien, in die Markenerweiterungen vorgenommen werden, differenziert. Markenstrategen sollten nicht stets nach der nächsten Markenerweiterung Ausschau halten, sondern vielmehr versuchen, durch eine aufeinander abgestimmte Folge von Markenerweiterungen eine durchdachte Markenvision umzusetzen.

Bei der Umsetzung einer Bereichsmarkenstrategie ist die Reihenfolge der Markenerweiterungen, in denen die Reichweite der Marke schrittweise erweitert wird, von zentraler Bedeutung. Erweiterungen, die zum jetzigen Zeitpunkt zu weitreichend erscheinen, werden realisierbar, wenn die Marke zunächst in einen näher liegenden Bereich entwickelt wird. Ein Beispiel dafür ist der Rasierschaum Gillette Foamy. Als Gillette Foamy auf den Markt kam, war dieser zwar ein Produkt für die Rasur, aber kein Rasierer.

Gillette Foamy, der zwar assoziativ eng mit Rasierern verbunden war, bildete nun eine Brücke zur Produktkategorie „Hygieneartikel für Männer", auf die die Gillette-Marke so erweitert wurde.

Die Risiken von Markenerweiterungen minimieren

Mit einigen Markenerweiterungen sind Risiken verbunden, die als so groß gelten, dass die Erweiterungen gar nicht erst überlegt und angedacht werden sollten. In einigen Fällen ist das Markt- und Umsatzpotenzial jedoch so groß, dass die damit verbundenen Risiken es wert sind, eingegangen zu werden. Erfolgreiche Markenerweiterungen können strategische Vorteile bringen und neue Wachstumsmöglichkeiten eröffnen. Letztendlich sollte die Markenstrategie jedoch stets die Unternehmensstrategie unterstützen und nicht zu ihr im Widerspruch stehen.

Die Risiken können zudem eingedämmt werden. Mittels einer Submarke oder einer Empfehlungsmarke kann man die Markenerweiterung von der Dachmarke trennen und dadurch Risiken aufgrund mangelnder Qualität der Erweiterung oder mangelndem „Fit" zwischen Marke und Erweiterung reduzieren. Darüber hinaus hilft die sorgfältige Positionierung der Markenerweiterung, negative Auswirkungen der mit ihr verbundenen Assoziationen auf die Dachmarke zu vermeiden. Sollten sich die Assoziationen der Dachmarke und der Markenerweiterung überschneiden, wäre es unklug, diese inkonsistent zu präsentieren.

Das Fazit

Markenerweiterungen erlauben es Unternehmen, ihre Geschäftsbasis zu erweitern und Plattformen für neues Wachstum zu schaffen. Der Vorteil einer Markenerweiterung ist, dass die Marke dabei einem neuen Angebot hilft, Sichtbarkeit zu erlangen und die notwendigen Assoziationen aufzubauen. Noch besser ist es, wenn das neue Angebot selbst die Sichtbarkeit und Assoziationen der Dachmarke verbessert, die Reichweite der Dachmarke vergrößert und ein größeres Budget für den Markenaufbau generieren hilft. Dem gegenüber besteht aber auch immer die Gefahr, dass die Markenassoziationen der Dachmarke dem neuen Angebot nicht dienlich sind oder ihm sogar schaden. Im schlimmsten Fall beschädigt das neue Angebot die Marke selbst, indem es ihre Wahrnehmung verwässert oder ungewünschte Assoziationen hervorruft. Eine mögliche Markenerweiterung zu identifizieren, bedeutet daher nutzbare Markenassoziationen zu identifizieren, ein überzeugendes Leistungsversprechen zu definieren und sicherzustellen, dass die geplante Erweiterung nicht kurzfristigen Überlegungen folgt, sondern Teil einer weiterreichenden strategischen Vision ist.

Marken können zur Eroberung neuer Preissegmente genutzt werden

19

Wir haben gelernt, dass unsere großen Marken breite Schultern haben.
– Charles B. Strauss, Präsident von Unilever

Wenn die Kernmärkte vieler Qualitätsmarken sich auflösen, kräfteraubende Überkapazitäten bestehen, Märkte schrumpfen oder die Wachstumsaussichten dieser Märkte sich verdüstern, macht es Sinn, den Eintritt in neue Marktsegmente zu erwägen, die bessere Aussichten bieten und neues Wachstum zulassen. Eine Option dafür stellen die unteren Marktsegmente dar, die Heimat preisgünstiger Marken sind. Die zweite Option befindet sich im oberen Marktsegment, in der Premium-Marken nicht nur höhere Wachstumsraten und Gewinnmargen genießen, sondern oftmals auch eine deutlich höhere Aufmerksamkeit.

Die Entscheidung für das obere oder das untere Marktsegment sollte daran geknüpft werden, ob das jeweilige Marktsegment als attraktiver in Bezug auf Wachstum, Gewinnmargen oder die Wettbewerbsintensität eingestuft wird. Die Entscheidung bedeutet aber auch, dass das Unternehmen die nötigen Mittel und Fähigkeiten besitzen oder bereitstellen muss, um in dem neuen Segment auch Erfolg zu haben. Für das untere Marktsegment bedeutet dies, einen nachhaltigen Kostenvorteil aufzubauen oder zumindest Kostenparität mit anderen Unternehmen zu erreichen. Im oberen Marktsegment muss die Marke in der Lage sein, hier auch glaubwürdig auftreten zu können und ein attraktives Leistungsversprechen zu entwickeln.

Das Risiko, mit einer existierenden Marke in diese Nischen vorzudringen, ist vergleichsweise höher als jenes einer Markenerweiterung. Es ist wichtig, diese Risiken richtig einzuschätzen. Die Markenstrategie ist dabei, wie bereits mehrfach betont, nicht unabhängig von der Unternehmensstrategie. Wenn die Unternehmensstrategie eine vertikale Verlagerung notwendig macht, muss die Marke diese unterstützen.

© Springer Fachmedien Wiesbaden 2015   175
D. Aaker et al., *Marken erfolgreich gestalten,* DOI 10.1007/978-3-658-06386-3_19

Das Vorstoßen in eine preisgünstigeres Segment

Ein preisgünstiges Segment ist eine verlockende Option für eine Qualitätsmarke, die sich in gesättigten Märkten befindet und sich sinkenden Gewinnmargen ausgesetzt sieht. Verschiedene Faktoren begünstigen das Wachstum und die Vitalität des unteren, preisgünstigeren Marktsegments. Das untere Marktsegment wächst zum einen, wenn die Kunden und die Nachfrage aufgrund der konjunkturellen Lage preissensitiver werden und der Preis zum wichtigsten Faktor der Kaufentscheidung wird. Darüber hinaus verfügen preisorientierte Einzelhändler, wie Amazon, Netto, Walmart, Lidl, Hornbach oder Media Markt, über wachstumsstarke Vertriebskanäle. Um diese Kanäle nutzen zu können, wird ein preisgünstiges Markenangebot benötigt. Des Weiteren erhöhen neue Technologien, wie beispielsweise der Oral-B-Smartguide oder das tragbare Vscan-Ultraschallgerät von General Electric (GE), die Möglichkeit, mit bestehenden Angeboten in diesen Marktbereich vorzudringen.

Ein preisgünstiges Marktsegment bietet aber nicht nur Wachstumsmöglichkeiten, sondern kann auch aus anderen Gründen strategisch von Bedeutung sein:

- Ohne die im unteren, preisgünstigeren Marktsegment verkauften Produkte würden dem Unternehmen womöglich benötigte Skaleneffekte fehlen. Dies war zum Beispiel einer der Gründe, warum Mercedes eine preisgünstige A-Klasse eingeführt hat: Mercedes benötigte eine größere Absatzmenge, um in der Produktion von Skaleneffekten zu profitieren.
- Wettbewerber mit dem Potenzial, in den Kernmarkt vorzudringen, könnten tatsächlich Fuß fassen. Es kann daher von strategischer Bedeutung sein, den Erfolg der Wettbewerber mithilfe einer Zeitmarke (oder auch Flügelmarke) einzudämmen. Intel führte den Celeron-Prozessor („Leistung, die in Ihr Budget passt") teilweise auch deshalb ein, um das Wachstum preisgünstiger Wettbewerber wie AMD zu hemmen.
- Kunden sind in gesättigten Märkten wahrscheinlich irgendwann nicht mehr gewillt, für Beratung und Service zu bezahlen. ErgoDirect bot dem Unternehmen Ergo die Möglichkeit, im Internet Direktversicherungen anzubieten und so das wachsende Segment derjenigen Kunden zu bedienen, das die Serviceunterstützung der Ergo ungeachtet ihrer Qualität nicht länger benötigt und stattdessen preisgünstigere Alternativen bevorzugt.

Den Eintritt in den preisgünstigen Markt gestalten

Wie sollte der Eintritt in den preisgünstigen Markt vermarktet werden? Eine Möglichkeit ist die Schaffung einer komplett neuen Marke. Als GAP eine preisgünstige Einzelhandelskette konzipierte, um das untere Ende des Marktes zu erreichen, wurde der Name GAP Warehouse abgelehnt, da er der GAP-Marke schaden und zu deren Kannibalisierung führen könnte. Stattdessen entschied man sich dafür, die Marke Old Navy zu nutzen. Das Problem bei der Beschreitung eines solchen Weges ist jedoch, dass es sich nur wenige Unternehmen leisten können, eine neue Marke zu entwickeln. Dies gilt insbesondere im preisgünstigen Segment, in dem es aus Kostengründen häufig nicht möglich ist, eine neue Marke aufzubauen, und es daher schwer ist, Aufmerksamkeit für ein neues Angebot zu erzeugen. Die Marke Old Navy verfügt über die Sichtbarkeit und Markenpersönlichkeit, die sich nur wenige Unternehmen im preisgünstigen Segment leisten können.

Eine Alternative ist die Nutzung einer eigenen, bereits existierenden und überflüssig gewordenen Marke. Samsonite nutzte die Marke American Tourister, um den Markt für preisgünstiges Reisegepäck zu bedienen und die Bedürfnisse der Discount- und Massenwarenhändler zu befriedigen. Toyota nutzte die Datsun-Marke, die fast 30 Jahre inaktiv war, um ein preisgünstiges Auto in Zukunftsmärkten anbieten zu können. Solche Strategien nutzen ein Markenguthaben, das sonst ungenutzt bliebe. In vielen Fällen ist jedoch eine solche Marke nicht verfügbar.

Der erfolgreiche Markteintritt in ein unteres, preisgünstigeres Marktsegment erfordert dann in den meisten Fällen die Nutzung der vorhandenen Qualitätsmarke, was drei Arten von Risiken birgt:

Erstens, eine etablierte Premium-Marke zu nutzen, um Sichtbarkeit und Glaubwürdigkeit in einem preisgünstigeren Marktsegment aufzubauen, bedeutet die Qualitätsmarke aufs Spiel zu setzen. Die Wahrnehmung der Markenqualität wird vermindert, wenn es dem neuen, preisgünstigen Angebot an Qualität mangelt oder die Qualität als schlechter wahrgenommen wird, als es von der Marke erwartet wird. TED, die angesehene Veranstaltung mit glänzenden Rednern, die viele Zuhörer faszinieren und motivieren, entschied sich dazu, TED-ähnliche Veranstaltungen unter dem Namen TEDX durchzuführen. Einige der TEDX-Redner, die vorher nicht von TED geprüft wurden, trugen falsche Dinge vor oder waren schlechte Redner. Folglich hat TED sein gutes Image aufs Spiel gesetzt.

Zweitens kann der Eintritt in ein unteres, preisgünstigeres Marktsegment zu einer Kannibalisierung der Nachfrage führen. Es kommt häufig vor, dass ein Großteil der Käufer des preisgünstigeren Angebots zuvor Kunden der Qualitätsmarke waren. Die Qualitätsmarke mit dem preisgünstigen Angebot in einem unteren Marktsegment zu verbinden, reduziert die Erwartung, dass die preisgünstigere Marke minderwertig oder unzuverlässig ist. Diese negativen Erwartungen sind oft der Grund, warum Anhänger von Qualitätsmarken den Kauf von preisgünstigeren Marken zuvor vermieden haben.

Drittens ist es die Realität, dass preisgünstigere Angebote einer Qualitätsmarke deshalb scheitern, weil die Kunden sie ironischerweise für vergleichsweise teuer halten. Das ist ein Problem, wenn der Preis der wichtigste Faktor bei der Kaufentscheidung ist. Kunden suchen immer nach Preishinweisen, und eine Qualitätsmarke könnte das falsche Signal senden.

Eine Alternative ist daher, die Qualitäts-Marke aufzugeben und sie als preisgünstige Marke neu zu positionieren. Wenn die Qualitäts-Marke in ihrem bisherigen Wettbewerbsumfeld zu kämpfen hat oder durch ein Qualitätsproblem beeinträchtigt wurde, könnte ein solches Vorgehen die strategisch optimale Weiterverwendung der Marke darstellen. In diesem Fall verschwinden die ersten beiden Risiken und das dritte Risiko wird für gewöhnlich durch den gesteigerten Markenwert überkompensiert. Wenn die Qualitäts-Marke aber ein wichtiger Akteur in einem großen und rentablen Markt ist, ist es äußerst unklug, wenn nicht sogar unmöglich, diese Position und das damit verbundene Umsatzvolumen aufzugeben.

Die Kraft von Submarken oder Empfehlungsmarken nutzen

Die aufgeführten Risiken können auch durch die Verwendung von Submarken oder Empfehlungsmarken reduziert werden, wie es in Kap. 17 vorgestellt wurde.

Submarken können das Risiko von Nachfragekannibalisierung und Imageschäden reduzieren, indem sie sich durch ein Angebot im unteren, preisgünstigeren Segment von der Dachmarke unterscheiden. Dies ist einfacher zu realisieren, wenn das preisgünstigere Angebot unverkennbar ist und die Submarke den Unterschied zum Premium-Angebot und der Dachmarke betont. Wenn das Angebot nur schwer zu differenzieren ist, da entscheidende Produkteigenschaften nicht sichtbar sind, wie beispielsweise bei Motorölen oder Waschmitteln, ist die Herausforderung einer Angebotsdifferenzierung schwieriger umzusetzen. Im Gegensatz dazu ist der MINI Cooper von BMW, das flippige, kleine Auto im Retrostil, optisch und funktional so verschieden von der auf den Kernmarkt fokussierten Marke BMW, dass das Risiko einer Kannibalisierung deutlich reduziert ist. Wenn die Unterschiede weniger sichtbar sind, kann es hilfreich sein, verschiedene Markenpersönlichkeiten aufzubauen. Logos, Farben und anderen Maßnahmen des Markenaufbaus können genutzt werden, um den Unterschied zwischen Dachmarke und Submarke deutlich zu machen. Die Submarke kann zum Beispiel das „lustige Kind" und die Dachmarke die „Eltern" der Markenfamilie repräsentieren.

Eine Submarke kann ein qualitativ differenziertes Angebot repräsentieren oder eines, das für ein anderes Marktsegment entworfen wurde. Submarken wie Express, Junior oder Mini signalisieren, dass das Angebot zur Familie gehört, aber auf gewisse Weise eingeschränkt ist. Pizza Hut verwendet die Marke Pizza Hut Express für Restaurants mit eingeschränktem Menü und ohne Bedienung. Karstadt führte das Schnäppchen-Center-Format ein, das eine preisgünstigere Positionierung betont.

Procter & Gamble (P&G) bietet Simply Dry (Pampers) und Simply Fits (Always) an, um preisgünstigere Alternativen zu signalisieren.

Eine Empfehlungsmarke (Endorser) grenzt sich im Vergleich zu einer Submarke deutlicher von der Dachmarke ab. Marriott nutzt Empfehlungsmarken, um in preisgünstigere Segmente vorzustoßen, wie beispielsweise mit Courtyard by Marriott, Marriott Fairfield Inn und Marriott SpringHill Suites. Marriott wird dabei jeweils als Empfehlungsmarke genutzt, um dem Angebot Glaubwürdigkeit und Sichtbarkeit zu verschaffen und auch den funktionalen Nutzen zu betonen, wie beispielsweise die Zugehörigkeit zu Marriott's Reservierungs- und Treuepunktesystem. Aber auch bei Nutzung von Empfehlungsmarken besteht ein Risiko für die Dachmarke, da die Verbindung zwischen der Dachmarke und dem preisgünstigeren Angebot sichtbar ist. Marriott hatte zunächst Bedenken, die Marke in Verbindung mit den preisgünstigeren Angeboten zu nutzen. Die geschäftliche Logik, dass die Unterstützung durch die Marriott-Marke ein entscheidendes Element ist, war jedoch am Schluss ausschlaggebend.

Das Aufwerten von Marken zum Einstieg in höherwertige Preissegmente

Kunden und Unternehmen werden von den Premium-Marken eines Marktes angezogen, da diese das Interesse, die Vitalität und meistens auch das Prestige und den selbstdarstellenden Nutzen auf sich konzentrieren. Marken, die in gesättigten, langweiligen Märkten feststecken, fehlt es nicht nur an Ausstrahlung und Vitalität, sondern auch an Differenzierungsmerkmalen, und sie betrachten mit etwas Neid kleinere, aber attraktivere Marken. Starbucks-Filialen zeichnen sich im Vergleich zu Dosenkaffee aus dem Supermarkt durch Eigenschaften und Angebote aus, die die Werte und den Lebensstil der Menschen berühren und beeinflussen. Kleinbrauereien, Luxusautos, Dekorationsartikel und biologisch abbaubare Reinigungsmittel sind alles Produktkategorien, die Interesse wecken und vormals langweiligen Kategorien neues Leben einhauchen.

Der Premium-Markt ist auch aus finanzieller Sicht attraktiv. Er repräsentiert i. d. R ein wachsendes Marktsegment mit hohen Gewinnmargen. In Schwellen- und Industrieländern wachsen die wohlhabenden Kundensegmente und diese suchen nach Premium-Marken. Kunden in Massenmärkten tendieren ebenfalls verstärkt dazu, mit einigen Luxusartikeln zu prahlen, auch wenn dies für sie bedeutet, dass anderswo gespart werden muss. Außerdem generieren Premium-Marken attraktive Gewinnmargen. Ein Unternehmen hatte einst eine High-End-Schmierfett-Marke, die ungefähr 5 % der Verkäufe, aber mehr als 90 % des Unternehmensgewinns ausmachte.

Eine strategische Frage ist jedoch, ob das Unternehmen über die finanziellen Mittel, Kompetenzen, innovativen Angebotsideen, notwendigen Stärken im Bereich des Marketings und den eisernen Willen verfügt, um ein Premium-Angebot zu kreieren, das vom Markt aufgenommen wird. Mit einem Angebot in diesen Markt zu gehen, das in der Kundenwahrnehmung kein herausragendes Leistungsversprechen für den Premium-Markt bietet, wird in einer Enttäuschung, wenn nicht gar in einem Misserfolg enden.

Den Einstieg in höherpreisige oder exklusive Marktsegmente vorbereiten

Eine weitere Frage ist, wie das Premium-Angebot vermarktet werden soll. Die erste Option besteht in der Gestaltung einer neuen Marke, die es erlaubt, im oberen Teil des Marktes zu agieren, und die in der Lage ist, den Konsumenten selbstdarstellenden Nutzen zu bieten. Diese Option kann teuer sein und schwierig umzusetzen, wurde aber beispielsweise von Toyota als notwendig betrachtet, als die Marke Lexus eingeführt wurde. Das Unternehmen nahm an, dass der Marke Toyota, die für Sparsamkeit, Qualität und funktionalen Nutzen steht, ein Markteintritt in ein höherpreisiges Marktsegment, in dem Prestige, Fahrverhalten und Komfort von großer Bedeutung sind, nicht möglich ist. Als Black & Decker eine Werkzeuglinie für Berufshandwerker einführte, wurde die Black & Decker-Marke mit keinem Wort erwähnt, da sie mit Heimwerkern und, schlimmer noch, mit Küchengeräten in Verbindung gebracht wird. Black & Decker hat die Produkte der

DeWalt-Marke deshalb gelb gestaltet, um sich auch visuell von der grünen Farbgebung der Black & Decker Produkte abzuheben. Mit dieser Strategie war es Marken wie Lexus und DeWalt möglich, selbstdarstellenden Nutzen zu stiften, während die Käufer wussten, dass Toyota und Black & Decker hinter diesen neuen Marken standen.

Eine weitere Option für den Markenaufbau besteht darin, eine etablierte Marke, die Glaubwürdigkeit im Zielmarkt ausstrahlt, zu identifizieren oder zu erwerben. Für Geely, einer chinesischen Automarke, war einer der Hauptgründe, Volvo zu kaufen, der Besitz einer Marke, die weltweit Zugang zum Premium-Marktsegment erlaubte, zu dem die Marke Geely selbst keinen Zugang hatte.

Die Bedeutung von Submarken oder Empfehlungsmarken richtig einschätzen

Eine neue Marke für den Eintritt in den Premium-Markt zu kreieren oder zu kaufen, kann nicht nur enorm teuer und schwierig sein, sondern ist auch manchmal einfach nicht möglich. Alternativ kann eine existierende etablierte Marke mit einer Submarke oder einer Empfehlungsmarke genutzt werden, um den Markteintritt zu unterstützen. Die Nutzung einer existierenden Marke wird

- den Markenaufbau leichter realisierbar und kostengünstiger machen. Viele Ausgaben für die Sichtbarkeit und den Aufbau von spezifischen Assoziationen für eine neue Marke sind nicht notwendig oder können ganz vermieden werden. Es ist potenziell einfacher, Budweiser mit einem Premium-Bier und Bosch mit hochwertigen Geräten zu verbinden, als mit einem neuen Markennamen zu starten, der erst etabliert werden muss.
- ein Leistungsversprechen untermauern. Kunden von Bosch-Haushaltsgeräten wissen, dass sie Zugriff auf das Bosch-Kundenservicenetzwerk haben.
- der Dachmarke selbst helfen, da sie mit Angeboten höherer Qualität, dem Prestige und der Glaubwürdigkeit assoziiert wird, die mit dem neuen Produktangebot einhergehen. Der kalifornische Weinproduzent Gallo nutzte Submarken, um aus der Kategorie einfacher Weine in höhere Preissegmente aufzusteigen und preisgekrönte Weine, wie den Gallo Family Vineyards Sonoma Reserve und die Gallo Signature Series, anzubieten. So kann eine Win-win-Situation für die Dachmarke und die höherpreisige Submarke entstehen.

Es bleiben jedoch zwei Herausforderungen: Zum einen wird es der Marke ggf. an Glaubwürdigkeit fehlen. Die Konsumenten werden oft kein Vertrauen haben, dass die Marke die versprochene Qualität und funktionalen Vorteile auch liefern kann. In der Wahrnehmung der Konsumenten hat sich das Unternehmen mit der bestehenden Marke zur Erfüllung eines anderen Qualitätsniveaus verpflichtet. Darüber hinaus kann es sein, dass die Marke nicht in der Lage ist, den Konsumenten den selbstdarstellenden Nutzen zu bieten, der im Premium-Marktsegment von einer Marke erwartet wird.

Diese Glaubwürdigkeit und ein selbstdarstellender Nutzen fehlten dem VW Phaeton, einem Auto, das mit den Premium-Modellen von Audi, BMW und Mercedes-Benz konkurrieren sollte und diese in der Markenwahrnehmung sogar überholen wollte. Trotz exzellenter Testberichte glaubten die Kunden einfach nicht, dass VW in der Lage ist, eine echte Alternative in diesem Segment anzubieten. Es hat einfach nicht zu VW gepasst und das fehlende Prestige der Marke VW wurde zum „Killer" für den Phaeton. Becks Gold-Bier, das einen milderen und weniger herben Geschmack als andere Biere von Becks hat, bekam den Zusatz „Gold", um den mit der Marke Becks verbundenen Assoziationen zu entkommen. Auch bei einer Strategie mit Empfehlungsmarken gilt es, diese Herausforderungen zu meistern. Holiday Inn gab seine „Fürsprecherrolle" für Crowne Plaza auf, da der Unterschied in der Markenpositionierung einfach zu groß war.

Eine Submarke oder eine Empfehlungsmarke eignet sich und ist dann erfolgreich, wenn das Premium-Angebot ein klar definiertes und greifbares Nutzen- und Leistungsversprechen bietet und der Fokus des Premium-Angebots nicht auf selbstdarstellendem Nutzen liegt. Geräte von Siemens by Porsche Design bieten einen Designvorteil und die Swiffer-Reinigungstücher von Procter & Gamble (P&G), die bakterienbelastete Lappen ersetzen, heben Staubwischen auf eine höhere funktionale Ebene. Ein exklusiver Zusatz, wie „special edition", „premium", „ausgewählt", „professionell", „Platin" (die Platin-Karte) oder die „Connoisseur" Class (Singapore Airlines) signalisieren einen besseren funktionalen Nutzen.

Eine Geschichte über einen Prozess, eine Zutat oder eine Technologie kann einer Marke zusätzlich zu Glaubwürdigkeit verhelfen. So gibt es bei Budweiser beispielsweise eine Geschichte darüber, wie Budweiser Black Crown erfunden wurde: Zwölf renommierte Braumeister nahmen an einem Wettbewerb teil, bei dem es darum ging, das beste Lager-Bier zu brauen. 25.000 Tester wählten den Gewinner unter den Bieren aus, bei dem es sich um ein gold-bernsteinfarbenes Lager handelte, das geröstetes Karamellmalz und Buchenholzlagerung nutzte. Diese Geschichte ermöglichte es Black Crown, als Premium-Bier wahrgenommen zu werden, obwohl es unter der Marke Budweiser vertrieben wird.

Das Fazit

Vertikale Markenerweiterungen sind eine effiziente, unternehmensstrategische Optionen, da die unteren, preisgünstigeren Marktsegmente oftmals Wachstum und Größe bieten, während die exklusiveren Marktsegmente höhere Gewinnmargen und Aufmerksamkeit beten. Wenn man eine dieser Markenerweiterungen in Erwägung zieht, ist es wichtig, sicherzustellen, dass das Unternehmen in der Lage ist, das jeweilige Markenversprechen in dem Marktsegment zu erfüllen, und dass die verschiedenen Optionen des Markenaufbaus mit ihren jeweiligen Chancen und Risiken verstanden werden. Wenn eine Premium-Marke dazu genutzt wird, eine preisgünstige Markenerweiterung zu unterstützen, riskiert sie, die Nachfrage der Premium-Marke zu kannibalisieren. Wenn eine Marke dazu genutzt wird, in ein Premiumsegment vorzudringen, kann es sein, dass die Marke dafür nicht genug Glaubwürdigkeit besitzt. Der Einsatz von Submarken und Empfehlungsmarken kann diese Risiken abschwächen.

Marken können helfen, bestehende Silos in Unternehmen zu überbrücken 20

Wir haben den Feind getroffen – und der Feind sind wir selbst.
– Pogo

Kommen Ihnen einige der folgenden, markenpolitischen Katastrophen von Silo-Organisationen, in denen keine ausreichende Kommunikation oder Kooperation stattfindet, bekannt vor? Haben die Existenz unterschiedlicher Produktbereiche, Landesorganisationen oder funktionaler Einheiten in Ihrem Unternehmen die dargestellten Konsequenzen?[1]

Marken, die interne Silos überspannen und deshalb nach innen und außen inkonsistent auftreten. Zu oft werden Dachmarken – und in manchen Fällen sogar Unternehmensmarken – von verschiedenen Produkt- oder Ländereinheiten gleichzeitig genutzt, wobei jede Einheit die Marke für ihre eigenen Zwecke bestmöglich nutzen will. Es gibt weder eine Person noch ein Team, das für die Marke übergreifend verantwortlich ist. Inkonsistente Markenpositionierungen und Kommunikationsstrategien sind die Folge, schaden der Marke und führen zu Verwirrung bei Mitarbeitern und Kunden. Eine uneinheitliche Markenbotschaft macht es zudem schwer, irgendwen davon zu überzeugen, dass die Marke für etwas Bestimmtes steht.

Das Versäumnis, erfolgreiche Strategien und Maßnahmen über Unternehmenseinheiten hinweg zu nutzen. In einer Organisation mit vielen Unternehmenseinheiten kann es passieren, dass in einigen Einheiten neue Angebote mit großem Erfolg entwickelt werden, diese Erfolge jedoch nicht im gesamten Unternehmen ausreichend kommuniziert

---

[1] Mehr über Silo-Probleme und deren Lösungen finden Sie in David Aaker, *Spanning Silos: The New CMO Imperative,* Boston: Harvard Business Press, 2008.

© Springer Fachmedien Wiesbaden 2015
D. Aaker et al., *Marken erfolgreich gestalten,* DOI 10.1007/978-3-658-06386-3_20

werden. Die Herausforderung ist, solche exzellenten Angebote und Leistungen zu erkennen und im ganzen Unternehmen nutzbar zu machen.

Das Versäumnis, eine unternehmensübergreifende Kooperation für den Markenaufbau sicherzustellen. Viele potenziell effektive Maßnahmen des Markenaufbaus sind für einzelne Unternehmenseinheiten nicht kosteneffizient, da es an den nötigen Skaleneffekten fehlt. Wenn Unternehmenseinheiten über Produkte und Länder hinweg verbunden werden, ändert sich dies grundlegend. Sponsoring großer Veranstaltungen, wie jenes der Fußballweltmeisterschaft, oder eigene Marketingveranstaltungen, wie BeautyTalk von Sephora, werden dann realisierbar. Für einen effektiven Markenaufbau gilt es auch, funktionale Unternehmenseinheiten, wie Werbung, Sponsoring und digitales Marketing, zu verbinden, da nur so eine einheitliche Botschaft ermöglicht und gestärkt werden kann. Viel zu oft stehen funktionale Unternehmenseinheiten in Konkurrenz und arbeiten nicht zusammen.

Falsche Aufteilung und Zuweisung der Ressourcen für den Markenaufbau. Teams einzelner Unternehmenseinheiten sind organisatorisch nicht in der Lage, optimale Entscheidungen für eine unternehmensweite Aufteilung und Zuweisung der finanziellen Mittel und Ressourcen für den Markenaufbau zu treffen. Unternehmenspolitisch und wirtschaftlich überlegene, große Unternehmenseinheiten setzen sich meist gegenüber kleineren Einheiten oder sogar neuen Angebotserweiterungen durch. Unbesetzte Themen und Bereiche zwischen Unternehmenseinheiten werden überhaupt nicht erschlossen. Ein objektives, glaubwürdiges, unternehmensweites System der Ressourcenzuteilung und Bewertung ist daher notwendig, um diejenigen Bereiche zu identifizieren und zu finanzieren, die das größte Zukunftspotenzial haben.

Schlecht verwaltete unternehmensübergreifende Angebote. Kunden suchen nach unternehmensübergreifenden Angeboten und Werteversprechen. Edeka oder Rewe wollen mit Procter & Gamble (P&G) und nicht mit dutzenden Produktabteilungen verhandeln. Citibank sucht Zulieferer, die ihre Angebote und Dienstleistungen weltweit anbieten, um Land-für-Land-Beziehungen zu vermeiden. Es werden Entertainment-Systeme und nicht einzelne Komponenten, Gesundheitssysteme und keine getrennte medizinische Versorgung für jeden Einzelfall benötigt. Um solche Lösungen anbieten zu können, müssen Unternehmenseinheiten zusammenarbeiten und nicht nur miteinander sprechen.

Fehlende Kompetenzen im Bereich des Marketings und des Markenaufbaus. Heutzutage muss das Marketing über spezielle Fähigkeiten auf mehreren Gebieten verfügen – von digitalem Marketing und CRM-Maßnahmen, über Big Data und die Analyse der Marketingeffektivität bis hin zu Story-Telling und Social Media. Außerdem müssen alle Fähigkeiten und Bereiche integriert sein und den definierten Markenstrategien folgen. Die Dezentralisierung solcher Aufgaben in den untergeordneten Unternehmenseinheiten wird im besten Fall zu überflüssigem Personal führen, das ineffektiv arbeitet. Die Lösung des Problems lautet daher eher Zentralisierung oder eine enge Zusammenarbeit der Unternehmenseinheiten.

Der Weg zu mehr Kooperation und Kommunikation innerhalb des Unternehmens

Um die Probleme eines Unternehmens mit vielen Unternehmenseinheiten in den Griff zu bekommen, etablieren viele Unternehmen auf der ganzen Welt einen Chief Marketing Officer (CMO) und eine zentrale, unternehmensweite Marketingabteilung. Die Aufgaben des CMOs und der zentralen Marketingabteilung sind mit Sicherheit nicht einfach. Der CMO und sein Team müssen sich Glaubwürdigkeit, Stärke und Einfluss gegenüber der Gleichgültigkeit oder sogar dem Widerstand der Unternehmenseinheiten verschaffen, was eine gewaltige Herausforderung ist.

Um zu verstehen, wie man starke Marken und außergewöhnliches Marketing trotz verschiedener Unternehmenseinheiten schaffen kann, wurden Führungskräfte von mehr als 40 Unternehmen befragt, von denen die meisten die Position eines CMOs innehatten (Aaker 2008). Die befragten CMOs identifizierten Probleme von Unternehmen mit unterschiedlichen Unternehmenseinheiten und zeigten ihre Strategien auf, die sie anwenden, um diese Probleme anzugehen. In den meisten Fällen gab es Konsens darüber, dass man die Silostruktur der Unternehmen nicht vollkommen schlecht reden sollte, da ihre Fähigkeit, Verantwortung zu übernehmen, Einblicke in den Markt zu gewähren und Entschiedenheit zu demonstrieren, von hohem Wert sei. Stattdessen muss das Einzelkämpfertum und der Wettbewerb zwischen den Unternehmenseinheiten durch Kommunikation und Kooperation ersetzt werden. Alles, was das Unternehmen diesem Ziel näher bringt, ist wertvoll.

Die Chance, nachhaltigen Wandel zu initiieren, ohne das Machtgefüge im Unternehmen zu verschieben

Wenn CMOs neu in der Position sind, versuchen sie häufig, schnell einige Veränderungen umzusetzen und Entscheidungen über das Marketingbudget oder Marketingmaßnahmen, die mehrere Unternehmenseinheiten betreffen, zu zentralisieren. Diese Strategie mag richtig sein, wenn ein Unternehmen in einer Krise steckt und der Chief Executive Officer (CEO) die Veränderungen unterstützt. Häufig verglühen erste Erfolge dieser Strategie aber schnell.

Ein CMO kann jedoch auch eine andere, weniger bedrohliche Rolle einnehmen, die auch die Gefahr eines Scheiterns deutlich reduziert. Auch in der Rolle eines Vermittlers, Beraters oder Dienstleisters kann er entscheidenden Einfluss nehmen und so eine bessere Kommunikation und Kooperation der Unternehmenseinheiten erreichen. Als Vermittler kann der CMO ein gemeinsames Planungssystem einführen, die Kommunikation ausbauen, Kooperationen zwischen den Unternehmenseinheiten stimulieren, Wissens- und Datenbanken aufbauen und die Marketingfähigkeiten unternehmensweit auf eine höhere Stufe heben. In seiner Beraterrolle nimmt der CMO an der Entwicklung der Marketingstrategie und der Marketingmaßnahmen in den einzelnen Unternehmenseinheiten teil.

Als Dienstleister hilft der CMO den einzelnen Unternehmenseinheiten bei der Marktforschung, der Erstellung der Marktsegmentierung oder bei Marketingmaßnahmen, wie Sponsoring oder Werbung.

Wenn der CMO eine eher zurückhaltende Rolle einnimmt, kann er damit mehr Einfluss auf die Strategie, die Marketingmaßnahmen und selbst die Unternehmenskultur nehmen, als wenn er sich dominant verhält.

Die Notwendigkeit, interdisziplinäre Teams und Netzwerke zu etablieren

Abteilungs- und unternehmenseinheitenübergreifende Teams mit klaren Zielen und starken Teamleitern, wie beispielsweise das HP Customer Experience Council, das Global Marketing Excellence Council von Dow Corning oder das Global Marketing Board von IBM, verfügen über zahlreiche Möglichkeiten, den Informationsfluss zu stimulieren, unternehmenseinheitenübergreifende Programme zu entwickeln und Beziehungen aufzubauen.

Formelle und informelle Netzwerke sind in Unternehmen wichtige Instrumente, die auf Themen, wie Kundengruppen, Markttrends, Kundenerlebnisse, Geografie, oder auch auf funktionalen Aufgaben, wie Sponsoring oder digitalem Marketing, aufgebaut werden können. Nestlé hat zum Beispiel unternehmensübergreifende Informationsnetzwerke für globale Kunden, wie Tesco oder Walmart, oder auch Interessengebiete, wie den hispanoamerikanischen Markt oder „Mutter und Kind," etabliert. Die Mitglieder eines Netzwerkes werden aufgefordert, mit Ansprechpartnern in anderen Ländern Kontakt zu halten, um über Marketingmaßnahmen informiert zu sein, die auch auf ihren eigenen Märkten genutzt werden könnten.

Die Vorteile eines unternehmensweiten Marketing-Planungsprozesses und entsprechender Informationssysteme nutzen

Ein standardisiertes Marken- und Marketingprogramm, das über Länder- und Produkteinheiten hinweg fast gleich aussieht, ist nur selten eine optimale Lösung. Optimal ist, sowohl über Planungsprozesse, inklusive Vorlagen und Rahmenkonzepten, als auch über unterstützende Informationssysteme zu verfügen, die fast überall gleich sind. Ein gemeinsamer Planungsprozess stellt die Grundlage der Kommunikation dar, indem er ein gemeinsames Vokabular, mögliche Maßnahmen sowie eine gemeinsame Informationsdatenbank und Entscheidungsstruktur einführt. Die Umsetzung erfolgt dann auf Basis der lokalen Rahmenbedingungen.

Die Anpassung an den jeweiligen Kontext einzelner Unternehmensbereiche sicherstellen

Um zu vermeiden, dass eine unternehmensweite Marke in ihrer Wahrnehmung an Konsistenz und Klarheit verliert, werden im Optimalfall Marken verwendet, die zum einen an die Bedingungen der jeweiligen Unternehmenseinheit angepasst und zugleich bezüglich ihrer Markeneigenschaften konsistent sind.

Die Anpassung der Marke an eine Unternehmenseinheit, wie in Kap. 3 erläutert, ermöglicht die Erweiterung der Markenvision und erlaubt es so, ein Element der Markenvision im Kontext der Unternehmenseinheit neu zu interpretieren oder zu priorisieren. Ohne einen solchen Anpassungsmechanismus werden die einzelnen Unternehmenseinheiten feststellen, dass die zentral angelegte Markenvision und -positionierung in ihrem Marktumfeld einfach nicht funktioniert. Die Anpassung der Marke an die Unternehmenseinheit bzw. deren Übersetzung in den spezifischen Kontext ist ein Ausweg, der Konsistenz und Synergien ermöglicht, während die Marke gleichzeitig relevant für alle Marktsegmente und Unternehmenseinheiten bleibt.

Die Unterschiedlichkeit der Unternehmensbereiche zu einer Bereicherung machen

Silos können und sollten ein Mittel sein, das die Fähigkeit des Unternehmens, starke Marken und Marketingprogramme zu entwickeln, fördert und nicht hemmt. Wenn mehrere Unternehmenseinheiten existieren, besteht die Möglichkeit, diese als ein Labor zu nutzen, um Ideen zu testen oder zu verfeinern. Darüber hinaus können Unternehmenseinheiten auch Quellen neuer Ideen, erfolgreicher Produkte oder Marketingmaßnahmen sein, die unternehmensweit verwendet werden können. Der Eiscreme-Snack Dibs von Nestlé wurde in den USA entwickelt, Dockers von Levis haben ihren Ursprung in Südamerika. Wie bereits in Kap. 10 erläutert, stammt die „Ich liebe es"-Kampagne von McDonald's aus Deutschland und der Slogan „Hair So Healthy It Shines" von Pantene aus Taiwan. Es ist dabei wichtig, einzelnen Unternehmenseinheiten zu erlauben, eigenständig erfolgreiche Ideen zu entwickeln und effektive Marketingmaßnahmen zu identifizieren.

Die Unterstützung durch den CEO und das Unternehmen sicherstellen

Um Fortschritte zu erzielen, muss der CMO Glaubwürdigkeit und Zustimmung auf sich vereinen. Hierfür ist die sichtbare Unterstützung durch den CEO, der die nötigen Mittel und Befugnisse zur Verfügung stellt, von großer Bedeutung. Einen Weg, um den CEO an Bord zu holen, ist, das Marketing an den Prioritäten des CEOs auszurichten. Der Fokus des Marketings sollte auf Wachstumszielen anstatt auf Markenerweiterungen, auf Effizienz und Kostenzielen anstatt auf Synergien und auf der Schaffung von Werten zur

Unterstützung strategischer Initiativen anstatt auf Markenimagekampagnen liegen. Dafür gilt es, das Marketing neu auszurichten: von einer taktischen Managementfunktion hin zu einer strategischen Säule der Unternehmensstrategie. Der CMO sollte also nicht als Fürsprecher einer funktionalen Unternehmenseinheit positionieren, denn jede Einheit braucht mehr finanzielle Mittel.

Ein anderer Weg, um die Unterstützung des CEOs zu erhalten, sind harte Fakten, die die Beziehung zwischen Markenbildung, Marketing und dem finanziellen Unternehmenserfolg belegen. Wenn der CMO eine positive Kapitalrendite der Marketingmaßnahmen nachweisen kann, wird er seine Stellung im Unternehmen verbessern und die Wahrnehmung des Marketings, eine nicht-analytische Disziplin zu sein, wird sich verändern. In Zeiten, in denen Rechenschaft zur Pflicht wird, führt es zu Reaktanz in der Unternehmensführung, wenn die Leistung einzelner Maßnahmen nicht messbar ist.

Glaubwürdigkeit kann auch durch ein Wissen über den Kunden und seine Bedürfnisse erreicht werden. Ein tiefes Verständnis der Anforderungen und Bedürfnisse der Kunden ist eine Möglichkeit, Einfluss zu nehmen. „Der Kunde sagt uns, dass …" ist ein mächtiges und nur schwer zu widerlegendes Argument. Wenn der CMO den Kunden besser oder zumindest genauso gut kennt, wie es die Unternehmenseinheiten tun, kann ohne ein überlagerndes „Sie verstehen diesen Markt nicht!" diskutiert werden. Wissen aus erster Hand, sei es aus einer Studie zur Marktsegmentierung, der Erhebung der Kundenzufriedenheit oder aus einer ethnographischen Analyse, hilft dem CMO, Glaubwürdigkeit aufzubauen. Wenn sich der CMO an der Diskussion mit Argumenten zu einem neuen Kundensegment, einer neuen Anwendungsmöglichkeit des Produktes, systematischer Kundenunzufriedenheit oder einer an Relevanz verlierenden Marke beteiligt, kann eine Abteilung oder Unternehmenseinheit diese Argumente nur schwer ignorieren.

Die Herausforderungen eines 360° Grad Marketing bzw. Customer Experience Managements

Im Jahre 1972 hat Ed Ney, damals CEO von Young & Rubicam (Y&R), angekündigt, dass das Unternehmen ein Team von Spezialisten für die Beratung anderer Unternehmen zusammenstellen wolle, das unterschiedliche Formen des Marketings, wie Werbung, PR, Direktmarketing, Design und Sonderaktionen, beherrschen solle, um den Kommunikationsbedürfnissen eines Klienten ganzheitlich zu begegnen. Dieser Beratungsansatz von Y&R, unterstützt durch den Zukauf von Unternehmen, wurde als „The whole egg" bezeichnet. In den letzten vier Jahrzehnten versuchte Y&R, den Klienten dieses „ganze Ei" anzubieten. Die Agentur stieß bei der Umsetzung jedoch auf Widerstand, da sich funktionale Abteilungen und Unternehmenseinheiten dem Beratungsansatz widersetzten.

Funktionale Abteilungen widersetzen sich oft Bemühungen, Teil einer integrierten Marketingkommunikation zu werden, da sie sich als Konkurrenten um Ressourcen betrachten und jede Unternehmenseinheit glaubt, dass ihr Ansatz die effektivste Methode zum Markenaufbau ist. Es gibt nur selten einen Wettbewerb um die beste Idee. Ein weiteres Problem liegt darin, dass die unterschiedlichen Formen des Marketings, wie Werbung, Sponsoring und digitales Marketing, einfach nicht ausreichend miteinander kommunizieren. Zum einen, da sie den Markt nicht auf dieselbe Art und Weise strukturieren, zum anderen, da sie ein anderes Vokabular verwenden, und zu guter Letzt, da sie unterschiedliche Leistungsindikatoren verwenden.

Führungskräfte, die eine integrierte Marketingkommunikation und ein ganzheitliches Kundenerlebnis über alle Kontaktpunkte zum Ziel haben und eine strategisch orientierte, integrierte Vision vertreten, sind rar, haben aber in den letzten Jahren kontinuierlich zugenommen. Ebenso wie das Verständnis, dass ein ganzheitliches Management des Kundenerlebnisses (Customer Experience) nicht mit einer integrierten Marketingkommunikation enden darf, sondern alle Kontaktpunkte eines Kunden mit einer Marke oder einem Unternehmen einbeziehen muss. Entsprechend haben die ersten Unternehmen in den USA bereits begonnen, die Position des Chief Marketing Officers (CMO) hin zu einem Chief Customer Experience Officer (CXO) zu erweitern.

Einer der wesentlichen Treiber dieser Entwicklung ist die Digitalisierung inklusive dem Aufkommen neuer sozialer Kommunikationskanäle. Massenmedien sind nicht länger der Eckpfeiler des Kommunikationsprogramms, an ihre Stelle ist ein breites Medienspektrum getreten. Mehr und mehr Marketingmanager verfolgen daher das Konzept der „medienneutralen" integrierten Kommunikation, welches für einige Unternehmen ein entscheidender Erfolgsfaktor geworden ist. Aufgrund dieser Entwicklung werden Marken heute vermehrt kanalübergreifend aufgebaut und gemanagt, wobei externe Kommunikationsagenturen dabei helfen, alle relevanten Medienkanäle umfassend zu bedienen und zu nutzen. Der Auftrag an ein solches Team ist die Etablierung und Umsetzung einer „großen Idee". Das funktioniert, aber es ist nicht so einfach, wie es klingt. Das Kommunikationsunternehmen WPP hat 1997 ein neues Unternehmen namens Da Vinci (und später Enfatico) gegründet, das alle Marketingmaßnahmen für Dell managen sollte, was jedoch nach weniger als zwei Jahren gescheitert war. Gründe für das Scheitern des Unternehmens waren seine Größe, das Fehlen eines kulturellen Erbes, eine Veränderung innerhalb der Führungsebene des Marketingteams von Dell und ausbleibende Erfolge. Die zugrunde liegende Idee war jedoch die Antwort auf ein reales Problem. WPP hat seitdem mehr als 30 Teams für Marken, wie Ford, Coors und Bank of America, zusammengestellt. Einige dieser Teams, wie beispielsweise jenes von Lincoln (Hudson Rouge), MillerCoors (Cavalry) und Colgate (Red Fuse), haben ihre eigenen Namen, Büros und Webseiten.

Eine weitere Möglichkeit, eine integrierte Marketingkommunikation zu erreichen, verfolgt Procter und Gamble (P&G). Hier liegt der Fokus auf dem Medienkanal, der das Herzstück der Kommunikation ist. Für Pampers ist dies zum Beispiel die Webseite und das soziale Marketing, da die treibende Kraft hinter dem Programm die Säuglingspflege ist. Für eine andere Marke ist es das Sponsoring. Der zentrale Kanal der Marketingkommunikation muss nicht die klassische Werbung sein. Procter & Gamble (P&G) wählt für jeden Kommunikationskanal die beste Agentur aus, die von einer Gruppe weiterer Agenturen unterstützt wird. Die gleichberechtigten Teamleiter stammen aus der leitenden Agentur und von Procter & Gamble (P&G) und dirigieren und koordinieren sämtliche Marketingmaßnahmen. Ein entscheidender Faktor ist dabei die teambasierte Vergütung.

Was lässt sich aus diesen Bemühungen, unternehmensübergreifende Teams zur Realisierung einer integrierten Marketingkommunikation sowie einer ganzheitlichen Customer Experience lernen? Eine ganze Menge. Zunächst ist es schwierig, das Thema überhaupt anzugehen und sich auf den Weg zu machen. Noch schwieriger ist es allerdings, sie über die Zeit hinweg am Leben zu erhalten, da sich schnelle Erfolge selten realisieren lassen. Sogar erfolgreiche Programme, die schon seit Jahren bestehen, können verblassen oder außer Kontrolle geraten, wenn einer oder mehrere begünstigende Faktoren an Kraft verlieren oder ganz verschwinden. Gleichzeitig lässt sich festhalten, dass die Erfolgschancen umso größer sind, wenn die folgenden Kriterien erfüllt werden:

- **Eine sichtbare Unterstützung durch den CEO.** Ein ganzheitliches Management des Kundenerlebnisses geht weit über den Bereich Marketing hinaus und erfordert, dass alle Abteilungen und Unternehmenseinheiten über bestehende Silos hinweg zusammenarbeiten. Eine klare Unterstützung durch den CEO reduziert die Barrieren zwischen den Abteilungen und Unternehmenseinheiten auf ein mögliches Minimum.
- **Eine starke Markenstrategie, die hinter allen Marketingmaßnahmen steht.** Eine Strategie schafft Integration, sofern sie klar und überzeugend ist. Google hat sich zum Beispiel zehn Werte gegeben, die alle Bemühungen des Markenaufbaus leiten, wie beispielsweise „Fokus auf den Nutzer" (saubere, einfache Schnittstellen) oder „Mache eine Sache wirklich gut und sei schnell". Diese Werte helfen den Unternehmenseinheiten, gemeinsame Ziele zu verfolgen.
- **Eine starke, strategisch denkende Führungskraft.** Die Führungskraft sollte im Unternehmen Einfluss besitzen sowie über eine strategische Perspektive und entsprechende Qualitäten in der Teamführung verfügen. Bei Apple, eine der wenigen Firmen mit einem überzeugenden integrierten Kundenerlebnis, hat der CEO diese Rolle übernommen.
- **Ein teamorientiertes Vergütungssystem.** Oft ist das eine radikale Abwendung von gewohnten Vergütungsprinzipien und nicht einfach umzusetzen. Aber ohne eine Incentivierung von team-orientierter Zusammenarbeit ist ein ganzheitlich konsistentes Kundenerlebnis nicht realisierbar.
- **Eine Fokussierung auf wenige, eng mit einander verbundene Partner.** Wird ein Team aus einer einzigen Firma zusammengestellt, wie beispielsweise bei Young & Rubicam (Y&R), teilt es dieselbe Unternehmenskultur und streitet nicht darüber, wem der Kunde oder der Gewinn gehört. Auch wenn die Zusammenstellung eines Teams aus mehreren Unternehmen den Vorteil bietet, die besten Fachkräfte zu finden und in einem Team zu vereinen, ist der damit zusammenhängende organisatorische Stress ein schwerwiegender Nachteil.

Eine Erfolgsgeschichte für integrierte Marketingkommunikation ist die „Danke Mama"-Kampagne von Procter & Gamble (P&G) während der Olympischen Winter- und Sommerspiele 2010 und 2012. Die Kampagne bestand aus einer Reihe von Videos über Mütter, die ihre Kinder beim Erwachsenwerden unterstützen und letztendlich olympische Siege mit ihnen feiern. Die Geschichten waren voller Emotionen, Freudentränen und

Botschaften über die Bedeutung der Mütter für den Erfolg der olympischen Athleten. Es ist leicht, sich in Mütter einzufühlen, die Babys gefüttert, Schulbrote geschmiert und aufgescheuerte Knie verarztet haben, bei Veranstaltungen dabei sind und die Freude an den Goldmedaillen bei den Olympischen Spielen teilen. Jeder kann sich hier mit der Mutterrolle identifizieren.

Die Kampagne umfasste zahlreiche Marken, einschließlich Ariel, Pantene, Pampers und Gillette, und wurde über eine Vielzahl von Medienkanälen hinweg koordiniert. Eine begleitende, weltweite Kampagne des Einzelhandels, die fünf Monate vor den Londoner Spielen 2012 gestartet wurde, involvierte 4 Mio. Einzelhändler und konnte mehr als 25 Mio. US-Dollar sammeln, die zur Unterstützung von Jugendsportprogrammen eingesetzt wurden.

Eine „Danke Mama"-App für Smartphone und Tablet Computer ermöglichte es, der eigenen Mutter mit personalisierten Videos zu danken. Die Marketingmaßnahmen, die einen geschätzten Umsatz von 500 Mio. US-Dollar generiert haben, nutzten das Prestige und die Ausstrahlungskraft der Olympischen Spiele, gaben den Kunden das gute Gefühl, den Jugendsport zu unterstützen und lösten durch die „echten Mamageschichten" Emotionen sowie ein Gefühl von Authentizität aus.

Das Fazit

Isolierte Produktgruppen, Landesorganisationen, Unternehmenseinheiten oder funktionale Abteilungen sind keine Option mehr, da sie eine konsistente Markenbotschaft, die Übertragung des Erfolgs auf andere Produkte oder Länder, Skaleneffekte, die optimale Aufteilung der finanziellen Mittel, abteilungs- oder unternehmenseinheitenübergreifende Angebote und die Entwicklung der benötigten Marketingkompetenzen erschweren oder gar verhindern. Eine totale Zentralisierung und Standardisierung ist im Umkehrschluss aber auch keine Lösung. Vielmehr sollte es das Ziel sein, eine Unternehmenskultur der Kommunikation und Koordination anstelle von Isolation und Wettbewerb zu fördern. Dies kann durch einen integrierenden Chief Marketing Officers (CMO), Unternehmensnetzwerke, gemeinsame Prozesse und Systeme, Anpassungen der Markenvision, die Nutzung der Unternehmenseinheiten als Ideenquelle und CEOs, die schwierige unternehmensinterne Kompromisse auflösen, erreicht werden. Das Aufkommen der digitalen Medien hat dieses Problem isoliert arbeitender funktionaler Abteilungen und Unternehmenseinheiten zusätzlich verschärft. Es braucht daher integrierte und multi-disziplinäre Teams, die sich der Herausforderung stellen, eine Markenbotschaft über alle Medienkanäle hinweg integriert zu kommunizieren und entlang aller Kontaktpunkte des Kunden mit einer Marke oder einem Unternehmen einzulösen.

Literatur

Aaker, D. (2008). *Spanning silos. The new CMO imperative*. Boston: Harvard Business Press.

Epilog

Zehn Herausforderungen der Markenführung und Markengestaltung

Die in diesem Buch aufgeführten 20 Grundsätze umfassen Konzepte und Methoden, die dabei helfen, starke Marken zu entwickeln und damit einen Beitrag zum Unternehmenserfolg zu liefern. Sie reflektieren aber auch zehn Herausforderungen der Markenführung, denen Markenmanager in den kommenden Jahrzehnten begegnen werden. Die folgenden zehn Herausforderungen gilt es dabei zu bewältigen:

1. **Marken als Vermögenswerte betrachten.** Der auf Unternehmen lastende Druck, kurzfristige finanzielle Erfolge zu liefern, bringt – in Verbindung mit der Fragmentierung der Medien – Unternehmen in die Versuchung, den Fokus auf taktisches Vorgehen und messbare Ergebnisse zu legen, und den Aufbau von langfristigen Vermögenswerten zu vernachlässigen.

2. **Eine überzeugende Markenvision entwickeln.** Eine Markenvision muss differenzieren, für die Kunden attraktiv und gleichzeitig umsetzbar sein, über die Zeit hinweg in sich verändernden Märkten bestehen und an verschiedene Kontexte angepasst werden können. Konzepte wie die Entwicklung einer Persönlichkeit, die Nutzung von Unternehmenswerten, über den funktionalen Nutzen hinauszugehen und einem höheren Ziel zu dienen, sind hilfreich, aber nicht immer einfach in der Realität umzusetzen.

3. **Neue Produktunterkategorien schaffen.** Der einzige Weg, um zu wachsen, führt mit wenigen Ausnahmen über die Entwicklung von Innovationen, die neue Unterkategorien definieren und Barrieren aufbauen, die Wettbewerber möglichst daran hindern, wieder aufzuschließen. Dazu sind bedeutende oder transformative Innovationen notwendig und die Fähigkeit, die Wahrnehmungen der Unterkategorie so zu beeinflussen, dass diese auch Erfolg hat.

4. **Bahnbrechende Ideen und Programme für den Markenaufbau entwickeln.** Außergewöhnliche Ideen und kreative Umsetzungen, die aus der Menge hervorstechen, sind notwendig, um die Markenvision zum Leben zu erwecken – und sind

D. Aaker et al., *Marken erfolgreich gestalten,* DOI 10.1007/978-3-658-06386-3 deshalb oft wichtiger als die Größe des Budgets. Gut ist dabei oft nicht gut genug. Gleichzeitig wandert die Kontrolle über die Markenkommunikation immer mehr zum Kunden. Deshalb ist es notwendig, nach Anknüpfungspunkten mit den Kunden zu suchen statt wie in der Vergangenheit einfach nur die Marke oder das Unternehmen zu bewerben. Das ist jedoch nicht einfach.

5. **Das Markenerlebnis des Kunden ganzheitlich managen.** Marketing als Kommunikationsmanagement zu begreifen springt zu kurz und wird dennoch immer schwieriger zu realisieren. Nie gab es so viele unterschiedliche Kommunikationskanäle wie heute, die es sinnvoll zu integrieren gilt. Gleichzeitig geht es immer mehr darum, dass gegebene Leistungsversprechen in jedem Kontaktpunkt mit einer Marke einzulösen. Dies erfordert ein ganzheitliches Management des Kundenerlebnisses, da positive Erfahrungen über Social Media immer mehr zur Markenkommunikation selbst werden.

6. **Digitale Strategien selektiv auswählen.** Dieses Gebiet ist komplex, dynamisch und fordert aufgrund der Tatsache, dass Kunden selbst einen zunehmenden Teil der Kommunikation bestimmen, eine andere Denkweise. Neue Fähigkeiten, kreative Initiativen und Wege, um mit anderen Marketingkanälen zu arbeiten, werden benötigt. Gleichzeitig ist es im Sinne einer digitalen Transformation notwendig, das eigene Geschäftsmodell zu hinterfragen und das eigene Leistungsangebot digital zu erweitern bzw. zu verbessern.

7. **Die Marke intern im Unternehmen verankern.** Es ist schwierig, ein bahnbrechendes Marketing zu realisieren, ohne dass die Mitarbeiter die Vision kennen, verstehen und unterstützen. Eine Markenvision, der ein höherer Zweck fehlt, wird die Inspirationsaufgabe schwieriger umsetzen können.

8. **Die Relevanz der Marke bewahren.** Marken stehen drei Bedrohungen gegenüber: Weniger Kunden kaufen, was die Marke anbietet, potentielle Reputationsschäden und der schleichende Energieverlust. Diese Bedrohungen zu verstehen und die richtigen Antworten zu finden, verlangt ein tiefgehendes Verständnis des Marktes und außerdem die Bereitschaft, zu investieren und Veränderungen durchzusetzen.

9. **Eine Strategie für das Markenportfolio entwerfen, die Synergien nutzt und die einzelnen Marken klar positioniert.** Marken brauchen wohldefinierte Rollen und Visionen, die diese Rollen unterstützen. Strategische Marken sollten identifiziert und mit entsprechenden Mitteln ausgestattet werden, und markengeschützte Differenzierungsmerkmale sollten entwickelt und entsprechend gemanagt werden, um der Marke Kraft und Ausstrahlungskraft zu geben.

10. **Den aufgebauten Markenwert nutzen, um Wachstum zu generieren.** Ein Markenportfolio sollte Wachstum ermöglichen, indem es neue Angebote oder eine Weiterentwicklung der Marke in neue Produktkategorien oder Preissegmente ermöglicht. Das Ziel ist, die Marke in neuen Zusammenhängen einzusetzen, in denen die Marke Mehrwert schafft und damit selbst eine Aufwertung erhält.

Ihr Bonus als Käufer dieses Buches

Als Käufer dieses Buches können Sie kostenlos das eBook zum Buch nutzen. Sie können es dauerhaft in Ihrem persönlichen, digitalen Bücherregal auf springer.com speichern oder auf Ihren PC/Tablet/eReader downloaden.

Gehen Sie dazu bitte wie folgt vor

1. Gehen Sie zur springer.com/shop und suchen Sie das vorliegende Buch (am schnellsten über die Eingabe der ISBN).
2. Legen Sie es in den Warenkorb und klicken Sie dann auf „zum Einkaufwagen/zur Kasse".
3. Geben Sie den unten stehenden Coupon ein. In der Bestellübersicht wird damit das eBook mit 0, - € ausgewiesen, ist also kostenlos für Sie.
4. Gehen Sie weiter zur Kasse und schließen den Vorgang ab.
5. Sie können das eBook nun downloaden und auf einem Gerät Ihrer Wahl lesen. Das eBook bleibt dauerhaft in Ihrem Springer digitalem Bücherregal gespeichert.

Ihr persönlicher Coupon
dAT2hrkqZxC9x9P

Ihr Bonus als Käufer dieses Buches

Als Käufer dieses Buches können Sie kostenlos das eBook zum Buch nutzen.
Sie können es dauerhaft in Ihrem persönlichen, digitalen Bücherregal
auf **springer.com** speichern oder auf Ihren PC/Tablet/eReader downloaden.

Gehen Sie bitte wie folgt vor:

1. Gehen Sie zu **springer.com/shop** und suchen Sie das vorliegende Buch
   (am schnellsten über die Eingabe der eISBN).
2. Legen Sie es in den Warenkorb und klicken Sie dann auf:
   zum Einkaufswagen/zur Kasse.
3. Geben Sie den untenstehenden Coupon ein. In der Bestellübersicht wird
   damit das eBook mit 0 Euro ausgewiesen, ist also kostenlos für Sie.
4. Gehen Sie weiter **zur Kasse** und schließen den Vorgang ab.
5. Sie können das eBook nun downloaden und auf einem Gerät Ihrer Wahl lesen.
   Das eBook bleibt dauerhaft in Ihrem digitalen Bücherregal gespeichert.

EBOOK INSIDE

Ihr persönlicher Coupon

dAT2hrkqZxC9x9P

Sollte der Coupon fehlen oder nicht funktionieren, senden Sie uns bitte
eine E-Mail mit dem Betreff: eBook inside an customerservice@springer.com.

Printed by Printforce, the Netherlands